U0208715

《“一带一路”国家城市运河治理研究》编委会
编 著

人民日报出版社
北 京

图书在版编目（CIP）数据

“一带一路”国家城市运河治理研究 / 《“一带一路”国家城市运河治理研究》编委会编著. 一北京：人民日报出版社，2021.11

ISBN 978-7-5115-6452-8

Ⅰ. ①一… Ⅱ. ①一… Ⅲ. ①运河 - 综合治理 - 研究 - 世界 Ⅳ. ①X52

中国版本图书馆CIP数据核字（2021）第224868号

书　　名：“一带一路”国家城市运河治理研究
“YIDAIYILU” GUOJIA CHENGSHIYUNHE ZHILIYANJIU
编　　著：《“一带一路”国家城市运河治理研究》编委会

出 版 人：刘华新
责任编辑：林　薇　陈　佳

出版发行：人民日报出版社
社　　址：北京金台西路2号
邮政编码：100733
发行热线：（010）65369527　65369509　65369512　65369846
邮购热线：（010）65369530　65363527
编辑热线：（010）65363486
网　　址：www.peopledailypress.com
经　　销：新华书店
印　　刷：三河市新新艺印刷有限公司
法律顾问：北京科宇律师事务所　010-83622312

开　　本：710mm×1000mm　1/16
字　　数：290千字
印　　张：18.25
版次印次：2021年11月第1版　2021年11月第1次印刷

书　　号：ISBN 978-7-5115-6452-8
定　　价：68.00元

《“一带一路”国家城市运河治理研究》编辑委员会

前　言

运河与城市紧密相连，伴随城市的兴起、发展，运河在各国城市历史文化发展过程中留下了璀璨的历史遗产，发挥了重要的交通、旅游、文化功能。党的十八大以来，以习近平同志为核心的党中央高度重视大运河文化保护传承利用工作，多次对大运河文化保护传承利用做出重要批示指示。人们对运河、运河文化、运河沿岸的经济社会发展的关注和研究又掀起了一个新的高潮。

世界运河历史文化城市合作组织（WCCO），是由世界各国运河城市和相关经济文化机构自愿结成的非营利性国际组织。合作组织的宗旨是以世界运河为纽带，促进运河城市间经济文化交流，共享发展经验，推动互利合作，促进运河城市共同发展和繁荣。2018 年年底，WCCO 与北京市社会科学院外国问题研究所共同谋划、联合开展"'一带一路'国家城市运河治理"课题研究，历时近三年，研究成果即将问世。《"一带一路"国家城市运河治理研究》一书以习近平总书记关于推进"一带一路"建设的系列重要讲话精神为总纲，结合习近平总书记针对大运河做出的重要批示、指示精神，从公共服务、更新保护、生态环境、文旅发展、政府职能、社区治理等角度，研究亚洲、欧洲、美洲、非洲等地区"一带一路"运河及其城市治理的案例和经验，探讨新形势下如何抓住机遇，更好推进大运河文化带建设，构建"一带一路"国际运河城市命运共同体。

运河是认识历史的门户，通过展示世界各地的历史文物、人文景观、民俗和传统生活，人们可以洞悉运河在人类文明进程中所发挥的作用。历史上，欧亚大陆主要运河城市大多是丝绸之路上的"明珠"。比如，中国的扬州、杭州，荷兰的乌特勒支，比利时的布鲁日和俄罗斯的圣彼得堡，它们在所在国家历史发展进程中扮演着特殊的角色。今天，百年未有之大变局下，城市作为非国家行为主体参与全球治理的作用越来越大，世界运河城市在“一带一路”建设中再放光彩。运河城市依托运河获得了独特的发展优势，大多已成为重要的区域中心城市。目前，据不完全统计，全球52个国家和地区分布500多条运河、近3000个运河城市。不同的运河城市之间有很多共同的话题，如城市遗产保护、旅游开发、环境治理、城市建设等发展经验。因此，以运河为载体，讲好运河故事和中国故事，促进运河城市的文化和国际交流，诠释运河与人类命运共同体理念，是本书的特色。目前，“一带一路”建设初步完成规划布局，正在向聚焦重点、深耕细作、持久发展的新阶段迈进，运河城市作为多元参与主体之一，其运河及城市治理经验、保护传承先进做法，尤其需要一个交流合作平台。本书的出版有利于“一带一路”沿线运河城市加深交流，提升合作效能。

当前，全球化深入发展，“一带一路”沿线城市大运河治理面临历史发展机遇。新形势下，“一带一路”沿线城市加强国际合作，在经济社会快速发展的过程中促进对运河的充分保护和合理利用，实现人与自然、城市与运河的和谐发展，这将有助于继续增强运河在人类文明发展中的重要作用。新冠疫情肆虐全球，充分表明人类命运密切相关，“一荣俱荣、一损俱损”，要加快对运河文化的开发、传承和弘扬。推进围绕运河治理文化旅游融合，推动“一带一路”运河城市国际合作，实现世界运河文化的交流交融，让千年中国大运河文化走向世界、走进世界。本书对“一带一路”运河及其所在城市治理的探讨尝试，不失为抛砖引玉，期待各界同人一起加入这项工作中来，共同形成国际运河城市研究的学术共同体。

本书编委会

2021年10月于扬州

Preface

Canals and cities tie up with each other. With the rise and development of cities, canals have left brilliant historical legacy in the historical and cultural development of the cities in various countries, which have played a significant role in transportation, tourism, and culture. Since the 18th National Congress of the Communist Party of China, the Central Committee of the Communist Party of China (CPC) with Comrade Xi Jinping at its core has attached great importance to the protection, inheritance and utilization of canal cultures and important directions and instructions have been made on it for many times accordingly. Focuses and researches on the canal, canal cultures, as well as the economic and the social development along canals set off a new upsurge.

World Historic and Cultural Canal Cities Cooperation Organization (WCCO) is a non-profit international organization composed of cities with canals and related economic and cultural institutions all over the world. It aims to promote economic and cultural exchanges between cities, share development experience, forge ahead with mutually beneficial cooperation and promote development and prosperity of each other with canals as the link. At the end of 2018, WCCO and the Institute of Foreign Studies of Beijing Academy of Social Sciences jointly planned and carried out a research on canal city governance in the Belt and Road countries. The research results will be published soon after nearly three years. Based on the spirit of the series of important speeches of General Secretary Xi Jinping on promoting the construction of "the Belt and Road" and combined with the spirit of important directions and instructions made by General Secretary Xi Jinping on Canals, the book, *Research on Canal City Governance in Belt and Road Countries*, studies the cases and experience of canal and city governance along the Belt and Road in Asia, Europe, Americas, Africa and other regions from the perspectives of public service, renovation and protection, ecological environment, cultural and tourism development, government functions, community governance, etc. It aims to better promote the construction of the canal culture by seizing the opportunity under the new situation so as to build a community of shared future for international canal cities along the Belt and Road.

Canals act as a window to understand the global history. By displaying historical relics, cultural landscapes, folk customs and traditional lifestyles from all over the world, the canal provides us with an insight into its role in the process of human civilization. Historically, most major canal cities in Eurasia were "Pearls" on the Silk Road, such as Yangzhou and Hangzhou in China, Utrecht in the Netherlands, Bruges in Belgium, and St. Petersburg in Russia, all of which have played special roles in the historical development of these countries. Today, while the world is undergoing unprecedented changes in a century, cities, as non-state agencies, are playing an increasingly important role in the global governance. Canal cities worldwide are rising up in the construction of "the Belt and Road". Relying on the canals, canal cities have gained unique development advantages and most of them have become important regional central cities. Until now, according to incomplete statistics, there have been more than 500 canals and nearly 3,000 canal cities distributed in 52 countries and regions around the world. Different canal cities share many common topics, such as urban heritage protection, tourism development, environmental governance, urban construction and other development experience. And the feature of this book is to tell a good story of canals and China, promote the cultural and international exchanges of canal cities, and interpret the concept of canals and community with a shared future for mankind based on canals. At present, the Belt and Road Initiative has initially completed its layout and is moving forward to a new stage of the focused, intensive and sustainable development. Canal cities, as one of the multiple participants, especially need a platform for exchange and cooperation on canal and city governance experience, protection and inheritance of advanced practices. The publication of this book is conducive to deepening exchanges and enhancing cooperation efficiency among canal cities along the Belt and Road.

At present, with the in-depth development of globalization, the canal governance in cities along the Belt and Road is facing historical development opportunities. Under the new circumstances, the cities along the Belt and Road should strengthen international cooperation, promote the full protection and rational use of the canal in the process of rapid economic and social development so as to realize the harmonious development between man and nature, cities and canals, which is helpful to enhance the importance of canal in the development of human civilization. The global COVID-19 pandemic fully shows that human beings are bound with each other with highly interdependence. Therefore, it is necessary to speed up the development, inheritance and promotion of canal culture. We are obliged to forge ahead with the integration of culture and tourism centering on canal governance, facilitate the international cooperation of canal cities along the Belt and Road, realize the exchange and integration of canal culture, and make the millennium canal culture of China a part of the world. This book is an attempt to discuss the governance of the canals and its cities in the Belt and Road Initiative. We look forward to the participation of colleagues from all walks of life in this work and the formation of an academic community of international canal city research.

The Editorial Board

October, 2021, Yang Zhou

目 录

Ⅰ 总报告

Ⅱ 亚洲城市运河治理篇

Ⅲ 欧洲城市运河治理篇

Ⅳ 拉美城市运河治理篇

Ⅴ 非洲城市运河治理篇

Ⅵ 中国城市运河治理篇

I 总报告

世界古代文明中城市的出现与大型水路有关。河流、湖泊是生命的摇篮，水资源以及周边丰富的食物来源可以让人类定居下来，并产生文明。运河和天然水流也可以被用作防御机制。而水路便于贸易货物及人员运输的特点，则进一步刺激了城市发展。大江大河的广阔三角洲，及其众多的侧支、淡水与咸水的河口，更是大规模城市发展的诱因。沿水发展起来的城市在"一带一路"沿线十分常见，从长远来看，运河在所在国城市历史文化发展过程中留下了璀璨的历史遗产，发挥了重要的交通、经济、文化功能。

一、“一带一路”倡议与沿线城市运河治理

（一）“一带一路”倡议

“一带一路”（The Belt and Road）是“丝绸之路经济带”和“21 世纪海上丝绸之路”合作倡议的简称。2013 年 9 月，中共中央总书记、中国国家主席习近平到访哈萨克斯坦，提出共同建设“丝绸之路经济带”。习近平主席在同年 10 月于印度尼西亚国会演讲时提出共同建设“21 世纪海上丝绸之路”。同年 11 月，中共十八届三中全会把“一带一路”写入重要的国家文件，其范围涵盖中国历史上丝绸之路和海上丝绸之路行经的亚洲、欧洲、非洲以及今天拉丁美洲等 70 多个国家，该倡议覆盖 44 亿人（约占世界人口的 56%），相关地区累计国内生产总值约合 21 万亿美元，未来规划更加宏大，将会延伸到北极、网络空间甚至外层空间。“丝绸之路经济带”连通中国、中亚、俄罗斯和欧洲，而“21 世纪海上丝绸之路”，一条沿着中国海岸向欧洲延伸，另一条从中国海岸出发穿越南海印度洋和南太平洋。陆上将依托现有的国际运输通道和重点经济工业园区为合作平台；海上意在以“一带一路”沿线重点港口为节点，打造畅通的运输通道。

2015 年 3 月 28 日，国务院授权国家发改委、外交部、商务部三部委联合发布《推动共建丝绸之路经济带和 21 世纪海上丝绸之路的愿景与行动》白皮书。中国出资 400 亿美元，于 2014 年成立丝路基金以推动亚洲地区经济发展。基金将向“一带一路”沿线国家的基建、开发、产业合作等项目提供融资。2017 年，习近平主席宣布再向该基金增资人民币 1000 亿。截至 2021 年 1 月底，中国与 140 个国家和 31 个国际组织，签署了 205 份共建“一带一路”合作文件。[①]

①《已同中国签订共建“一带一路”合作文件的国家一览》，https://www.yidaiyilu.gov.cn/gbjg/gbgk/77073.htm，访问时间：2021 年 3 月 12 日。

表1 按地区划分的签订协议国家分布（截至2021年1月）

地区	非洲	亚洲	欧洲	大洋洲	北美	南美
协议签署国家	46	37	27	11	11	8

“一带一路”建设大幅降低国家间的贸易成本，增进彼此联系，逐渐帮助一些国家摆脱贫困。良好的交通运输设施可降低运输成本，缩短运输时间，提高交货可靠性。运输成本在时间和金钱上都对贸易流量有着重大影响。良好的交通运输设施有利于扩大贸易。高效的交通运输设施可促进产业化，形成更有效的区域和全球生产网络。这会带来更多就业机会，对各产业和部门产生积极影响。更完善的交通运输设施可以深化地区之间的联系，推动区域经济一体化。共建“一带一路”倡议及其核心理念已被写入联合国、二十国集团、亚太经合组织以及其他区域组织等有关文件中。中国与“一带一路”沿线运输网络持续拓展，已通达欧洲21个国家、92个城市。2020年全国中欧班列共开行12400列，同比增长50%；发送113.5万标箱，同比增长56%。[①] 我国对“一带一路”沿线国家投资持续增长。2020年，我国对“一带一路”沿线国家进出口9.37万亿元，[②] 其中，中国与中东欧国家贸易额达到1034.5亿美元，首次突破千亿美元，投资合作不断拓展；[③] 我国对“一带一路”沿线国家投资177.9亿美元，增长18.3%，占全国对外投资比重上升到16.2%。[④] 丝绸之路沿线民间组织合作网络达到300多家，在应对疫情中，中国积极向遭受疫情的“一带一路”沿线国家支援抗疫物资和新冠疫苗，拉近了沿线国家民众与中国的心理距离。“一带一路”建设的总体进展为城市运河治理及相关国际合作提供了坚实的基础，可为“一带一路”沿线城市打开更

①《中欧班列加速中国西部内陆开放脚步》，https://www.yidaiyilu.gov.cn/xwzx/gnxw/169868.htm，访问时间：2021年3月12日。

②《2020年我国对“一带一路”沿线国家进出口9.37万亿元》，https://www.yidaiyilu.gov.cn/xwzx/gnxw/161548.htm，访问时间：2021年3月12日。

③《中国—中东欧国家贸易额首次破千亿美元》，中国“一带一路”网，https://www.yidaiyilu.gov.cn/wtfz/myct/164424.htm。

④《去年我国对“一带一路”沿线国家投资增长18.3%》，https://www.yidaiyilu.gov.cn/xwzx/gnxw/163244.htm，访问时间：2021年3月12日。

多的合作空间，提供更多的政策支持，取得更好的城市外交效果。

（二）“一带一路”沿线运河与人类命运共同体

运河与城市紧密相连，伴随城市的兴起、发展在漫长的历史时期起到十分重要的作用。据不完全统计，目前全球52个国家和地区分布有500多条运河、近3000个运河城市。[①] 在这些运河中，最重要、最具影响力的都分布在“一带一路”沿线国家和地区，如埃及苏伊士运河、巴拿马运河、意大利威尼斯运河等。“一带一路”沿线还有许多历史悠久、文化遗产丰富的运河。不同的运河城市之间有很多共同的话题，如城市遗产保护、旅游开发、环境治理、城市建设等发展经验。因此，以运河为载体，讲好运河故事和中国故事，促进运河城市的文化和国际交流，诠释运河与人类命运共同体理念，将是大运河文化带建设的重要内容。

2009年，由世界各国运河城市和相关经济文化机构自愿结成非营利性国际组织——世界运河历史文化城市合作组织（WCCO），组织住所和秘书处设在中国江苏省扬州市，由国内外60座运河城市共同发起成立。[②] 目前共有150多个会员，包括46座国内城市、46座国外城市以及31家企业、27所机构、5位个人。[③] 世界运河历史文化城市合作组织以运河为纽带，促进运河城市间经济文化交流，共享发展经验，推动互利合作，促进运河城市共同发展和繁荣。传播世界运河历史文化，发挥运河文化在促进人类社会文明进步中的作用；举办运河名城博览会以及世界运河城市论坛，共享发展经验，推动互利合作；以世界运河为纽带，开展经贸和文化交流，促进运河城市共同发展和繁荣；开展民间外交，扩大世界运河城市间的交往与合作。正如世界运河历史文化城市合作组织宗旨所诠释的，各运河城市合作展示交流互动、命

① 朱晓颖、崔佳明：《世界“运河新语”：沟通包容共享构建人类命运共同体》，http://www.chinanews.com/sh/2020/09-28/9302457.shtml，访问时间：2021年3月12日。

② 有关世界运河历史文化城市合作组织的详细情况，请参见该组织官方网站：http://www.whcccco.org/category-242.html，访问时间：2021年3月12日。

③《2020年世界运河城市论坛新闻发布会》，http://wlt.jiangsu.gov.cn/art/2020/9/15/art_817_9506898.html，访问时间：2021年3月12日。

运与共的命运共同体理念。在新冠疫情防控期间，世界运河历史文化城市合作组织向美国圣安东尼奥市河道管理局捐赠口罩，有力地支援了当地抗疫行动。如世界运河历史文化城市合作组织名誉主席、美国前商务部部长卡洛斯·古铁雷斯所指出的：“强调卫生健康以及人与健康和谐相处，这是值得我们努力和追求的目标，我认为在一切重要议题面前，我们应该始终铭记运河精神。”①

蕴含丰富物质遗产以及非物质文化遗产的旅游资源的运河文化已成为国际对话交流的通用语言。不管是贯通大西洋和太平洋的巴拿马运河、连接红海和地中海的苏伊士运河，还是连接中国五大水系的京杭大运河，都创造了丰富多彩、包容互利的运河文化，促进了不同地区、国家、民族、文明的融合和共同发展。要继续秉持人类命运共同体理念，不断发挥运河的纽带作用，推进各领域务实交流与合作，促进民心相通和共同发展。跨国界、跨文化的沟通与交流就像运河之水，汇聚各方之力，浩浩荡荡，将推动世界历史和文明不断向前发展。

二、“一带一路”城市运河治理的经验

（一）注重“河”与“城”的融合发展

这些运河城市在运河治理当中注意自然与经济开发的平衡。比如，进入威尼斯的物品必须通过复杂的收集和回收系统，将相关垃圾清除；经常举办成功的社区活动，包括节日、游行、音乐、艺术和戏剧，将各个年龄段的人们聚集在一起，实现充满活力的城市愿景。不少历史悠久的运河城市，保留关键历史建筑，建设商业走廊，保护城市的自然风貌。同时也拓展了新的经济发展方式，注重经济可持续发展，发展文化艺术产业。例如，威尼斯双年展和威尼斯国际电影节，吸引了全世界对这座城市的关注。这是实现运河城

① 《2020 世界运河城市论坛促进跨国界交流顺流而动，构建运河城市命运共同体》，http://news.xhby.net/index/202009/t20200929_6819364.shtml，访问时间：2021 年 3 月 12 日。

市高质量的内城区发展与运河自然环境共同繁荣的真正机会，如果做得好，它们将相得益彰。

（二）注重与社会共同参与运河发展

大运河区域的更新和发展是自下而上的过程，由民间资本作为主导力量。比如，波哥拉灌溉运河在修复过程中积极引导地方部落参与其中，目的是降低参与过程中一些潜在的风险。运河治理的关键之一就是水资源的利用，需要协调好运河上下游的关系，避免水源性冲突。运河的更新建设也需要公众的参与。如米兰、基尔运河地区所涉及的所有市政当局和区域服务机构都参与了运河治理，公共部门和私人开发商都从这一治理结构中受益，因为它们在项目的每个阶段（从规划到实施阶段）都会收到专家的建议。市民通过各种信息和咨询活动参与进来，也通过与运河计划相关的邻里再生计划参与实施阶段。

（三）运河建设修复带动城市发展

运河建设通过连接城市地区和联通贸易来推动城市发展，今天，对运河发展的新狂热正在重塑城市。运河的修复、建设和发展现已成为一种全球现象，每年各国在这些项目上会花费数十亿美元，从巴黎到米兰，水边的开发项目可以获得20%的溢价。[①] 许多拥有广泛运河网络的城市，如欧洲的布鲁日、根特、阿姆斯特丹和汉堡，美国的劳德代尔堡和弗洛尔角，以及澳大利亚的黄金海岸，都吸引了大量的住宅项目开发和休闲旅游投资。就像运河将城市联系起来并塑造了它们在 18 世纪和 19 世纪的发展方式一样，它们现在也正在塑造着今天的城市更新。

（四）运河治理中重视制度与法律作用

各运河城市都十分重视运用法律手段将运河治理、开发、保护等纳入法

① John Vidal, “The canal revolution: how waterways reveal the truth about modern Britain”, *the Guardian,* July 25, 2019.

制轨道，致力于运河治理的常态化、长远性。例如，巴拿马设立运河管理局作为政府派出机构，专门负责运作和管理巴拿马运河。出台《巴拿马运河管理局组织法》及其相关规定，为运河的运营、改善和现代化制定政策，并监督其管理。意大利米兰、威尼斯及大运河历史遗产保护和管理部门建立了完善的法律和制度体系。意大利于 1973 年专门通过一项国家立法，确立了各级政府对运河的保护责任。

（五）注重运河城市对外合作

“一带一路”沿线的一些发展中国家，在运河的修复、建设与运营中积极引入国际资本、国际力量，开展城市运河治理合作。如越南绕禄—氏艺运河项目在投资中获得了世界银行及国际复兴开发银行的优惠贷款，并向日本等国争取到援助资金。项目的不同工程环节由来自中国、韩国、马来西亚等国家的承包商协同分工负责，该运河的治理成果实际上是国际各方共同合作的结果。在运河水治理方面，如土库曼斯坦卡拉库姆运河积极参与国际水资源治理合作，推动建立地区水资源管理机制。2012 年，土库曼斯坦表示加入《关于保护和使用越境水道和国际湖泊的公约》，加强对区域水资源的保护，协调解决中亚水资源问题。一些欧洲运河城市还参与了多个国际和欧洲城市治理相关网络，如大都会、欧洲城市组织、国际城市和区域规划师协会（ISOCARP）、地方可持续政府组织（ICLEI）、经合组织、联合国人居署等。

（六）注意加强国际多边治理

近年来，在世界运河城市治理领域涌现了一批很有影响力的国际组织与多边会议。最为知名的是成立于 2009 年的世界运河历史文化城市合作组织。该组织致力于共同探讨运河遗产保护利用之道，寻找运河文化促进城市发展之路，推动世界运河城市增进友谊、加强合作、共同进步，已逐步成长为一家规范化、国际化、有一定影响力的国际间城市交流合作机构。该组织的会员包括威尼斯、日内瓦、鹿特丹、北京、桂林等 92 座国际运河名城、25 家国内外运河机构、36 名企业与国际运河界专业人士。[①] 另外一个颇有影响的机构，是肇始于 1995 年的世界运河大会（The World Canals Conference）。来自世界各地的数百名运河爱好者、专业人士和学者聚集大会，交流运河治理方面的良好做法，包括保护具有历史意义的运河或地貌，振兴运河系统、港口遗址、运河步道和便利设施；介绍运河和走廊的历史和各种要素；将运河作为促进旅游业、刺激经济发展和城市更新的手段。世界运河大会近年来在欧洲举办得越来越频繁，这意味着来自其他大陆的候选城市将被优先考虑。其中，中国扬州市于 2012 年、2019 年两次主办世界运河大会，[②] 在世界城市运河治理领域获得了重要的影响力。

三、“一带一路”城市运河治理新的发展背景和环境

历史上，欧亚大陆丝绸之路的主要节点城市大都依河而建，比如，中国的扬州和杭州、荷兰的乌特勒支、比利时的布鲁日和俄罗斯的圣彼得堡，它们在所在国家历史发展进程中扮演着特殊的角色。今天，这些城市在“一带一路”建设中再放光彩。城市依托运河获得了独特的发展优势，大多已成为重要的区域中心城市，而运河的治理也迎来新阶段。

（一）具备良好的治理发展基础

从中国的角度看，作为文化纽带的象征，运河水不仅承载南来北往的船只，更加快了南腔北调的融合，激活了运河文化的创造力和想象力。而申遗的成功，让古老的大运河向世界亮出金名片。大运河全长近 3200 千米，开凿至今已有 2500 多年，为古代中国的统一与持续发展，中华文明和谐进步与长期繁荣，以及近代以来国家发展和中国共产党领导的革命、建设和改革发挥

---

① 世界运河历史文化城市合作组织官方网站，http://www.whcccco.org/，访问时间：2021 年 3 月 12 日。

② “World Canals Conference”, https://inlandwaterwaysinternational.org/world-canals-conference/，访问时间：2021 年 3 月 12 日。

了独特作用。大运河沿线省（市）文物资源丰富，拥有世界文化遗产 19 项、全国重点文物保护单位 1606 处、历史文化名城名镇名村 277 项、博物馆 2190 座。大运河已经成为中华民族最具代表性的文化标志之一。2006 年起，国务院陆续将 215 个价值突出的大运河文物公布为全国重点文物保护单位。2014 年 6 月，中国大运河被列入《世界遗产名录》，标志着中国大运河正式成为世界文化遗产。这既是对中国人民伟大创造和智慧结晶的认同，又丰富了世界文化遗产宝库。

一是建立运转良好、行之有效的专门工作协调机构。2014 年，由扬州牵头申报的大运河成功登录《世界遗产名录》。此后，为切实履行对世界遗产组织的承诺，按照世界遗产标准和要求保护管理好运河遗产，参照国内其他地区世界遗产申报成功后的通行做法，经国家文物局同意，大运河保护与申遗城市联盟更名为大运河遗产保护与管理联盟，联盟办公室仍设在扬州。同时将大运河联合申报世界文化遗产办公室更名为大运河遗产保护管理办公室，主要职能为协调、组织、实施大运河全线遗产保护管理工作。

二是大运河沿线跨区域统筹协作意识增强，跨区域合作增多。在国家顶层设计下，大运河沿线区域内水利、交通、文物等部门正在探索建立协调机制。以京津冀为例，三地已建立了跨区域合作的信息共享、利益共享和利益补偿机制，并同步治理北运河。在 2018 年世界运河城市论坛上，由世界运河历史文化城市合作组织主导，扬州蜀冈—瘦西湖风景名胜区、杭州西湖、北京颐和园等运河城市景区联合发起建立运河城市精品景区合作机制，旨在打造大运河旅游精品新线路，大运河沿线省市间联动日益活跃。

三是大运河文化带的生态环境基础得到夯实。大运河沿线生态环保趋势向好，景观环境质量和沿岸群众幸福指数显著提升。大运河沿线各省全面建立河长制，沿线水环境实行按月全面监测，江南运河江苏段、淮扬运河、中运河段进行了全面治理和保护，山东段基本消除劣Ⅴ类水体，苏北段水质整体为Ⅱ～Ⅲ类，河南段水质断面整体达标率 4 年来提升了 67 个百分点。安徽加强大运河保护区划内的建设工程管理工作，实施了柳孜运河环境整治绿化景观展示、大运河泗县段环境整治等一批重点项目，以环境整治保障大运河文化带建设。推进“腾笼换鸟”计划、“绿扬金凤”计划、“产业集群行动”

计划，实施“产业提升”“企业创新”工程等，加快淘汰落后污染生产企业，引进高端装备、新一代信息技术、生物医药、新能源、汽车及零部件、现代服务业等八大产业重大项目，有效推进了运河沿线产业结构和高新产业的发展。

四是文化和旅游融合发展。文化遗产和旅游融合发展，文化产业和旅游产业融合发展开始发力。构建大运河国家记忆体系，通过实施重要文物的保护修缮、展示和环境整治项目，建立了一批大运河考古遗址公园、专题博物馆。打造“千年运河”品牌体系，促进品牌传播推广；此外，培育一批精品文化旅游线路，如世界文化遗产研学游、运河红色文化传承游、运河观光休闲游等。南水北调东线工程一期工程的实施，带动了运河旅游资源开发利用、保障沿线水资源供给，促进了沿线产业结构调整和城市化进程，推动了区域经济向高质量发展方向迈进。

五是积极融入“一带一路”建设整体布局。中国大运河经济文化带建设与加快推进“一带一路”建设紧密结合，根据“一带一路”倡议需要对接出海通道，对运河沿线港口和城镇发展建设进行规划，突出大运河城市特色，拓展对外合作新空间。大运河重要节点城市对外连接和窗口作用得到充分发挥，与东亚、东南亚、欧洲等地区的贸易、文化往来大为拓展，学习和借鉴文化经济等领域国际先进发展经验，打造了一批大运河文化特色突出、经济效益良好的产品和服务，加快文化等相关领域优势企业走出去。

六是大运河保护开发“四梁八柱”规划体系形成。2017 年，大运河文化带的战略构想被首次提出。2019 年，以中共中央、国务院名义联合印发《大运河文化保护传承利用规划纲要》，这是有关大运河文化保护的最高级别文件，有力指导了大运河治理的发展方向。2020 年以来，《大运河文化遗产保护传承专项规划》《大运河河道水系治理管护专项规划》《大运河生态环境保护修复专项规划》和《大运河文化和旅游融合发展专项规划》相继印发，沿线 8 省（市）也分别编制了大运河文化保护传承利用分省实施规划，力争把千年运河打造成“流动的河、安全的河、美丽的河、智慧的河”，让大运河成为造福人民的“幸福运河”。

从国外来看，通过“一带一路”沿线城市运河治理间的互联互通，串联起沿线国家内部的城市治理和运河治理。那些具有显著区位优势、独特历史文化传承、雄厚产业基础、广泛贸易联系和体制机制优势的城市，会不断迸发新活力，成为整个“一带一路”建设的重要支点。

“一带一路”沿线有着上千座城市，多数是发展中国家的城市，但也有发达国家的城市，这些城市有的在环境保护、城市规划建设、管理治理等方面具有优势，有的在历史文化保护、城市社区建设、文化发展等方面具有优势，沿线城市参与“一带一路”，可形成优势互补，共享发展机遇，促进沿线城市治理体系和治理能力现代化。

“一带一路”沿线国家各运河古城，通过建设博物馆和文化公园，展现运河城市肌理风貌。目前，全世界有 6 条世界遗产运河，尚有很多运河遗产未列入世遗名录，应推动大运河世界遗产扩展申报，实现沿线地区的全面覆盖。

“一带一路”沿线形成了各具特色的地域文化和城市文化。传承利用运河文化，把运河和城市作为发展命运共同体，走差异化发展之路，打造特色运河段和城市文化群，充分发挥旅游功能，覆盖多个领域。强大的辐射带动力和大众产业的优势，把运河文化遗产的保护利用与现代人的生活休闲、现代文化交流结合起来，让文化遗产更生动、内涵更丰富，让世界充分领略到运河文化的深厚历史和繁荣。世界运河城市积极借助世界运河历史文化城市合作组织，加强旅游合作，体现地域文化特色，建设更多运河旅游度假休闲目的地城市。

（二）新时代下的大运河治理发展环境

党的十八大以来，以习近平同志为核心的党中央高度重视大运河文化保护传承利用工作，习近平总书记多次对大运河文化保护传承利用做出重要批示指示。2017 年 2 月，习近平总书记在北京考察大运河森林公园时指出，通州有不少历史文化遗产，要古为今用，深入挖掘以大运河为核心的历史文化资源。同年 6 月，他对建设大运河文化带做出重要指示强调：“大运河是祖先留给我们的宝贵遗产，是流动的文化，要统筹保护好、传承好、利用好。”党的十九大明确做出了“坚定文化自信，推动社会主义文化繁荣兴盛”的重大部署，为将大运河打造成为中华民族伟大复兴的标志性文化品牌提供了宝贵历史机遇。2018 年 10 月，习近平总书记考察广州城市建设时指出："城市规划和建设要高度重视历史文化保护，不急功近利，不大拆大建。要突出地方特色，注重人居环境改善，更多采用微改造这种'绣花'功夫，注重文明传承、文化延续，让城市留下记忆，让人们记住乡愁。"2019 年 7 月，习近平总书记主持召开中央深改委第九次会议，审议通过《长城、大运河、长征国家文化公园建设方案》。2020 年 10 月，党的十九届五中全会审议通过《中共中央关于制定国民经济和社会发展第十四个五年规划和二〇三五年远景目标的建议》，纳入了建设大运河国家文化公园。大运河这一活态遗产千年不朽，正在古意盎然中孕育蓬勃生机。2020 年 11 月，习近平总书记在江苏省扬州市调研考察时强调，千百年来，运河滋养着两岸城市和人民，是运河两岸人民的致富河、幸福河。希望大家共同保护好大运河，使运河永远造福人民。

2019 年 2 月，中共中央办公厅、国务院办公厅专门印发了《大运河文化保护传承利用规划纲要》《大运河文化保护传承利用规划》，把大运河文化带建设提升为国家战略，从国家战略层面对大运河文化带建设进行顶层设计，为新时代大运河文化保护传承利用绘制了宏伟蓝图。大运河沿线 8 省（市）都成立了大运河文化带建设专项工作组，由省（市）委书记或省（市）长担任组长；沿线省市县（区）制订了各自的大运河保护建设实施规划和行动计划，有力推进了大运河文化带建设，古老的运河正在展现喜人的新姿。[①]

大运河在维护国家统一、繁荣社会经济、促进文化交流等方面发挥了不可替代的作用。今天，大运河又与雄安新区建设、京津冀协同发展、"一带一路"建设、长江经济带发展等重大国家战略密切联系在一起。特别是既连接"丝绸之路经济带"，又沟通"21 世纪海上丝绸之路"，成就了"一带一路"整体布局的完美一环，使国家战略更具协同性、全局性和科学性。从运河文化的保护和遗产利用的有机更新角度来看，有必要把握历史、现代性与未来之间的关系。在城市化的进程中，不仅要延续运河的遗产、发掘运河的文化、延续历史血统，还要考虑空间结构的优化、产业结构的改善。

---

① 李达、周昭成：《大运河文化保护传承利用迎来历史最好时期》，http://www.qstheory.cn/laigao/ycjx/2019-08/12/c_1124867057.htm，访问时间：2021 年 7 月 11 日。

（三）运河治理面临的挑战

一是遗产保护压力还很大。大运河时空跨度大，文化遗产类型多样，不同时期、不同形态的遗产资源叠加交错，保护要求比一般遗产复杂，大运河文化遗产的分布不是一个点、一个面，而是分布于各地区的带状大遗产，碎片化保护突出，部分物质文化遗产保护修缮不够及时，部分非物质文化遗产传承缺乏活力，面临生存发展的挑战。在保护与开发的过程中，还存在过度开发、盲目开发等问题。

二是生态环境建设任务艰巨。运河水资源保护压力依然较大，如中国黄河以北部分大运河河段曾作为排污纳污河道，村镇段河道部分被垃圾侵占，水环境容量大大降低。威尼斯、米兰等城市运河因大量游客导入，产生巨量的城市垃圾，旅游旺季垃圾处理超出城市的处理能力。一些地方城乡建设活动挤占了河湖生态空间，湖岸围圩养殖使得水体不同程度富营养化，生态系统服务功能下降。大运河有的河段沿岸企业排污和农业面源污染仍然突出，部分企业污水排入河道，入河污染量大。非法占用河道堤防、生产方式粗放等威胁大运河生态环境质量问题依然存在。

三是外联作用发挥还不够。突出强调大运河文化带建设问题，缺乏从大文化观上整体性研究大运河经济文化带建设的战略意义，忽视了对大运河在深入实施“一带一路”倡议中的重要内引外联作用，特别是大运河在海上丝绸之路和陆上丝绸之路发展历史和前景中的作用，忽视了对大运河内河航运作用和南水北调作用的统筹协同。

四是传承利用程度还不足。大运河沿线地区在运河保护传承利用上还没有形成合力，致使大运河还没有发挥出应有的重要作用。虽然部分河段至今仍然发挥重要的航运功能，但沿线遗产活态传承载体和传播渠道有限，缺乏统一宣传和推广平台，大运河作为世界文化遗产的影响力和吸引力明显不足，各类文化生态资源活化利用形式和途径较为单一，部分优质资源长期闲置。

五是运河岸线维护及运输畅通问题。部分运河开凿后，因海水、洪水长时间侵蚀两岸岩石、土壤，岸线塌方时有发生。比如，希腊科林斯运河由于岩壁的不稳定，运河两侧坍塌几乎每年都会发生，造成不小的经济损失，也造成人们对其安全性的怀疑。还有船只通过运河的尾流会破坏两旁的岩墙，造成进一步山体滑坡；运河因船只运行故障，对运河畅通造成阻碍。如2021年3月底，苏伊士运河南端最狭窄的地方就被一条排水量约22万吨、长400米的“长赐号”重型货船堵得严严实实，使得运河无法通行，造成数十亿美元的损失。

六是修复运河引发拆迁安置问题。缅甸端迪运河、越南绕禄—氏艺运河等部分运河因更新美化修复工作，面临大量拆迁安置的遗留问题，其拆迁补偿问题可能引发的纠纷矛盾，不仅迟滞工程进度，还可能对城市经济发展甚至社会稳定产生不利影响。

四、新时代“一带一路”城市运河发展对策

（一）我国运河发展的政策建议

第一，加强顶层设计，推进大运河治理整体规划。建立国家层面协调机制，健全不同层面和领域的协调机制，省域、水利、交通、文物、旅游等多部门参与的管理体制，加强规划协调，整合相关资源，完善配套政策，及时协调解决保护和利用中的突出问题。加快构建集协调联动、智慧管控、监测预警、应急响应于一体的大运河河道水系管护机制，形成以运河遗产地为核心，以运河河道为线，以保护范围为面，点、线、面结合的块状运河保护管理网络。完善运河综合管理体制，理顺地区、部门、行业关系，夯实运河文化传承和利用的基础。同时，界定中国大运河的生态空间控制范围，构建大运河廊道系统。通过对生态空间控制范围的界定，管理者可以依法治理和保护，科学指导城乡开发建设，创造历史文化长廊、生态长廊和观光长廊。

第二，加强文化遗产保护传承，涵养运河文化。坚持以文化遗产保护为引领，着力强化文化遗产保护传承能力建设，强化文化遗产依法保护，加大文物监督管理力度，改善文物保存保护状况，完善非物质文化遗产保护传承体系，增强遗产传承弘扬。划定保护空间，提升保护水平，严控开发强度，

实现各类遗产的真实性、完整性保护，并通过这些遗存所承载文化的挖掘和展示，使人们充分了解运河沿线具有突出地域人文特征和时代特色的漕运文化、水利文化、船舶文化、商事文化等。倡导教育实践，强化古为今用，重塑活态传承、创新发展社会环境和文化空间，将大运河非物质文化遗产保护融入周边经济建设，推进大运河沿线文化生态保护区建设。新建和改造提升一批具有标志性意义的大运河博物馆，推动建设专题性博物馆、展览馆，配套建设综合服务设施，提升洛阳大运河博物馆、京杭大运河博物馆、隋唐大运河博物馆、静海大运河博物馆等众多博物馆品级，构建涵盖国家级、省级和地市级博物馆的“大运河文化带博物馆联盟”，系统展示中国大运河的历史文化科技内涵。

第三，加强环境保护，促进运河生态建设。大运河生态环境是运河永续发展的根本保证。划定运河岸线生态保护红线区，将用水总量、水环境质量等作为约束性指标，强化生态空间保护与用途管制，建设绿色生态廊道，保护修复自然生态系统，强化流域水污染防治，积极防范环境污染风险，推进环境治理现代化建设。改善水系资源条件，完善防洪排涝保障功能，促进岸线保护和服务提升，加强水生态保护与修复，推进航运绿色发展，完善河道水系管护机制。保护修复自然生态系统，实施林草、河湖、湿地等自然生态系统修复，建设世界遗产和文化生态协同保护的国家级文化生态保护实验区。做好对生态保护的监督检测，用法律手段严格落实对运河生态的保护措施，对于那些擅自突破生态红线、破坏运河生态的违法行为，要敢于追究、严于追究、终身追究。

第四，推动文旅融合，推动运河经济发展。以文化和旅游融合发展为关键，建设“大运河经济带”，形成以航运物流业为基础，以港口、轻工、农业、仓储为主体的线性产业带。同时，重点发展商业、旅游、文化、休闲等高端服务业，打造交通便捷、工农业商业发达、城区密集的综合性新兴产业经济带。将国家文化公园主题展示、资源开发、品牌标识等作为重点，加快培育数字文旅新型业态，丰富体现大运河文化的优质文旅产品供给，同步提升住宿、餐饮、购物等相关业态的要素水平和服务品质，打造运河城市、运河产品、运河节庆等品牌体系，推出文化艺术精品力作，推进文化遗产和旅游融合发展，提升文化产业和旅游产业融合发展水平，促进文化和旅游公共服务融合发展，推进国家文化公园建设。通过航道达标治理、港口提质升级、发展绿色船舶等手段，全面提升航运效能及服务水平。以丝绸、黄酒、茶叶、湖笔等历史经典产业为重点，建设非遗特色小镇，以产业化发展促进非遗保护和活态化传承。

第五，加强国际合作，推动大运河城市国际交流联盟。探索运河及其相关遗产的保护和利用，就可持续发展、文化遗产保护、旅游业发展以及与世界运河治理开展国际交流与合作。探索以运河为基础的城市发展之路，并推动“一带一路”世界运河城市之间增进友谊，扩大世界历史和文化运河城市合作组织合作对象，吸纳更多世界运河城市加入，发展成为一个具有重要影响力的非政府组织，致力于以标准化的国际运作为特色的城际交流与合作。持续举办世界运河城市论坛，促进运河城市之间的经济和文化交流，分享其发展经验，推动世界各地的运河城市在生态和文化保护方面携手合作，加深中国大运河文化品牌的国际影响力。

（二）加强国际“一带一路”城市运河治理合作

第一，加强国际“一带一路”城市运河产业合作。城市作为全球经贸网络组织的空间平台，在“一带一路”沿线地域承担重要发展任务。重视“产城融合”，以通道枢纽功能为核心，构建运河“新城”。探索“港口—园区—城市”以及“交通—经济—社会”功能的融合、联动发展策略，在“一带一路”沿线区域建设生机勃勃的“产业新城”。在一些有条件、有基础的国外“一带一路”沿线运河城市共建经贸合作园区，以园区模式带动区域发展，以园区经济带动规模经济，体现集聚效应和规模优势，从而为企业入驻当地、实现当地可持续发展奠定良好基础。应当以生态保护修复倒逼运河沿线产业加快转型升级，加大环境整治力度，着力打造水生态文化地标，讲好水文化故事，展示水风景魅力，传播水生态价值。

第二，推动运河文化软环境建设交流。全球运河城市要加强联系沟通，开展对话交流。携手推动包括 WCCO 在内的世界运河国际组织密切合作，共同架起全球运河城市互动交流的桥梁。搭建好国际交流和志愿者合作平台，促进各项倡议的落实。持续优化“一带一路”软环境，增强与包括运河城市在内的沿线城市在文化、教育、卫生、法律等人文领域合作“新焦点”。拓展人文交流宽度和深度，促进沿线城市民心相通，共建“一带一路”运河城市精神家园。鼓励地方城市优秀民间文化团体以各种方式加强与“一带一路”沿线国家和城市的文化艺术交流合作。打造国际运河文化旅游产业链，积极与“一带一路”沿线运河城市签订旅游合作框架协议，深化旅游规划和资源开放等领域城市国际合作。支持地方省市高校“走出去”，赴“一带一路”沿线国家开展学术交流及开设分校。在北京、上海等中心城市建立“一带一路”沿线高校联盟，增设沿线国家小语种专业，设立外国留学生“一带一路”专项奖学金项目，扩大留学生招生规模，提升招生和培养质量。

第三，坚持共建共享，打造运河生命共同体。携手保护、传承、利用好以运河为核心的历史文化资源，是各运河城市的共同责任。应当秉承创新、协调、绿色、开放、共享的发展理念，统筹推进运河水态、运河生态、运河城建、运河产业、运河旅游等全面协调可持续发展。推出世界运河文化与旅游专题网站，构建世界运河城市整体旅游品牌形象，并加强各地旅游机构网站、知名旅游企业网站的链接，实现旅游信息互通共享。深度挖掘最具人文特征和时代特色的文化内涵，加强资金、技术和物质支撑，开发建设文化旅游产品，活态展示传统手工技艺、戏曲文艺、民风习俗、民间文化、农耕文化、饮食文化，实现运河城市的文旅共荣、相得益彰。

第四，加强运河保护发展的法制建设。“一带一路”沿线各运河城市应当采取必要措施在国内法制中建立和健全运河保护、传承和利用的运河法律体系（目前威尼斯、米兰等城市配合国家立法，建立了有关运河保护运营的法律体系）。严格遵守其所在国缔结或加入的有关运河文化遗产保护的国际公约，对公约履行情况进行持续监测与评估，积极履行有关国际公约规定的义务。推动“一带一路”运河城市在生态修复治理、绿色航运、绿色建筑、海绵城市等领域加强合作，探索建立运河沿岸城市环境保护区域协调协作机制，把运河生态修复放到整个流域、整个水系“一盘棋”中考量。

Ⅱ 亚洲城市运河治理篇

阿富汗波哥拉灌溉运河

阿富汗位于亚洲中南部，是亚洲心脏地带的内陆国家，其东部通过狭长的阿富汗瓦罕走廊与中国新疆相邻，是“一带一路”沿线上的重要国家。阿富汗深居亚欧大陆内部，气候干旱，沙漠广布，降水稀少，水资源匮乏。为此，阿富汗沿河修建了众多灌溉引水系统，以解决当地人民的生产生活用水问题。在河流与灌溉运河周边，形成了阿富汗重要的农业区与人口密集区。

一、波哥拉灌溉运河概况

波哥拉灌溉运河位于阿富汗中部赫尔曼德省赫尔曼德河谷，全长约 155 千米。波哥拉运河最主要的功能是引水灌溉，同时兼顾防洪与发电等功能，为运河所在地区构建了一条绿色生态长廊。

（一）赫尔曼德省与赫尔曼德河

赫尔曼德省位于阿富汗南部，在阿富汗 34 个省份中面积最大。该地区降水稀少，气候干燥，荒漠遍布。赫尔曼德省 80% 的家庭种植罂粟，其产量占世界的 42%[①]。赫尔曼德河是阿富汗最长的河流，河流系统为赫尔曼德省提供了基本生活保障。但因其支流少，径流量季节性变化明显，河流两岸土地的开发较为困难。阿富汗政府在开发赫尔曼德省时，将重点放在了水资源的管理与分配上，包括修建灌溉运河、建设水利设施，同时在防洪、发电、改善

① Nima Rooz, “Afghanistan still the largest producer of opium”, https://tolonews.com/nima-rooz/nima-rooz-afghanistan-still-world%E2%80%99s-largest-opium-producer, 访问时间：2021 年 5 月 11 日。

耕作方法等方面发力，波哥拉灌溉运河便是其中重要一环。波哥拉灌溉运河将赫尔曼德河水引入灌溉系统，使运河沿岸大量土地得以开发利用，极大促进了当地社会的发展。

（二）波哥拉灌溉运河概述

赫尔曼德地区很早就有引水灌溉的历史。1910 年当地政府开始重建纳赫尔萨拉古（Nahr–e–Saraj）运河；1920 年计划继续开发赫尔曼德地区；1936 年，穆萨希班王朝上台，修建了纳赫尔波哥拉（Nahre Bughra）运河。1946 年，阿富汗国王穆罕默德·扎希尔·沙阿聘请美国工程公司在赫尔曼德河上修建水坝，促进了沿岸地区的开发，阿富汗许多游牧家庭在此定居。为帮助该地区更好地发展，美国政府在 1949 年向阿富汗政府投资 2100 万美元，用于完善赫尔曼德河谷的运河灌溉系统。1953 年赫尔曼德河上的卡贾基大坝建成，赫尔曼德河通过分流大坝向三大主要运河波哥拉（Boghra），沙玛兰（Shamalan）和达维尚运河（Kanal–e Darweshan）供水，由此形成了重要的沙漠灌溉计划之一。

波哥拉灌溉运河于 1954 年建成，由赫尔曼德和阿尔甘达卜河谷管理局（HAVA）负责建造。HAVA 的体系建设以美国田纳西流域管理局为参照，由阿富汗农业灌溉和畜牧部门监督。在 20 世纪 70 年代末苏联入侵阿富汗之前，HAVA 灌溉的地区生产了阿富汗大部分的谷物和棉花，是出口创汇的主要来源。

二、波哥拉灌溉运河治理案例分析

（一）修建水坝，保障灌溉

阿富汗有 80%的人口生活在农村地区，农业需水量大，又因气候干旱，大部分农作物都是通过灌溉生产。目前阿富汗每年的灌溉用水量约占其总用水量的 99%。因此充足的供水是农民生活的保障。

波哥拉灌溉运河在修建与改造过程中，充分考虑了当地的气候特征与小规模灌溉项目的需要。有关部门通过完善运河主要的控制结构、安装门控设备、清除淤泥，改善运河输水环境，又通过衬砌运河两岸，增加灌溉水在运河中的流动，降低蒸发渗透，减少水资源浪费。

为解决运河季节流量不均的问题，相关部门修建了蓄水水坝，优化供水方案，确保在特殊年份充分利用蓄水给农作物供水，并为村庄不间断供水。在修建水坝与运河灌溉设施的同时，政府积极鼓励社区居民参与灌溉管理，并对农民进行节水技术培训和农作物品种介绍，改变农民过度灌溉的习惯。到 2013 年，波哥拉灌溉运河两岸已开垦出 3.5 万公顷的农田。

（二）完善水资源管理体系

阿富汗水资源管理部门之间联系薄弱，在水资源项目决策过程中缺乏协调和整合，难以实现运河治理中的横向与垂直合作。为此，阿富汗政府推动建立了流域机构（RBA）和子流域机构（SBA），加强基层组织如灌溉协会、用水户协会等机构之间的合作。同时协调组织内部合作，寻找共同关心的议程，消除社区之间和社区内部关于水资源使用的冲突，特别是解决机构与农民用水的问题。水资源管理协商机构的建立，可以将分散的灌溉用户联系起来，保证部落社区都能够参与到灌溉管理之中，使运河治理更加系统化。

在运河治理过程中，阿富汗重视法律法规的传播与作用。阿富汗政府总结以往因缺乏相关法律依据造成的运河水资源使用不平衡的教训，于 2009 年颁布《水法》，明确利益相关主体在水治理、水资源利用过程中的作用和责任，同时加强对居民法律意识的培育，妥善解决潜在的用水纠纷。阿富汗在推广依法使用水资源的过程中，制定了社区参与战略，组建流域机构委员会以及次流域理事会（SBC），并积极鼓励社区成员参与其中，保证水资源相关问题能够在各个社区之间协调解决。为了减轻地下水超采问题，在鼓励居民改善种植模式的同时，阿富汗政府还制定了地下水使用法规，实施含水层管理计划，限制对地下水的过度开采。

（三）部落社区参与

在波哥拉灌溉运河修复过程中，政府部门充分考虑了土著部落的划分和结构，明确了部落社区参与运河修复的责任，积极鼓励居民亲身参与。此举协调了运河上下游土著社区的关系，为社区间合作创造了机会。此外，政府研究并分析了运河修复对相关居民和部落可能带来的不利影响，通过安置与补偿计划，对受到影响的人群与部落提供帮助，避免部落社区之间发生冲突。

（四）国际合作与流域协调

阿富汗在运河治理方面积极接受国际社会的援助，多渠道筹集灌溉设施的维护资金。从 1949 年至 1971 年，美国资助了赫尔曼德河上的 8 个水坝。美国国际开发署以赫尔曼德为中心，资助了河谷多个庞大的建设项目，在赫尔曼德河沿岸修建了一个模范城镇。2005 年，受美国国际开发署资助，赫尔曼德河谷拉什卡尔加建成 6 个水库，向附近居民供水。英国也推出赫尔曼德河流域总体规划项目，承诺在 2011 年至 2013 年为赫尔曼德河流域研究与总体规划投入 280 万英镑，对 HAVA 管理的灌溉系统进行维修。此外，美国国际开发署在阿富汗实施的灌溉和流域管理计划，增强了当地政府和社区管理水资源的能力，同时鼓励地方农民参与农业研究、灌溉项目和流域管理，改善了农业生产，提高了生产效率。

阿富汗也投身到赫尔曼德河流域治理国家间的合作中。1973 年，阿富汗与伊朗签订了《阿富汗—伊朗赫尔曼德河水条约》，规定阿富汗在正常年份向伊朗供水的标准，但是由于 1973 年阿富汗政变，以及之后的伊朗革命、苏联入侵阿富汗等一系列事件，该协议并没有充分执行。为解决赫尔曼德河用水量分歧，阿富汗 2008 年指派专员，成立运河疏浚与防洪小组委员会，促进与伊朗关于赫尔曼德河的跨界合作。

三、波哥拉灌溉运河治理的进一步启示

（一）波哥拉灌溉运河治理存在的问题

赫尔曼德省部落社区观念落后、水资源管理技术落后，导致波哥拉灌溉

运河作用发挥受到限制。另外，巴基斯坦和伊朗关于赫尔曼德河的利益诉求与阿富汗存在差异，也给其流域水资源综合管理带来一系列问题。

阿富汗水资源综合管理计划很早就在赫尔曼德省展开，但由于战争原因，取得的进展有限。赫尔曼德地区政局一直无法稳定，一些关于水设施改革修复的研究无法进行，很多已经建成的水利设施缺乏有效维护。赫尔曼德省安全环境相对脆弱，在国际援建过程中，可能会因为开展运河灌溉工程而加剧当地冲突。受战争影响，灌溉系统、水库、桥梁等设施经常遭到严重破坏，当地部落社区因灌溉问题时常产生争端。

水文气象资料缺失，专业技术落后，传统的大型灌溉计划难以恢复并维系。在1980年之前，阿富汗约有18个装备精良的气象和水文站。但由于多年战乱，这些设施被破坏摧毁，水文气象的资料信息大量缺失，无法为波哥拉灌溉运河等水利设施服务。阿富汗整体的水资源管理技术相对落后，运河灌溉效率低下，水资源浪费严重。其灌溉系统的效率仅为25%～30%，一些地区因灌溉不足导致农作物产量下降，相反，局部地区又因过度灌溉导致土地盐渍化。

赫尔曼德河为国际河流，流经巴基斯坦、阿富汗与伊朗，三国都很重视赫尔曼德河对流经地区的作用。但三国在河水分配问题上存在一定分歧，导致赫尔曼德河流域水资源分配争端频发。

（二）波哥拉灌溉运河治理的启示

赫尔曼德河谷运河与灌溉系统的建设与修复，事关阿富汗的和平与稳定。波哥拉灌溉运河的治理面临的一系列困难，能让我们深入思考运河灌溉系统修建对沿线居民的重要意义，以及保障运河灌溉系统正常运转的必要条件。

稳定的政治环境利于运河的修建与管理。阿富汗赫尔曼德河谷运河灌溉系统作用的发挥，离不开阿富汗稳定的国内局势。当国内政治形势严峻时，作为重要民生保障的运河灌溉系统受到肆意破坏，系统功能受到限制。因此，对于阿富汗来说，维护国内安全稳定是保障运河系统正常运转的首要条件。

政府的积极引导与沿岸居民的相互理解，是水资源合理分配的民生保障。在水资源贫乏、农业用水量大的现实困境面前，各级灌溉系统以及沿岸居民秉持共同体理念，在运河水的使用问题上达成共识，使运河水资源得到合理分配，运河灌溉系统沿线居民的利益因此也得到了最大限度的保障。

积极争取国际社会的支持与帮助，补齐本国资金与技术短板。开展“一带一路”沿线国家运河治理合作，特别是与河流流经国家间的合作与协调，能更妥善地解决水资源争端，促进运河开发与保护。

阿联酋迪拜人工运河

一、迪拜人工运河概况

2013年，迪拜政府斥资27亿迪拉姆（约人民币45亿）将迪拜湾（Dubai Creek）拓展挖通至大海，创造出一条U形水道，成为现在的迪拜人工运河（Dubai Water Canal）。该运河长3.2千米、宽120米、深6米，从商务港（Business Bay）区域开始，流经莎弗公园（Safa Park）和朱美拉（Jumeirah），最后绵延至波斯湾。澄澈的河水静淌过繁忙的市区和谢赫·扎耶德主干道，复现了“威尼斯水城”的低调奢华，同时又将浓郁的阿拉伯特色镶嵌其中。继哈利法塔、棕榈岛、帆船酒店之后，这条运河成为迪拜最新的地标式存在。

迪拜人工运河是迪拜酋长兼总理穆罕默德·本·拉希德·阿勒马克图姆的主张之一，旨在“为迪拜城市增添一种独特的旅游景观和商业样板，以及为人民提供一种新的生活方式”①。该工程于2013年10月2日正式启动，并于2016年11月9日竣工完成。沿河的观光布局现已逐渐形成，包括一家购物中心、4家酒店、450家餐厅、人行道、自行车道、公园以及豪华住宅区，旅客在此既可以体验迪拜热情洋溢的现代化都市特色，同时又能享受休闲娱乐的假日情怀。

迪拜政府委托道路交通管理局（RTA）全面负责项目的实施，要求其在保障市民通勤多样性的同时，还要创新景观人文建设，以实现其旅游城市的宏伟蓝图。鉴于项目巨大且高度复杂，该项目由道路交通管理局（RTA）、房

① “The Dubai Water Canal：Case study and lessons learnt”, https://www.rta.ae/wps/wcm/connect/rta/3349d22c-4dfa-473a-99bf-aee0af21b4a4/RTA-Water-Canal-Case-Study, 访问时间：2021年7月11日。

地产开发商梅拉斯（Meraas）和梅丹（Meydan）牵头，4 个承包商和 70 个子分包商共同承建。

二、迪拜人工运河治理案例分析

（一）迪拜的“水城威尼斯”

为打造别具一格的旅游城市，迪拜政府吸收其他国家的成功经验，将水城优势发挥到极致。因此，在迪拜建立第二座“威尼斯水城”成为迪拜政府的首选。当然，迪拜政府不是一味地模仿威尼斯，而是在迪拜整个旅游工业蓝图的格局上添加威尼斯风情。

在 2013 年之前，迪拜已经实现陆路、空路的交通，但是其海路规划始终受限于地形特征而踌躇不前。为实现陆海空三线交通，当地政府完善了迪拜人工运河的水运功能。道路交通管理局已经围绕运河开放了 9 个水上出租车站，并且在其中 5 个主要的交通枢纽投放了更大的迪拜轮渡，为市民及游客通勤提供便利。

除了出行考量，政府也加大了休闲设施的投入。在运河两岸，政府修建了一条长约 6 千米的木板路。这是一条高质量人行道，可通往发展中的商业湾区，如此纵横交错、四通八达的休闲主干道在这片繁华的商业中心建立起来，形成了独特的氛围，让游客在观光之余还有休闲娱乐的机会。据称，在运河两边的土地尚未开发之前，这条小道就已经非常受欢迎。当地居民把这片区域当作跑道来锻炼身体，而游客则把它作为一个观景点，驻足于休闲人行道上，欣赏运河绚烂的夜景以及不远处独特的迪拜天际线——宽容大桥（Tolerance Bridge）。

迪拜道路交通管理局还开通了一条圆形海上航线，贯穿谢赫·扎耶德路站到迪拜人工运河之间的所有景点，包括哈利法塔（Burj Khalifa）、节日城、迪拜河、老集市、艾尔赛夫、香料集市和拉梅尔（朱美拉），真正实现了“一揽子旅游”。道路交通管理局公共运输代理海运总监穆罕默德·阿布·贝克铝哈希米（Mohammed Abu Baker Al Hashimi）表示：“启动这样一条交通路线，就是为了提升迪拜城的旅游吸引能力。”[①]

除此之外，开发商还拟建造“漂浮的威尼斯”水下酒店，为游客打造完美的阿拉伯海沉浸式深度水下体验。在沙漠之国陡然乍现的一座水城，打破了人们对于空间和地理的想象，而这正是迪拜旅游的特色——出其不意、惊喜不断。可以说整个人工运河的开凿和后期大桥建设、旅游酒店、商务景观的建设相辅相成，为整个迪拜旅游城市的格局开辟了新的道路。

（二）打造城市名片宽容大桥

自 2016 年开放以来，迪拜人工运河（Dubai Water Canal）改变了迪拜的传统面貌。如今，环抱城市的运河水道将迪拜部分地区连接成了一座岛屿。为了进一步增强项目的标志性特征，迪拜政府设计了 6 座风格各异的人行桥横跨运河，供游客在重要路口通行的同时，可以饱览整个岛屿的美景。设计师还特意在谢赫·扎耶德（Sheikh Zayed）公路桥上增加了壮观的瀑布。

在所有的大桥中，有一座弧形桥尤为引人注目——在 2017 年，该桥被命名为“宽容大桥”，以纪念第 22 个国际宽容日（International Day of Tolerance），这座桥被称为迪拜最美桥梁。谢赫·穆罕默德·本·拉希德·阿勒马克图姆称：“我们希望使宽容的价值成为社会结构、社会价值观、思想和行动的重要组成部分。……我们有来自 200 多个国家的人在阿联酋生活和工作，这是我们引以为豪的真正财富。……阿联酋一直是世界各国人民的融合点，也是包容和接受其他知识、文化、宗教和教派汇流的中心。”[②]由此可见，阿联酋政府建桥的目的与其打造世界性旅游城市的目标不谋而合，其建筑地标所包含的文化内涵恰恰是旅游业的金字招牌——热情好客、宽容大度，迎四方宾客。

---

① “Dubai Water Canal gets new marine line”, https://www.gulftoday.ae/news/2019/06/10/dubai-water-canal-gets-new-marine-line, 访问时间：2021 年 6 月 15 日。

② “Tolerance Bridge opens at Dubai Water Canal”, https://gulfnews.com/uae/government/tolerance-bridge-opens-at-dubai-water-canal-1.2125788, 访问时间：2021 年 7 月 11 日。

三、迪拜人工运河治理的进一步启示

截至2018年，迪拜政府已初步实现修建人工运河、打通城市交通脉络、创新城市景观的蓝图。然而，道路交通管理局的重中之重，就是实现迪拜的可持续和环境友好型发展。因此，在人工运河从无到有的过程中，环境问题就一直是迪拜政府的心中大石。在水资源紧张、交通繁忙的迪拜，如此耗费巨资、大兴土木的做法难免会产生其他方面的影响。为排除这些不利因素，迪拜政府对时间的把控十分专业，在大桥施工的同时，其他环保事宜也同步进行，以减免损耗。据迪拜官网资料显示，在本次建设中，迪拜政府对水源、材料、废弃物、河床管理等方面都下足了功夫。以下是几点可供借鉴的地方。

（一）秉持先治理后利用和环境优先的原则

运河商业湾部分的末端存在高盐的情况，为了避免潜在的不利环境影响，需要拆除原来的复杂模型，然而这一拆除行动的结果是排放约600万立方米的稀释水和处理40万立方米的盐。据贝尔哈萨第六建造公司（Belhasa Six Construct）官方数据，该建筑公司对商业湾潟湖内现有的高盐水进行了处理——通过一条3千米长的管道将现有的水稀释后排入大海，并在工程完成后重新引水灌输运河。[①] 同时，施工方还对处置水进行了遥测实时监测，确保其不会对环境造成影响。此外，商业湾潟湖紧邻一个火烈鸟的自然保护区，在整个操作过程中，为保证这一自然栖息地不受未来海上交通影响，施工方尽量将水渠通道和码头选址避开自然保护区。按照目前已形成的构架来看，溪边现有的自然公园未受影响，而且火烈鸟栖息的区域与商业区之间也有相当一段距离。

从迪拜政府的做法中，有两点可以借鉴并推而广之。首先，在水源问题上，应秉承先治理后利用的原则。其次，在当地开发过程中，一旦发现大规

① https://www.sixconstruct.com/en/projects/dubai-water-canal.

模运作会引发其他生态系统的变化时，应因时因地制宜，以保护周围生态系统稳定性为大前提，再根据实际情况调整施工场地和运作模式，以免因小失大。在自然保护区和经济活动利益最大化的选择中，始终牢记对自然的保护才是可持续发展的法宝，减少因贪图眼前利益而牺牲自然环境的短视之举。

（二）充分利用高新技术，实现科学检测

迪拜的新人工运河进一步改善了城市的地理景观，使得滨水开发区、商业区之间的交通枢纽以及城市间的通勤多样化。但是这一新开辟的运河是否对环境造成污染犹未可知。为此，迪拜政府建立了完整的化学和水动力水质模型，以监测和管控运河对周围环境的影响。据专家称，在湖泊、河流和河口的污染治理中，最重要的就是掌握污染水质如何随水流掺混、迁移和分布。因此，为精确计算人工运河中污染物堆积位置并对人工河道的流场走向准确定位，不少学者进行了模型论证。如穆罕默德·埃尔哈基姆（Mohamed Elhakeem）和穆罕默德·阿姆鲁西（Mohamed El Amrousi）就通过二维流体动力学模型预测了迪拜人工河道中的流场。模型预测表明，“与潟湖和弯道段相比，河道段的速度更高。另一方面，与潟湖和弯道区域相比，河道区域的水深较低。但是，通道中的速度在可接受的范围内，可以防止边界侵蚀和沉积物沉积”。（埃尔哈基姆和阿姆鲁西，2016）[①] 据政府报告看，该模型的方案是恰切的。迪拜政府也根据水动力水质环境模型的预测调整了迪拜河（Dubai Creek）水流的流速并缩短了其从上游末端径流静停留的时间（从 45 天缩短至 33 天）。[②] 如此一来，在整个注水过程中，就不会因流速过猛而导致部分河道泥沙堆积，从而增加航运阻碍。整个运河的注水工程被分段检测，大大降低了局部垃圾堆积对河道堵塞的影响。该点也为我国河道治理提供了启示。

---

① Elhakeem, Mohamed and Mohamed El Amrousi. “Modeling Dubai City Artificial Channel”, MATEC Web of Conferences 68, 13003 (2016).

② Hydrodynamics of Extended Dubai Creek System. On http:journals.tdl.org, web Jan 7th, 2021.

（三）变废为宝——材料重复利用

迪拜的地理特质是多泥沙，这对运河治理十分不利。不仅如此，修建运河的水道还需要挖掘300万立方米的泥沙。为降低建筑成本并增加项目建设的价值，迪拜政府号召当地建筑公司将挖掘出来的泥沙用作建造人工半岛的材料。于是，约40.8万立方米的沙子被用来填海建造运河入海点的可开发土地。此举符合迪拜政府尊重大自然、合理改造的景观修建原则，也为我国河床治理和后续维护提供了参照。在治理过程中，如产生新的物质，不如变废为宝，加大地方地区之间的合作，互通有无，使建筑材料利用率最大化。

综上所述，迪拜在修建人工运河过程中，本着打造旅游城市名片的原则，在充分尊重自然且结合迪拜本身的地理、水质特点的情况下，实现了迪拜城市环沙抱水的格局。不仅解决了迪拜河（Dubai Creek）在早期缺水且水质不佳的问题，而且打通了迪拜河到大海的通路，使得整个地理空间无限开阔。在此基础上，迪拜政府又增加大桥建设、酒店、休闲跑道、水上交通等配套的旅游服务，使得整个运河项目价值性大大增强，除了提升其旅游城市的魅力指数之外，还为其他国家及地区治理人工运河提供了可鉴之材。恰如其总理的话，这不仅仅是实现一种新的生活方式，更是为人民的生计谋福祉。

注：文中所有数据均来自迪拜道路交通运输局（RTA）官网。

韩国京仁运河

一、京仁运河概况

韩国京仁运河（경인운하）的正式名称是“京仁 Ara 运河（경인아라뱃길[①]）”，是韩国的第一条运河。该运河于 2009 年 3 月开工，2012 年 5 月 25 日开通。其始自汉江下游幸州大桥附近的 Ara 汉江闸门（首尔特别市江西区开花洞），流经首尔特别市、金浦市、仁川广域市，最后在仁川市西区汇入西海（黄海）。主航道长 18 千米、宽 80 米、水深 6.3 米。[②]

1987 年 7 月，仁川广域市的掘浦川流域发生特大洪灾，造成大量人员伤亡和财产损失。韩国第十三届总统候选人卢泰愚在选举游说活动中向选民承诺，如当选，将推进京仁运河的建设。1991 年，卢泰愚政府制订了掘浦川治水工程计划，第二年开工建设了长达 15 千米的掘浦川泄洪渠。1995 年，掘浦川治水工程变更为京仁运河建设工程并被选定为民资引进对象工程。1999 年，8 家民营企业和韩国水资源公社等政府部门共同出资并担任共同法人，成立了京仁运河股份有限公司作为施工公司。然而在这期间，社会各界针对京仁运河工程的经济效益以及其对环境可能造成的污染等问题不断提出疑问。2003 年，根据韩国审计监察院“京仁运河的经济效益被高估”的监察结果，京仁运河建设工程被推迟并于 2004 年 7 月正式中断。在这之后，运河建设有关方再次委托荷兰的一家专业运河企业 DHV 公司对工程可行性进行研究并在 2006 年取得了积极的评估结果。2008 年，韩国开发研究院（KDI）对该工程重新

---

① “뱃길”直译为“船路、航道”。“Ara”（아라）一词出自朝鲜民族传统歌谣《阿里郎》，是朝鲜语“大海”的古语。

② 京仁运河主页：https://www.kwater.or.kr/giwaterway/ara/sub010102.do，访问时间：2021 年 4 月 13 日。

进行了验证，同样得出积极性结论。同年 12 月，国家政策协调会议确定将重新推进该项目的实施，并将该运河工程由民间投资项目转为公共事业，由韩国水资源公社（K-water）京仁 Ara 运河建设团主管。2009 年 1 月，有关单位制订了关于京仁运河建设的基本计划；3 月起，连接运河和金浦客运码头的水道得以开工建设；6 月桥梁和闸门等主要工程竣工。2012 年 5 月 25 日，京仁运河正式开通。[①] 该工程共花费政府财政经费 22458 亿韩元（约合人民币 135 亿元）。

表 1 京仁运河工程沿革

类别	时期	主要沿革和政策变化
1 期	1987 年 7 月	掘浦川流域特大洪灾
	1987 年	总统候选人卢泰愚提出“京仁运河建设”的总统大选公约
	1991 年	建设部 掘浦川综合治水项目基本规划
	1992 年 12 月	京仁运河掘浦川泄洪渠项目获批
2 期	1995 年	变更为京仁运河建设工程并指定为民间投资项目
	1999 年 9 月	现代建设等 8 家民营企业参与投资成立京仁运河股份有限公司
	2001 年 8 月	京仁运河掘浦川临时泄洪渠竣工
	2003 年 1 月	卢武铉总统就职过渡委员会成立，要求中断京仁运河建设
	2003 年	审计监察院：“经济效益被高估”；成本收益比率（B/C）：0.92 ～ 1.28
	2004 年 7 月	京仁运河工程正式中断
	2005 年 7 月	掘浦川流域可持续发展协商委员会成立，由禹元稙（音）国会议员担任委员长
	2006 年	根据荷兰专业运河企业 DHV 评估结果，京仁运河具有充分的经济效益
	2007 年 2 月	掘浦川流域可持续发展协商委员会停止运作
	2007 年 7 月	执政党开放国民党决定推进运河建设项目

① “NAVER 지식백과 京仁运河”，https://terms.naver.com/entry.nhn?docId=1060296&cid=40942&categoryId=32349, 访问时间：2021 年 4 月 13 日。

续表

类别	时期	主要沿革和政策变化
3 期	2008 年 12 月	国家政策协调会议决定将该项目转变为公共事业
	2009 年 1 月	李明博政府公布项目再推进规划书
	2009 年 3 月	京仁运河连接水路竣工
	2009 年 5 月	京仁运河的正式名称变更为“京仁 Ara 运河”
	2011 年 1 月	被指定为国家级河流
	2011 年 10 月	客运试运营
	2012 年 5 月	正式通航

二、京仁城市运河治理的案例分析

（一）京仁运河功能定位的争议与转变

从京仁运河的建设历史不难看出，开凿京仁运河（掘浦川泄洪渠）的初衷是为了将掘浦川与西海（黄海）连通以泄洪治水。掘浦川流域有 40% 的土地属于低洼地带，运河工程的支持者期待这项工程能够在降低洪灾引起的经济损失方面发挥积极作用。而后随着掘浦川泄洪渠工程正式转变为京仁运河工程并建成开通，又具备了包括客运和货物运输的航运功能。理论上，航运的能效比是公路运输的 9 倍、铁路运输的 2.5 倍，比起陆地运输方式更加环保低碳，也是更加经济的运输手段。[①] 此外，京仁运河还衍生出了观光旅游、休闲娱乐的功能。目前，京仁运河总长 18 千米的主航道中有 14.2 千米被用于排水泄洪；有仁川、金浦两个码头，总面积共计 39291 平方米；仁川、金浦各设有一个物流园区，总面积共计 2049369 平方米；并向市民提供了仁川客运码头、Ara 金浦客运码头、仁川始川江江边公园、Ara 瀑布、橘岘渡口等观光休闲设施。有多达 6 家企业参与运营，其中包括韩国第一、世界第八的集装箱航运公司“韩进海运”、韩国第一的码头货物装运公司“大韩通运”、韩国

① 韩国海洋水产部仁川地方海洋水产厅：https://incheon.mof.go.kr/content/view.do?menuKey=306&contentKey=163, 访问时间：2021 年 4 月 13 日。

第三的钢铁企业“东国制钢集团”、物流代理商“大宇物流”、在旅游路线开发方面经验丰富的“C& 汉江 land”以及仁川地区最高水平的旅游路线开发企业“现代海洋休闲”。

表 2 京仁运河经济效益分析结果比较

（单位：亿韩元，以 2007 年为基准）

类别		开发研究院（KDI,2003）	国土部（2008）收益	KDI（2008）	
				占比	
航运（货运 + 客运）	缓解交通问题	10402	8408	6827	56.8%
	节省货运运输费用	8370	6610	–	
	节省在港费用	4908	–	2258	
	节省货运装卸费用	1891	–	2611	
	小计	25571	15018	11696	
泄洪		1926	–	4317	21.0%
观光旅游		–	829	933	4.5%
其他	防止重复投资	393	2992	–	38.6%
	土地规划	4612	14	7956	
	沙土	1640	125	–	
	小计	6645	3131	7956	
合计		32502	18908	20585	100.0%

资料来源：韩国京畿研究院

根据京仁运河所能带来的经济效益对以上各项功能进行排列，航运功能（包括客运和货运）排在第一位，排水泄洪排在第二位，第三位是观光旅游。然而在实际运营过程中，除排水泄洪之外，京仁运河的其他功能均没有达到预期效果。具体分析如下。

就排水泄洪而言，掘浦川泄洪渠及京仁运河的建成在洪灾防治方面起到了相当重要的作用。掘浦川的水位较汉江低，一旦遭遇暴雨，往往会发生不同程度的洪水灾害。1987 年的特大洪水就是促成掘浦川泄洪治水工程的直接原因。以 2010 年 9 月韩国特大暴雨引发的灾害所造成的损失与 1987 年洪灾所造成的损失做对比，2010 年 9 月韩国全国 14000 余名受灾群众中，掘浦川流域的受灾群众仅有 146 名，仅占 1987 年 5427 名受灾群众的 2.7%，且全国 70 余名遇难者或失踪者中没有一名是掘浦川流域的居民；农业用地受灾面积 109 公顷，仅占 1987 年 3767 公顷受灾农业用地的 2.9%。如果没有京仁运河，2010 年的暴雨洪涝灾害将会淹没掘浦川流域约 2200 公顷的土地。可见，虽然当时京仁运河尚未正式完工，仍大幅降低了灾害对社会造成的损失。

与京仁运河在排水泄洪方面起到的积极作用相反，其他功能并不理想。作为京仁运河航运事业的配套工程，韩国有关部门在仁川和金浦两地建成了用于客运货运的码头。然而，航运作为京仁运河的核心功能，其所具备的竞争力并未达到期待值，社会各界关于这一点的指责和质疑也层出不穷。其原因主要在于，与公路运输相比，航运的通行速度较为缓慢，通过各闸门[①]时的等待时间也增加了航运的成本。竞争力不足的结果是 2014 年货物运输的实际效益仅达到预期值的 4.4%。以仁川码头始发的仁川—天津航线为例，2014 年全年该航线仅有一艘班轮，总共运行了 55 次，但每周仅有一趟货运航班。此外，客运实际效益也仅达到预期值的 4.8%，2014 年全年京仁运河观光游轮的使用者仅有 2.8 万人次。

在观光休闲方面，有关部门投入了 888 亿韩元（截至 2013 年）对包括仁川、金浦两大码头的运河流域周边亲水区域进行开发，力求为市民打造多样化的水上生态公园。其建设项目规划如下表。

表 3　京仁运河亲水区域建设项目

类别	类别	名称	主要内容	建设经费（韩元）	项目经费
	水乡 2 景	仁川码头	Ara 光岛周边	119 亿	379亿韩元（42.7%）
	水乡 3 景	始川公园	始川公园	47 亿	
	水乡 4 景	Ara 峡谷	Ara 庭院、Ara 瀑布	85 亿	
	水乡 5 景	水香园	传统楼阁、传统庭院等	47 亿	
	水乡 6 景	多丽生态公园	江堤、汽车露营地等	62 亿	
	水乡 7 景	金浦码头	水边文化广场等	19 亿	

① 京仁运河现有两座闸门，分别为汉江闸门、西海闸门。

续表

类别	类别	名称	主要内容	建设经费（韩元）	项目经费
公园行道	·京仁运河南岸沿线两车道公路和周边的亲水区域 以多样的文化区域构成的公园绿地中轴线 ·总长 15.6 千米，宽 30 米 （两车道 10 米亲水景观绿地 20 ～ 60 米）				334 亿韩元（37.6%）
自行车道	·通过京仁运河南侧的青云桥和钱湖桥构成南北两岸环线 ·总长 36 千米，宽 5 ～ 8 米				175 亿韩元（19.7%）
其他绿地公园	·包含在水乡 8 景和公园行道里				-
合计	-				888 亿韩元（100.0%）

资料来源：文炳镐（音）议员办公室（2013）[2]

但就实际效益而言，仅有自行车观光道得到了游客相对较多的青睐。在设计过程中，相关部门考虑到京仁运河自行车道所在地理位置的特点，将其与汉江自行车道相连接，从而成了沿韩国四大江骑行纵贯韩国路线的起始点。该自行车道以完备的设施和良好的沿线风光吸引了国内外的骑行爱好者。[3] 然而，京仁运河沿线的其他景点对市民并没有产生相当程度的吸引力。此外，在非指定区域的非法露营和露天摊贩的问题也一直无法得到有效整治。

由韩国京畿研究院于 2015 年完成的调研报告指出，京仁运河的航运功能压制了观光旅游事业的发展，并成为旅游业投资的绊脚石。[4] 究其原因，以航运为核心功能的京仁运河为了保证 80 米的河道宽度，运河两岸的空间设计得相对狭窄。同样，由于运河的第一目的是航运，货运和客运的优先级高于以观光休闲为目的的水上活动，因此在水质的管理上也并不以观光休闲所需水质为检验标准，生态环境质量不高，因而并不适合进行水上休闲活动。尤

① 另外两景为西海（黄海）、汉江。

② 박경철, 이수진. (2015). 경인 아라뱃길 리모델링 구상. 이슈&진단, (197), 1-26.

③《外国人也着迷的骑行胜地——京仁运河》，载《首尔经济》，2014 年 11 月 10 日。

④ 박경철, 이수진. (2015). 경인 아라뱃길 리모델링 구상. 이슈&진단, (197), 1-26.

其是当货轮或客轮通过时，水上休闲活动的危险程度也较高。此外，水上休闲运动的活动区域也受到限制。2012 年京仁运河开通初期，只有仁川码头周边地区可以进行相关活动，从 8 月开始许可区域又扩大至金浦码头周边区域。在以上区域市民可以乘坐游艇、水上摩托艇、赛艇、皮划艇等休闲交通工具，但仍需向管理部门提前申报。这就使京仁运河向社会所能提供的该方面的公共产品受到了极大的制约。

针对这一系列问题，有关部门也开始组织探究多种解决方案并交付市民委员会一同讨论。2018 年 9 月，韩国环境部根据韩国国土部惯例革新委员会[①]在3月提出的建议，组织成立了以探讨研究京仁运河功能转换方案为目的的京仁运河公议委员会，由 15 名专家学者负责委员会的运作，涵盖了物流客运、水域环境、文化观光、协同治理四个领域。京仁运河公议委员会组织召开了公开讨论会议，来自中央政府、地方自治团体[②]、专家学者、市民等团体的 40 余名代表参与其中。市民委员会由京仁运河流域的居民构成，包括仁川广域市富平区、桂阳区、西区，富川市新中洞、梧亭洞，金浦市高村邑、沙隅洞、丰舞洞等地方自治团体的居民代表，参加每次会议的代表有 90 名到 120 名不等。公开讨论会议召开数次，最终在 2020 年 10 月提出了 7 种候选解决方案，这 7 种方案一并交给市民委员会，主要就各方案的优缺点、制度改善事项、经济效益改善水平等进行讨论并最终投票表决。经过三次讨论和表决之后，最终在 2020 年 11 月初选定方案 B 作为京仁运河功能转换的实施方案。

表 4　市民委员会对京仁运河功能转换方案的最终投票结果[③]

类别	A 方案	B 方案	C 方案	D 方案	E 方案	F 方案	G 方案	合计
得票数	27	51	27	18	17	23	15	178
百分率	34.6%	65.4%	34.6%	23.1%	21.8%	29.5%	19.2%	

注：同一投票者可多次投票

① 当时称国土部咨询委员会，后改为现名。

② 包括地方政府及地方议会。

③ 韩国环境部公告，http://www.me.go.kr/home/web/board/read.do?menuId=286&boardMasterId=1&boardCategoryId=39&boardId=1411860，访问时间：2021 年 4 月 13 日。

根据方案 B，京仁运河将仅在夜间允许货物船只通行，金浦·仁川的客运码头将改建为海洋环境体验馆，金浦货运码头的集装箱码头将改建为住宿设施和博物馆。由此可见，未来京仁运河将会压缩其航运功能，着重发展其观光旅游、文化体验的功能。因此，为了适应京仁运河在功能主次上的转变，以往以航运所需水质为主要目的的四到五级水质检验标准将会提升至三级检验标准。生态环境治理成为当务之急。

（二）京仁运河的生态环境治理

1. 京仁运河的生态环境问题简析

当前京仁运河的水质尚处于四到五级检验标准。韩国将水质环境检验标准按水域类别分为河流、湖泊、海洋三大类，按氢离子浓度（pH）、生物氧量要求量（BOD）、溶解氧量（DO）、化学氧量要求量（COD）、浮游物质量（SS）等 8 个项目和镉（Cd）、氰（Cn）、砷（As）、汞（Hg）等 17 个关乎人类健康保护标准的元素含量设定具体检验指标。其中海洋的检验标准分为三个等级，而京仁运河所属的河流和湖泊的检验标准共分为七个等级。五级检验标准的水质可作为农业用水，或经过过滤、沉淀、注入活性炭、杀菌等高度净水处理程序之后作为工业用水。四级检验标准的水质环境中存在的污染物比五级水质的要少，氧气含量相对较高，经高度净水处理之后可作为生活用水，或经一般净水处理之后作为工业用水。与四到五级水质相比，三级水质的生态系统虽然含有少量的污染物质，但氧气含量更高，在经过过滤、沉淀、杀菌等常规净水处理后即可作为生活用水或游泳用水。[①]

京仁运河的水源主要来自掘浦川，掘浦川的河流生态环境保护与京仁运河的河流生态有着密不可分的关系。然而掘浦川自身的水质也一直存在问题。韩国水资源公社原本希望京仁运河的开通可以使海水流入掘浦川与其河水混合从而改善掘浦川的河流生态系统，但现实却与此完全相反，不仅掘浦川的水质没有得到改善，京仁运河的水质也随掘浦川河水的流入而出现了问题。[②]

---

① “NAVER 지식백과”，https://terms.naver.com/entry.nhn?docId=69556&cid=43667&categoryId=43667，访问时间：2021 年 4 月 13 日。

②《京仁运河开通也不能改善掘浦川水质》，载《NEWS TOUCH》，2009 年 3 月 31 日。

对此，水资源公社采取了消极的态度和立场。如前所述，水资源公社主张航运和防洪才是京仁运河的主要职能，二者对水质的要求不高，水质标准一直维持在四到五级。同时该部门还曾主张应由地方自治团体承担水质净化处理的主要责任。原本水资源公社还曾提出，在金浦码头附近建设一条长1.5千米、宽15～30米的新的地下引水渠，将掘浦川的河水向别处分散，加大海水在京仁运河水源中所占的比重，以降低对京仁运河的水质造成的伤害，但也由于野生鸟类保护协会等团体的反对而不了了之，反对理由是如果将河水引向其他地方，河流的水流速度将会进一步降低，水质更新速度随之降低，生态环境可能进一步恶化。

由此可以得知，从京仁运河开通至今，运河生态系统的质量不高，对运河的生态保护治理的重视程度一直处于一个相对较低的标准，这是其功能定位所导致的必然结果，换句话说，从功能定位的角度来看，这种结果也是合理的，但同时也是造成其旅游行业不振的一个重要因素。可以预见，随着未来京仁运河在功能上的转变，在水质改善、生态环境治理上的投入将会加大，为旅游休闲行业的发展准备一个理想的环境。同时，对京仁运河水质监测和治理历程进行分析有助于我们进一步了解京仁运河的治理模式。

2. 京仁运河生态环境治理体系的建构及相互作用

各界对京仁运河水质问题的关注和争论事实上从掘浦川泄洪渠建设工程时期就已经开始。京仁运河的主管部门韩国水资源公社是韩国国土交通部下属的政府投资机构，也是专门负责水资源管理的政府部门。从2000年6月起，水资源公社参与了六次环境影响评估；2009年运河建设重启之际，水资源公社计划增设处理设施以防止公路等非点污染源产生的污染物影响水质，并通过引入西海（黄海）海水与掘浦川河水按2 ： 1比例混合的方式将运河水质维持在四级标准。2011年年底，京仁运河工程全面收尾之际，水资源公社自行进行了水质取样分析，但将调查结果认定为运河运营的内部资料，并未向外部公开。

与此针锋相对的是运河流域的一些环境保护团体。2000年以后，以仁川环境运动联盟、仁川绿色联盟、天主教环境联盟为代表的仁川地区环保组织从京仁运河项目推进初期就一直反对该项目，这些团体通过新闻媒体就京仁运河工程对环境影响评估草案所存在的问题进行了大量报道，并强烈要求停止京仁运河工程施工。其理由是，京仁运河建成之后，运河河水缓慢的流动速度会引起水质污染，并且西海也会遭受二次污染；周边的垃圾填埋场的浸出水、金浦码头的生活污水、运河周边高速路和其他非点污染源的污染物将会进一步导致水质恶化；水资源公社以海水抑制污染的措施反而会增加地下水中盐的浓度，对水资源造成损害；除此之外，从经济效益的角度来看，京仁运河也存在相当多的问题。为了更有效地表明自己的立场，这些环保组织先后成立了仁川对策委员会（2000）、反对京仁运河建设首都圈共同对策委员会（2001）、运河项目无效化国民行动仁川本部（2008）、京仁运河无效化首都圈共同对策委员会（首都圈共对委，2008）进行有组织的抗议活动。李明博政府于2009年决定重启京仁运河项目之后，首都圈共对委对此表达了强烈的不满，指责政府的环境影响评估不够严谨，并批评政府独断专权。

尽管经过一系列曲折之后京仁运河工程得以继续推进，环保组织也没有放弃自己的立场。2012年5月京仁运河开通之后，天主教环境联盟、仁川环境运动联盟、仁川绿色联盟等仁川地区的环保组织联合仁川大学金进韩（音）教授团队自行实施了水质调查并于同年6月20日在新闻媒体上公开发表调查结果。根据该调查结果，京仁运河河水的化学需氧量（Chemical Oxygen Demand，COD）为9～14mg/L，远远高出所规定的京仁运河水质管理标准（7mg/L以下）。作为回应，作为主管单位的韩国水资源公社在一周之内连续三次召开紧急记者见面会，认为京仁运河的水质情况处在合理范围之内，民间调查团体在调查分析过程中存在河水采样不规范的问题，并提议在媒体界全程参与的前提下进行共同调查。6月27日，韩国国立环境科学院在媒体界人士的监督之下进行了河水取样分析，分析结果是京仁运河的COD为3.7～4.5mg/L，符合水质管理标准。然而这个结果却与仁川市政府下属的保健环境研究院独立取样分析得到的结果（COD 7.5～10.1mg/L）完全相反，在社会上引起了巨大的争议。而仁川市政府之所以委托保健环境研究院进行该项独立于水资源公社和环保组织的调查，是因为京仁运河大部分河道都处于仁川市辖区内，地方环保组织要求仁川市政府在这起争议中担负起保障市民环境权的责任。随着京仁运河的竣工和开通，市民对周边垃圾填埋场排入运河的高浓度废水带来的环境问题的担忧越来越多，对仁川市政府积极参与治理的呼声也越来越高，因此仁川市政府不得不加大参与治理的力度。

为了平息这场争论，并解决水资源公社和民间环保组织之间的信任危机，仁川市政府建议成立一个官民共同水质调查团，除水资源公社、环保组织和仁川市派出代表之外，也邀请环境部派出代表参与。环境部主要负责对大规模开发工程可能引起的环境影响进行评估，并根据评估结果对项目进行认证、检查和监督。因此在这场关于京仁运河的争议之中难以独善其身。环境部本可以要求水资源公社更加公开公正地进行环境影响评估，但实际上环境部不但没有这么做，还在缺乏确定的应对方案的情况下与水资源公社完成了相关工作的协商。因此反对者认为环境部严重失职。从另一方面来说，作为管理国家级河流水质的主要负责部门，对于国家级河流京仁运河的水质问题自然也难辞其咎。

在仁川市的协调下，各方达成共识，同意成立京仁运河官民共同水质调查团（민관공동수질조사단），共同对京仁运河水质进行客观公正的调查评估，参与的部门和团体包括韩国水资源公社、环境部汉江流域环境厅、民间环境保护组织、仁川市地方政府及议会和有关专家。2012年10月25日，京仁运河官民共同水质调查团正式成立，由12名代表和3名干事组成，由仁川市和环境部汉江流域环境厅的代表出任共同团长，环境保护组织和水资源公社各推荐2名专家，余下代表均出自国立环境科学院，担任数据取样分析工作。干事负责有关决策的执行工作。调查团在2012年11月和2013年4—8月进行了六次共同水质调查，并于2014年2月公布了最终调查结果，随后官民共同水质调查团宣告解散。这项结果的报告书原本由水资源公社负责，但在环保组织的反对下，转由环保组织推荐的两名专家负责报告书的起草工作。

表5 京仁运河官民共同水质调查团成员构成情况整理[①]

序号	类别	所属单位	职位
1	共同团长	汉江流域环境厅	流域管理局局长

① 정재중."협력적 거버넌스를 이용한 갈등관리：경인아라뱃길 민관공동수질조사단 운영을 중심으로". 국내석사학위논문 서울대학교 대학원，2017. 서울.

续表

<table>
<tr><th>序号</th><th colspan="2">类别</th><th>所属单位</th><th>职位</th></tr>
<tr><td>2</td><td colspan="2">共同团长</td><td>仁川广域市</td><td>环境绿地局局长</td></tr>
<tr><td>3</td><td rowspan="10">共同调查团</td><td rowspan="3">机关</td><td>汉江流域环境厅</td><td>水生态管理科科长</td></tr>
<tr><td>4</td><td>仁川保健环境研究院</td><td>海洋调查科科长</td></tr>
<tr><td>5</td><td>韩国水资源公社</td><td>环境管理组组长</td></tr>
<tr><td>6</td><td rowspan="2">环保组织</td><td>天主教环境联盟</td><td>政策室室长</td></tr>
<tr><td>7</td><td>仁川环境运动联盟</td><td>事务处处长</td></tr>
<tr><td>8</td><td rowspan="2">专家
（环保组织）</td><td>中央大学</td><td>教授</td></tr>
<tr><td>9</td><td>仁川大学</td><td>教授</td></tr>
<tr><td>10</td><td rowspan="2">专家
（水资源公社）</td><td>K-water 研究院</td><td>水环境研究组组长</td></tr>
<tr><td>11</td><td>韩京大学</td><td>教授</td></tr>
<tr><td>12</td><td>分析机构</td><td>国立环境研究院</td><td>研究员</td></tr>
<tr><td colspan="3">主管干事</td><td>仁川广域市</td><td>河流水质保护科科长</td></tr>
<tr><td colspan="3">干事</td><td>汉江流域环境厅</td><td>水生态管理科科长</td></tr>
<tr><td colspan="3">干事</td><td>韩国水资源公社</td><td>环境管理组组长</td></tr>
</table>

依据该调查结果，尽管京仁运河的 COD 值以及其他大部分指标都合乎管理标准，但与藻类有关的叶绿素 – a 等指标超标。对此，京仁运河的主管部门韩国水资源公社制订了短期和长期两套应对方案。短期之内，增大京仁运河的水流量以控制藻类的生长；与仁川市、市民团体、专家等进行长期合作，构建环境改善协商共同体。在京仁运河官民共同水质调查团解散之后，水资源公社与有关机构合作组建了“京仁运河水质管理协商会议”，通过开展水质管理研讨会、污染源现场勘察等活动力求改善运河水质。

三、京仁运河治理的进一步启示

从京仁运河水质生态问题的治理过程可以总结出，韩国政府最终采用的是“合作治理”的模式。比起传统的“层级制”，合作治理模式更强调政府、市场、市民等相互依存的行为主体之间水平的、合作的关系。合作治理模式的目的是通过合作实现公共价值的最大值，有关行为者通过共同参与决策实现社会价值的分配，通过调整相互之间的差异构建互利机制。合作可以是自发的，也可以是政府的授权，具有多样、复杂、动态的特点。在京仁运河的治理中具体表现为程序的透明化、合作的制度化、经济性的补偿和实质性参与机会的补偿。

（一）程序的透明化

程序的透明化使当事者相信与政府进行的协商合作是真实有效的，不存在暗箱操作的问题。重点是要对信息和资源的不均衡分配进行及时修正，即我们可以根据当事者对程序的信赖程度以及信息和资源分配的均衡程度判断治理过程是否确保了程序的透明性。在京仁运河水质的治理过程中，作为水质共同调查团的发起者和主要协调部门，仁川市政府积极协调各方在样本共同取样分析等重要议题上达成妥协，力求在共同调查团的运营过程中增进环保组织对水资源公社提供的数据和信息的信任，并试图引导其扩大到对程序透明程度的认可层面上。

作为运河运营和管理主体的韩国水资源公社除了向共同调查团派驻代表之外，还承担着调查团决策的执行和支援职能。一是现场勘测所需的船只和测定水温、溶解氧量、盐分浓度等指标的设备和人力均由水资源公社提供；二是水资源公社向负责样本分析的国立环境科学院提供行政上的支持；三是为了保证得到正确的分析结果，水资源公社整理了京仁运河流入的西海海水日径流量等数据材料，通过仁川市代表提供给调查团。此外，水质调查的方法一概在调查团会议上进行协商决定；调查工作进行时保证所有参与的行为体均有代表在场。这些调整信息和资源分配的措施使得其他行为体对水资源公社为确保程序透明性所做的努力给予了积极的评价。

作为环境部代表参与工作的汉江流域环境厅（汉江厅）认为，经过数次会议的协商工作，程序的透明性是得到了保证的。然而，汉江厅还指出，由于共同调查计划是在水资源公社和环保组织这两个原本持续存在冲突的行为体之间达成妥协的前提下制订的，因此环保组织对于最终调查结果的接受程度，即对最终调查结果的客观性和真实性的认可程度是有限的。

实际上也是如此。尽管环保组织对水资源公社为确保程序透明性所做的努力给予了相当程度的肯定，承认公社在共同调查团的构成、会议进行的程序等问题上的确比以往更加公平公正，并因此给予了相对积极的配合；但由于双方之间长期的不信任，他们仍认为合作过程中资源分配不均衡、信息不对称等问题依然存在。具体来说，虽然水资源公社依据既定程序向环保组织提供了有关的信息情报，但环保组织仍认为这些信息的其中某一部分是无关紧要的或者对公社单方面有利的，而不利的部分则遭到了隐瞒或修饰。环保组织向调查团推荐的专家也指出，虽然水资源公社为确保水质调查的公正性做出了努力，但在以往内部资料的共享上仍有所保留。由此亦可以得知，环保组织和水资源公社双方在关于信息和资源共享限度的认知上仍然存在较大的差异，这在未来的运河治理中也是需要长期面对的一个问题。

（二）合作的制度化

合作的制度化能够支持合作治理持续进行。尤其是京仁运河的主要行为体之间存在着对立的立场，参与的制度化可以确保各行为体之间共享的信息在某种程度上的真实性，避免发生更大的矛盾。仁川市政府于 2012 年 7 月 4 日正式提议组建水质共同调查团，并授权仁川市环境绿地局局长邀请水资源公社、环保组织、环境部汉江流域环境厅、仁川市桂阳区、西区、仁川大学专家学者、首都圈垃圾填埋场管理公社等有关机构与个人一同参与调查团组建的筹备会议。在 2012 年 7 月 5 日进行的第一次筹备会议和 7 月 26 日进行的第二次筹备会议上，参与各方争论的焦点主要在于调查实施的范围和调查团代表的构成问题。首先，对于调查实施的范围，汉江厅和水资源公社主张将其限定在运河水质范围内，而仁川市和环保组织则主张应将地下水、河水恶臭等周边环境问题都包括在内；对于调查团代表的构成问题，汉江厅主张仅由各行为体推荐的专家出任调查团代表，而环保组织则主张除专家之外还应由环保组织的成员直接占据一个调查团代表名额。9 月 14 日，在环境部本部的主持下，参与各方达成一致，同意将调查范围限定在水质范围之内，允许环保组织直接参与调查团。在 9 月 25 日召开的会议上确定了调查团的名称、团长人选、成员、调查范围、职能以及机构运作期限。10月25日，共同调查团举行第一次会议，确定了调查团的人员构成、调查期限、项目等具体的调查实施办法，正式实现参与的制度化。参与该治理过程的各行为体的看法如下。

水资源公社、环境部汉江流域环境厅以及水资源公社推出的专家代表认为，尽管调查团创立初期存在一系列不协调的问题，但在各行为体的积极合作之下，实现了调查团的正常运作和参与的制度化。

仁川市认为共同水质调查团是缓和各行为体之间矛盾、推进京仁运河治理的最高效方式。虽然在筹备过程中各行为体因相互之间的立场差异遭遇了很多困难，但最终还是通过相互协商沟通成功组建了调查团，通过第一次正式会议实现了参与的制度化，并在机构运作过程中大致实现了公开公正的调查和信息的共享，是一次成功的治理实践。

环保组织认为调查团的组建和运作在某种程度上实现了运河治理中参与的制度化。水资源公社和环保组织各推出两名专家代表参加调查团的举措保证了参与的公平性。虽然环保组织本希望能有更多的利益相关者（包括首尔市、仁川市的民间团体）参与进来，但就协商中相互让步和妥协的程度而言这个结果是可以接受的。但环保组织推荐的专家代表仍指出了参与的制度化所存在的问题：共同调查团的制度化是行政上的制度化而非立法意义上的制度化，因此民间组织的参与很大程度上仍然需要仰仗水资源公社等政府部门的行政力量来维持。随着社会舆论关注度的降低，水资源公社、汉江厅等政府机构的态度逐渐变得消极，民间组织的参与度也受到了负面影响。

总体上而言，参与运河治理的各主要行为体对于调查团在参与的制度化方面的评价是正面的。但也要注意其存在主体分工不明确且缺少法律性质的约束力的缺陷。

（三）经济性的补偿

在京仁运河治理的问题上，与之相关的各行为体之间没有直接的经济性的利害关系，因此水质共同调查团并没有专门就经济上的补偿达成某种协议。但从其实际运作过程来看，这种经济性的补偿是必要的。由于京仁运河具有公共物品的性质，承担运河的建设、维护成本的主体与获益的主体不同，围绕费用分摊问题必然会产生一系列争论，一旦处理不得当，往往会引发公地悲剧。水资源公社作为京仁运河的主管部门，的确应对京仁运河的治理承担起主要责任，积极推进水质管理措施和生态保护政策；但在另一方面，与运河更新保护有关的一系列设备的购买、投放和维护，以及共同调查团的运营费用等如何进行规划和分摊，成为各行为体之间争论的一个重要议题。

水资源公社认为，水质问题的根源是京仁运河的水源——掘浦川的水质问题，掘浦川地处汉江下游，本就有大量处理后的废水流入，加之强降雨后的污水也会汇入掘浦川，如果不针对掘浦川的水质问题采取措施，现有的运河水质改善措施的效果是有限的。因此需要从中央政府的层面对全韩国河流管理体系进行更新换代、统筹规划、加大投资，即将成本的一部分转移到中央政府的层面。环保组织主张水资源公社承担基本的责任和义务的同时，同属行政机构的国家和地方政府也应该分担一部分压力。环境部和仁川市则强调，水资源公社作为京仁运河的主管部门，在水质改善方案的制订和执行上具有不可推卸的责任和义务，要求水资源公社拿出积极的应对态度，也就是将成本的主要承担方限定在水资源公社（国土交通部）一方。

就共同调查团的运营成本而言，水资源公社认为水质的取样分析是委托国立环境科学院实施的，作为公立机构的国立环境科学院有政府补贴的支持，所以没有必要专门划分一部分经费给取样分析。环境部汉江厅也认为虽然是共同调查，但各成员机构各司其职，以各自的预算承担该部分费用即可。作为共同调查团的发起者和会议协调者，仁川市政府也认为京仁运河水质共同调查是一项无报酬的“名誉活动”，参与者不应接受额外的补贴，甚至于每次安排会议时都省略了一同就餐的环节。

与此相反，水资源公社推出的专家代表认为，参与调查团的行政机构不应划拨专门活动经费的同时，应该向民间环保组织和其他专家学者提供会议经费和餐旅费，以表现政府部门对运河治理的重视和责任感。环保组织也认为适当的预算经费可以加强各方之间的联系，促进相互之间的合作，使调查团更加有组织地运作，并保证调查分析的公正性；同时，向专家学者给予经济上的支援也可以增加专家参与的积极性。环保组织一方的专家进一步指出，专家是受水资源公社和环保组织的邀请和委托参与这项调查活动，其动机没有后两者明确，对专家在这项活动上投入的时间和精力进行经济上的补偿可以防止其参与的积极程度降低。

不仅是专家，水资源公社等行政机构也是如此。如前所述，水质共同调查团工作的后期，一部分行政机构的代表出现了消极懈怠的情况，这不仅是因为社会舆论关注度的降低和制度约束的缺失，也存在经济上的补偿和激励不足的问题，如果单单是某一行为体承担治理成本而得不到收益或补偿，很可能打击其参与的积极性，成为引发公地悲剧的潜在因素。

（四）实质性参与机会的补偿

实质性的参与补偿是指在治理过程中给予持反对立场的环保组织、地区居民实质性的参与机会。根据 OECD 组织的定义，政府和市民之间相互作用的类型可分为信息分享、协商合作和积极参与，实质性的参与补偿就是要将政府对市民的单向关系转变为政府和市民间的双向关系。

京仁运河水质共同调查团总共实施了六次水质调查并召开了六次调查团会议。在第一次会议上，水资源公社、仁川市政府、环境部汉江厅和环保组织之间通过协商讨论确定了调查团成员的构成和调查方法的具体事项。值得注意的是，调查团同意邀请金浦市、仁川西区、桂阳区等没能参与调查团的地方代表参观调查的全过程。条件是在最终结果公布之前，这些参观的地区代表不得向新闻媒体透露信息。虽然环保组织一度提出反对意见，但由于水资源公社一方同意向与会代表公开调查进度和有关信息，加之环保组织本身直接参与了调查，最终接受了这样的提议。这样一来既保证了一定程度上的透明性，又对更大范围的有关组织团体提供了实质性的参与补偿。

环境部汉江厅和仁川市代表对此给予了积极评价，认为这种参与补偿一定程度上确保了政府和市民之间互动的程度，鼓舞了市民团体参与治理的积极性。同时他们也指出，水资源公社和环保组织作为主要当事者，双方之间实质性的双向沟通是有限的。一方面是因为双方之间尤其是环保组织对水资源公社的不信任态度，导致双方在调查工作中没能完全做到中立和就事论事；另一方面，尽管调查团认可"官民同等"的工作原则，但在实际工作中没能完全摆脱韩国行政体系注重行政层级和既定程序的沉疴，限制了两者之间的双向沟通。

综上所述，从京仁运河建成后实施的共同水质调查，乃至近来在运河功能转换上的公开协商表决，我们可以看出，韩国在京仁运河的治理上采用的“合作治理”的模式，从官方—民间、中央—地方两个角度，从程序的透明化、参与的制度化、经济性的补偿和实质性的参与补偿四个方面进行运河城市治理。尽管仍然存在一些亟待解决的问题，总体而言还是收到了一定的效果。程序的透明化能够增加行为体之间的互信；参与的制度化可以增强对各行为体的约束力；经济性的补偿能够分摊治理成本，推动互利机制的形成，避免公地悲剧；实质性的参与补偿鼓舞了不同团体参与治理的积极性。政府和非政府组织、中央和地方之间逐渐形成了水平的合作关系，能够就各自的立场和利益考量进行相对平等的相互协商，实现公共价值的合理分配。

泰国曼谷吞武里运河

泰国河网密布，天然河流与人工水道交错纵横，具有独特的水居文化。在城市化进程中，其首都曼谷有许多运河已被填埋，但在湄南河西岸的吞武里，一些较大的运河依然绵延至今，成了泰国水居文化的历史见证。

一、吞武里运河概况

泰国首都曼谷位于湄南河下游三角洲地带，地势低洼、河道纵横。在古代，曼谷人为方便交通、抵御入侵以及方便排水等，在周边开挖了许多运河，曼谷因此也获得了“东方威尼斯”的美誉。根据曼谷市政府数据，截至 2011 年，曼谷共有 200 个防洪闸门、158 个泵水站、7 个巨型地下水道及 1682 条运河，总长 2604 千米。

吞武里位于曼谷市的西面，是曼谷的 50 个地区之一，隔湄南河与曼谷主城区相望。达信时期，曾以吞武里为首都，建立吞武里王朝。1971 年，泰国政府将吞武里并入曼谷大都会，发展为现在的首都曼谷。在与曼谷合并之前，吞武里曾是泰国第二大都市。如今，曼谷在加快步伐进行现代化城市建设，吞武里却仍保留着其传统的生活方式，拥有独特的休闲魅力。

吞武里目前最著名的两条运河是曼谷诺伊运河（Khlong Bangkok Noi）和古蒙运河（Khlong Mon）。诺伊运河建设于大城国王 Somdet Phrachai Rachathirat（1534—1546 年在位）时期，为了方便水路运输，当地在诺伊运河口到曼谷的河口修建了一条近距离的水运捷径，这就是“曼谷捷径”。诺伊运河水面宽阔，波涛汹涌，更像是一条河流，两岸工厂、寺庙、海军设施以及住宅林立。古蒙运河则是吞武里最初的护城河，这是一条仅 3 千米长的短运河，对当地却有特殊的历史意义。

吞武里人民傍水而居，水居文化发达，具有丰富的旅游资源。除此之外，作为文化资源载体的寺院、宫殿等大多沿水而建，如甘拉耶纳密（Kalayanamitr）佛寺就位于曼谷艾（Bangkok Yai）运河的南部河道口。为促进旅游开发，当地政府在河流沿岸修建马路、自行车道，进行绿化，并积极组织运河沿线的居民参与到旅游建设之中，建设了著名的大林江（Taling Chan）水上市场、空叻玛荣（Ratmayom）水上市场以及孔邦隆（Khlong Bang Luang）艺术之家。

二、曼谷吞武里运河治理案例分析

运河是曼谷的重要资源，是城市发展的见证。曼谷城市起源于运河，当地居民对运河有着特殊感情。尤其是在曼谷郊区，还延续着传统的水居方式和文化。因此曼谷市政府非常重视对运河的治理和开发，在解决水污染、水运输、水上旅游、生产生活用水等方面制定了多项政策，细化政府、企业、社区等在水资源管理方面的责任，以加强对水资源的管理。

（一）运河基础设施建设

在2011年曼谷洪水之后，运河的价值得到越来越多人的重视，新的运河振兴计划开始实施。泰国国家水资源办公室计划耗资32亿美元，启动“湄南河流域洪水管理计划”，开挖一条长240千米的运河，该项目预计2022年开工，其中多项内容涉及吞武里地区。2015年，泰国通过了一项全国水资源可持续利用综合项目，总计投入9000亿泰铢，预计到2026年把泰国打造成为亚太地区水资源管理的模范国家。为实现此项目，当地政府积极鼓励国内外公司参与，增加和完善水资源管理基础设施，改善水运网络，并解决洪水、水质污染、饮用水安全等问题。同时，泰国国家旅游局发布相关政策，鼓励社区居民参与到运河基础设施以及旅游景点的公共设施建设之中，保护运河景区内原始风貌和民俗文化。

（二）运河—社区治理

在吞武里运河治理中，政府是牵头人，当地的社会组织、社区是切实的参与者。2018 年 9 月，吞武里医院积极参与"河流与运河保护日"活动，该医院积极向公众宣传运河保护知识，向参与运河保护的公众提供免费身体检查，推动居民积极参与。吞武里医院还积极与污水处理部门合作，推动运河水质的改善。

伴随城市化发展，曼谷城市交通状况恶化，2016 年，曼谷被评为世界第二大拥堵城市。2017 年，邦莫得（Bangmod）运河社区、骑行爱好者以及运河周边居民携手打造了曼谷大都市自行车骑行项目，该项目被称为自行车—运河—社区 3C 项目。通过在运河沿岸建设自行车道，将运河与其他交通系统连接，一方面缓解了城市的交通压力；另一方面为居民提供了绿色健康的出行方式，将运河治理与大城市治理相结合，赋予了运河文化新的含义。同时，该项目通过连接运河、社区、政府、教育机构等，扩大了社区之间的联系，为附近的居民提供更多的就业机会，促进了当地的经济发展。

三、曼谷吞武里运河治理的进一步启示

（一）曼谷吞武里运河遇到的问题

自国王拉玛六世（1910—1925 年在位）统治以来，曼谷运河的重要性降低。昔日的运河被填埋，新建道路覆盖其上，运河在曼谷历史上享有的地位一去不复返。1961 年，泰国发布第一个《国民经济和社会发展计划》，重点是完善基础设施，通过运水管道将清洁水运送到曼谷。传统运河单纯被视为污水排水系统，运河开始变为下水道，在 1977—1991 年间，曼谷甚至鼓励将废水直接排放到运河之中，导致了严重的河流污染，人们在乘坐运河船只时，必须时刻防止污水飞溅到身上。另外，吞武里运河水面漂浮着大量固体废弃物，严重影响了运河的生态环境。

曼谷在经济发展中逐渐由水基城市向陆基城市转变，缺乏与运河和谐共生的机制。为治理洪水灾害，人们试图切断运河，甚至排干运河的水，以确保洪水期有充足的排水蓄水空间。运河重要性被削减直接导致了保护运河的活动大大减少，公众参与运河治理的热情下降。人们认为运河的主要功能在于防洪，河道上修建不同的水门控制水流，整个运河系统被控制，水流变得相对静止，水质变得更差。2011 年的曼谷大洪水重新引发了人们对城市运河定位的思考。

（二）曼谷吞武里运河治理的启示

在城市化进程中，为传统运河进行重新定位。曼谷在大城市发展初期，将新建设施与传统运河相割裂，以牺牲众多运河为代价，进行大城市治理。在面临运河污染、洪水频发、传统水居文化淡化等冲击后，当地政府和居民及进止损，将运河在城市治理中的角色进行重新定位，焕发传统水居文化的魅力。越来越多的人意识到运河是城市发展的证据，在城市防洪、旅游开发、文化传承、交通出行等方面发挥其重要作用。

凝聚合力，开展政府主导下的多元化治理。在吞武里地区的运河治理中，政府发挥着主导作用。政府通过组建水资源管理机构，增强各部门之间的协调，提高水资源管理效率。同时积极引导社会组织、当地社区、居民等多主体共同参与到运河治理中，形成了政府主导下的多元化治理模式。

因地制宜打造个性化运河项目。古老的运河与现代的生活方式相碰撞，会激发其年轻的活力。吞武里运河的社区 3C 项目很好地将交通、旅游、社区联系起来，通过实施个性化项目，这既有利于解决城市交通拥堵问题，还推行了清洁健康的生活方式，促进了社区可持续发展以及包容性。因地制宜地建设城市运河项目，将运河楔入城市的发展与人民的生活中。

新加坡亚历山德拉运河

新加坡位于马来半岛南端、马六甲海峡出入口的岛屿上，由63个小岛组成，被誉为花园城市。由于国土面积狭小，新加坡境内没有完整独立的大河与足够的蓄水湖泊。新加坡经常出现海水倒灌，河流淡水易被污染，水质性缺水问题突出。面临多种不利条件，新加坡因地制宜制订水资源管理计划，推动新加坡城市水系统的健康持续利用。

一、新加坡亚历山德拉运河概况

亚历山德拉运河是新加坡河的上游，从唐林路一直延伸到三角洲路，长约1.2千米。新加坡1965年独立初期，亚历山德拉运河是一条开放的排水渠，主要由混凝土建造。生活污水、工业废水等被大量排入河道，运河污水横流。运河两岸垃圾遍布，遇到暴雨便涌入河道，造成河道拥堵，引发洪水，下游的新加坡河也因此恶臭四溢。由于此时新加坡正处于经济发展初期，经济基础薄弱，污水处理设备不足，政府对水污染治理不够重视，公民受教育水平偏低，环保意识不强，亚历山德拉运河环境严重恶化。

1974年，新加坡城市重建局（URA）组织联合其他公共机构，加强对亚历山德拉运河以及新加坡河的综合整治。1977年，李光耀发起“十年清河，十年河清”行动，通过完善立法、执法，以及大量的工程措施，亚历山德拉运河的环境得到根本扭转，亚历山德拉运河生态发生质变。1994年颁布的《新加坡河开发控制性详细规划》，对新加坡河两岸城市更新进行指导。1997年至2008年，对东陵路与金成路之间的亚历山德拉运河进行了改建，以改善运河的结构状况并减轻流域的洪水问题。为了配合亚历山德拉运河的扩建，政府部门修建了跨越水路的锡安路大桥和金成路大桥，以及三条行人通道。

到 2001 年，新加坡水资源管理体制建设基本完成，对运河治理的调配职能完善。新加坡进入长效治水、持续提升的良性循环阶段。2006 年，新加坡启动 ABC 水行动计划（Active, Beautiful, Clean Waters），即“流动、美丽和清洁水域”项目。2011 年 3 月 19 日，亚历山德拉运河改造完成。往日污染的河水变得清澈，原来恶臭的水道变为清洁美丽的多功能线性公园。沿河的旧建筑被规划改造成饮食、休闲与商业场所，同时新的建筑在运河沿岸拔地而起，与运河相互映衬。

二、亚历山德拉运河治理的案例分析

在治理亚历山德拉运河的过程中，新加坡政府积极投入，制订科学合理的运河改造方案，通过长期规划，分阶段对运河河道、水质以及周边景观进行改善。政府还积极引导企业、社区、学校等参与到运河治理之中，逐步提高人们的环保意识，将运河治理与人类活动有机衔接，促进水与人的融合，推动新加坡整体生态环境改善。

（一）亚历山德拉运河多功能线性公园

亚历山德拉运河改造工程设计巧妙，其以运河为载体建设了集生态环保、休闲娱乐、科普教育等多功能于一体的线性公园。在公园内，运河水道与沿岸休闲娱乐项目自然衔接，一小段开放水道被铺上了一层甲板，形成有趣的水梯，而甲板上是一系列湿地，为公众普及不同的湿地系统和植物。此外，甲板上还建造了浅沟渠，生长繁茂的沼泽植被和生物有助于过滤和净化雨水，从而使雨水在流入亚历山德拉运河之前得到净化。运河项目还打造了戏水区域，而戏水区又与教育空间相连，学生们在亲近水的同时，可以了解关于水的信息与知识，学习湿地对运河循环系统的作用。此外，运河两岸修建了栈道和零星的休息点，将陆地与运河连接起来，为人们提供接近水域和大自然的机会。

（二）打造运河湿地系统

新加坡政府在亚历山德拉运河两岸建设湿地系统，以治理水质污染，改善运河环境。建设运河湿地系统，一是能增加运河两岸的植被种类与数量，将河岸软化；二是可以在雨季和暴雨天气里，使河水扩散并减缓河水速度，降低下游较稠密城市地区河流的水流负荷，从而减轻洪水对下游造成的灾害；三是能将排水峰值时带来的土地污染物滞留下来，净化雨水，改善运河水质；四是湿地建设使该运河成了鱼类、蜻蜓、水鸟和其他野生动植物的自然栖息地，保护了运河的生物多样性，运河与湿地实现了生态环境的有序循环。

（三）保护开发历史街区

当地政府对运河周边的历史街区和建筑进行了保护与翻新，这不仅增强了市民的归属感，还激发了运河街区的活力，提升附近居民的生活品质。除细分功能区外，街区周围还增加了公共活动走廊与步道，以实现人车分流，创造了适宜的街区尺度及良好的河岸可达性。街区之间有运河桥梁连接，沿岸建筑错落有致，运河两岸的人流联系及场所整体性增强了运河沿岸的"围合感"。

亚历山德拉运河彻底告别了恶臭排水沟的命运。对于新加坡而言，在高密度的人口环境下，亚历山德拉运河的改造，改善了周围的环境，为居民提供了便利设施以及休闲区域。在融合了"活动、美丽、清洁水域"设计元素之后，运河改造为繁忙的城市环境增添了柔和与自然的魅力。

三、新加坡亚历山德拉运河治理的进一步启示

亚历山德拉运河经过40多年的持续治理，成效显著。在治水过程中，新加坡政府在体制改革、资源投入、法制建设等方面多管齐下治理污染，同时积极引导企业、社会组织、社区等主体参与到亚历山德拉运河治理之中，开创了城市水治理的典范。

（一）形成政府主导下的系统性水管理体系

在新加坡水资源管理职能不断集中之下，亚历山德拉运河的治理与新加坡总体水治理同步开展。新加坡城市重建局在1992年主导了新加坡河滨步道工程，1994年颁布《新加坡河开发控制性详细规划》。2001年起所有关于供水和排水的问题，集中在环境和水资源部下属的一个公用事业局（新加坡水务局），加强了对新加坡有关水资源的管理与规划，避免了多头治水的弊端，新加坡从源头到末端形成了整套的水管理运作模式。

此外，新加坡在整合水资源管理部门的同时，加大对城市水务的政府投入，在“十年清河、十年河清”运动中，仅仅新加坡河和加冷盆地流域政府就投入60亿新元，占同期GDP的1.5%～3.0%。近年来，新加坡政府多次提高用水价格，并将收入全部投入水资源治理之中。

（二）重视水与城市的交融

新加坡领导人重视水与城市的交融，李显龙总理在2007年提出“花园与水之城”，将其纳入城市发展未来的愿景，并不断将其提升到一个新的高度。新加坡政府将亚历山德拉运河改造为城市中的“花园”，不仅解决了水污染问题，改善提升城市的生态环境，同时发挥了运河休闲娱乐、滋养育人的功能，为新加坡城市生活增添了绿意、新意和意义。在亚历山德拉运河，“人育水，水又育人”，实现了城市与水的可持续发展。

（三）完善水管理法律体系

新加坡水资源管理相关的法律体系建设健全，执法严格。新加坡先后制定了《环境公共卫生法》《水污染控制和排放法》《制造业排放污水条例》等一系列法律法规，并引导公众相互监督，对污染行为严格按照法律进行处罚。例如，法律规定在运河沿岸15米内不得建设汽车通道。因此，亚历山德拉运河沿岸铺设步道，给人们提供亲近水的机会。完善的水管理法律体系使运河治理有法可依，同时增强了民众的法律意识，切实保护了运河的治理成果。

（四）积极引导企业、社会组织、民众参与水治理活动

新加坡政府积极引导社会各层参与对亚历山德拉运河的一系列综合整治，力求为亚历山德拉运河注入新的活力。在克拉码头的改造过程中，新加坡某房地产企业发挥了巨大作用。在码头运营权不变更的情况下，该公司对码头的建筑进行改造，设计了克拉码头"遮阳伞"，保留了码头大多数 19 世纪的建筑物。房地产公司在运营码头的过程中合理配置业态，"餐饮 45%、娱乐 20%、酒吧 20%、零售 4%，加之少量办公"是如今码头的场景。

在亚历山德拉运河改造过程中，附近学校的志愿者、社区积极参与其中。学校志愿者在规划的湿地上种植了一系列植物，展示各种自然处理系统对于改善水质的能力。在社区拆迁与改造的过程中，社区成员积极提供方案，重构了运河两岸水面与建筑物和绿地的空间。当地社区和学校还举行了一系列的情况介绍会和讲习班，利用公园内设计的河流监控和预警系统，对学生和居民进行湿地知识的普及和教育。

越南绕禄—氏艺运河

越南是一个与“水”密不可分的国家。其三面环海，东面、南面濒临中国南海，西南濒临泰国湾，海岸线长达 3200 千米。作为一个热带国家，高温多雨的天气又帮助其在疆域内形成了密集的河网，其中长度超过 10 千米的河流就有 2360 条。交叉纵横的河网又形成了 16 个河流流域，越南境内和境外的流域总面积接近 120 万平方千米，大约是其自身面积的三倍。“水”不仅为越南带来了丰富的资源，也成了这个国家经济、社会、文化中的重要元素。

一、绕禄—氏艺运河概况

越南最大的城市——胡志明市同样与“水”密不可分，它因水而生，并基于水形成和发展。胡志明市拥有约 1000 千米的河流和运河，数千条运河相互交织，将胡志明市划分为五个流域。其中负责“驻守”胡志明市北部边界的为绕禄（Nhiêu Lộc）—氏艺（Thị Nghè）运河。

绕禄—氏艺运河，长度约 8.7 千米，流经第一郡、第三郡、第十郡、新平郡、富润郡、平新郡、旧邑郡 7 个地区，流域面积达 33 平方千米，涵盖了胡志明市的商业和文化中心。19 世纪的一首诗歌曾赞美过绕禄—氏艺运河的纯净美丽，称其宛若一张白纸在城市中铺展蔓延。

20 世纪 90 年代中后期，随着越南统一战役向南推进，大批难民拥入胡志明市沿河公共区域，在河流沿岸形成了密集的贫民窟。在此过程中，大量建筑、生活垃圾被倾倒入河，工业与生活废水也直接向河流排放，绕禄—氏艺运河遭到严重污染。到 20 世纪 60 年代末，绕禄—氏艺运河被贴上了“黑运河”的标签，成了胡志明市污染程度最高的运河之一，给流域内 120 万人口带来了诸多不利影响。胡志明市政住房部门前主管阮明勇（Nguyen Minh Dung）曾在接受英国《青年报》采访时表示："(运河）恶臭令人难以忍受，每次我们进行实地考察时，其中一些人都会生病。"

二、绕禄—氏艺运河治理案例分析

面对运河严重的污染状况，以及其对环境、社会和流域内居民产生的恶劣影响，胡志明市对运河治理进行了积极的探索。1985 年，胡志明市领导人希望制订出清理计划，利用船只打捞运河垃圾，但中途搁浅。1993 年，胡志明市启动了一项 1.2 亿美元的计划，将河流沿岸居民重新安置，疏通河底淤泥，在河岸修筑河堤和道路。1999 年，来自波士顿的工程公司 CDM Smith 编写了运河修复研究报告和《移民安置计划》，沿岸 7000 个家庭搬迁到了政府补贴的公寓。2000 年，市领导承诺建立一个现代化的卫生和防洪系统，到 2003 年，绕禄—氏艺运河流域的环境卫生治理项目正式开始，总投资约 8.6 万亿越盾。胡志明市政府部门通过水污染治理、基础设施建设、旅游开发等措施，希望实现"黑运河"到"绿色运河"的改变，解决城市内涝、环境污染等严重问题，保护数百万居民的身体健康，并借此更新城市面貌，促进旅游业的发展，同时增加胡志明市房地产价值，吸引外商投资。

（一）水污染治理

绕禄—氏艺运河流域约有 120 万人口，周边老化的下水道无力服务于快速增长的人口，大量污水被直接排入运河。另外运河沿岸多为贫民窟，居民环保意识淡薄。据统计，每天约有 14 吨的生活、建筑等垃圾被倒入运河，河水污染程度可见一斑。因此，加强污水管理、清除垃圾成为运河环境卫生治理项目的首要任务。

在治理项目的第一阶段，胡志明市政府与相关机构合作，在运河流域建设绿色围挡、排水沟、下水道网络、污水处理厂等基础设施，集中收集和处理运河流域的污水及废水。同时，胡志明市在全市范围内加强污水处理系统建设，大幅提高了全市的污水处理能力。到2015年9月，全市85%的生产、服务和贸易单位拥有达到国家标准的环境处理系统。各工业区、加工出口区、高科技区等均设有废水集中式处理系统，全部工业集群已兴建，并投入运行。[①]

在治理垃圾污染方面，该运河项目主要采用的是定期打捞清除的方法，再将收集的垃圾运送到垃圾填埋场进行处理。但由于流域内居民环保意识淡薄、监管不力等因素，此举取得的效果并不理想，在每次打捞清理一段时间之后，河面的垃圾又会“卷土重来”。

为解决反复的垃圾污染问题，胡志明市决定对此进行源头治理。一是加强监控与宣传，增强居民的环保意识。胡志明市人民委员会要求自然资源和环境部与当地机构合作，严格监控绕禄—氏艺运河的垃圾和原污水的丢弃。该市各部门和团体加强有关环保宣传工作，提高本市人民对环保问题的认识，鼓励市民不要向运河内倾倒垃圾或污水。二是增加垃圾处理设施配套，提高垃圾处理能力。到2020年，胡志明市设立了10800多个公共垃圾桶，接受并处理有关环境的4000多条信息，彻底清理了277处垃圾黑点。三是杜绝塑料垃圾，减少污染源。据胡志明市自然资源与环境局的统计，目前在该市每日8900吨生活固体废物垃圾中，塑料垃圾占1800吨，成为该市的主要污染源。为此政府部门出台了“2019—2021年阶段响应‘减少塑料粒’运动的计划”，计划的总体目标是发起反对塑料垃圾行动、与一次性塑料用品“说不”、减少使用难分解的塑料袋等活动，在源头上提高民众的环保意识，改变其不良生活习惯，为减少环境污染、保护民众身体健康和维护生态系统平衡做出努力。

（二）绕禄—氏艺运河旅游项目开发

胡志明市拥有约1000千米的河流和运河资源，河流旅游业发展潜力巨大。当地政府在出台《2011—2015年水路旅游开发方向提案》之后，开始着手挖掘当地运河水渠系统的潜力，建设水路交通，开发水路旅游线路，把水路旅游定位为胡志明市未来的战略性旅游产品之一。胡志明市还起草了

---

① 越通社：《第十届东盟环境部长会议：胡志明市努力解决城市环境污染问题》，https://zh.vietnamplus.vn，访问时间：2021年4月13日。

《2013—2015年和2020年胡志明市内河旅游发展战略》，在此战略的实施指导下，该市在有内河旅游路线的地区开发了65个旅游景点，期望将内河旅游打造为胡志明市最重要的旅游产品。

绕禄—氏艺运河全长8.7千米，流域内地区集中了胡志明市最典型的建筑和景观。因此在整治污染、清洁河流的基础上，当地政府将运河旅游开发当作一个重要目标。2015年9月1日，绕禄—氏艺运河旅游线路正式投入运营。该旅游线路全长4.5千米，采取水路旅游与历史遗迹、信仰文化及环保一线游模式，将现代城市风光与越南优秀传统文化相结合，突出越南特色。

绕禄—氏艺运河旅游线路以乘船参观、体验为主，为方便接驳游客，胡志明市在西贡植物园和动物园及永严寺附近建设了两个码头。该线路从西贡植物园和动物园到永严寺共运营10艘划艇，每艘可容纳20人。此外，西贡乘船游览还运营10艘汽艇，为从芽庄码头到平东码头的游客提供服务。

该旅游线路针对游客的消费能力将旅游产品分级，推出低端及高端两种旅游产品。高端旅游产品共有10艘凤船，每艘能承载2～6名游客。普通旅游产品共有2艘船，每艘能承载7～20名游客。游客只要花10万至22万越盾就可以参加该旅游线路。①

绕禄—氏艺运河在开发旅游过程中，将越南优秀传统文化以及历史融入其中，希望借水路旅游项目展示越南文化的魅力，吸引海外游客，扩大对外传播。游客乘船在绕禄—氏艺运河上参观现代胡志明市发展成果的同时，听取有关该运河形成与发展、西贡—胡志明市发展史等的故事，感受现代与传统的交融碰撞。

（三）社区参与治理，成果由人民共享

改善绕禄—氏艺运河环境卫生不仅是胡志明市政府大力推动的工程，更

---

① 越通社：《越南胡志明市绕禄—氏艺运河旅游线路正式投运》，https://cn.nhandan.vn/theodong/item/3426901-%E8%B6%8A%E5%8D%97%E8%83%A1%E5%BF%97%E6%98%8E%E5%B8%82%E7%BB%95%E7%A6%84%E2%80%94%E6%B0%8F%E8%89%BA%E8%BF%90%E6%B2%B3%E6%97%85%E6%B8%B8%E7%BA%BF%E8%B7%AF%E6%AD%A3%E5%BC%8F%E6%8A%95%E8%BF%90.html，访问时间：2021年4月13日。

是饱受污染困扰的流域内居民的强烈诉求。在推进运河治理项目的过程中，胡志明市政府联合运河沿岸居民社区共同努力，形成了民众为运河治理贡献力量、运河治理结果由民众共享的良好模式。

一是沿岸社区移民动迁，为运河治理贡献力量。在绕禄—氏艺运河治理项目中，沿岸约7000个家庭为配合治理工作做出牺牲，搬离原住址，在政府补偿的公寓内重新安置。搬迁工作不仅保证了治理工程的开展，减小了河流公共卫生压力，也极大地缓解了胡志明市中心巨大的人口密度问题（每平方千米60000人）。

二是政府携手社区推进城市文明生活建设，从源头上治理垃圾污染。胡志明市在治理项目中为清除运河垃圾投入了大量资金和精力，但成效有限，究其根本原因，其只关注“末端”而忽略了“源头”。为此胡志明市政府将城市文明生活建设与每个家庭、每条街区、每个团体、每个单位的责任相结合，在发挥各项有效措施的同时携手全社区提高人民的环境保护意识，致力于建设一个绿色、清洁且环境优美的胡志明市。当地政府要求各组织和机关发起反对塑料垃圾行动，让每位干部、公务人员发挥带头作用，使劳动者、各团体组织成员和市民更加了解垃圾对经济社会、环境和身体健康的危害，从而改变习惯，减少使用一次性塑料用品，加强使用环境友好型产品。

三是运河治理成果由人民共享。绕禄—氏艺运河的治理极大地改善了周边环境，有利于流域居民的身体健康，其旅游项目的开发也为当地居民带来了就业机会。此外，当地政府通过在运河上举办传统庆祝活动，使居民能够见证和充分享受运河治理带来的喜悦。2014年12月28日，绕禄—氏艺运河附近的上千名居民会聚一堂，观看胡志明市迎接2015年新年的传统赛龙舟。

（四）在运河治理中积极开展国际合作

在现代化发展进程中，越南当局在城市治理方面愈加重视对外开放与国际合作，积极向国际社会学习先进经验与技术，争取外国援助，促进城市的可持续发展。长期以来，丹麦向越南提供可持续发展援助，援助资金达13亿美元，为越南经济增长和可持续发展做出了积极贡献。此外越南还向美国、泰国等国学习垃圾处理、城市内涝治理等先进经验。

绕禄—氏艺运河项目也是越南在城市治理中开展国际合作的典范。该项目在投资中获得了世界银行及国际复兴开发银行的优惠贷款，并向日本等国争取到援助资金。同时，项目的不同工程环节由来自美国、中国、韩国、马来西亚等国家的承包商协同分工负责，该运河的治理成果实际上是越南携手国际各方共同合作的结晶。

三、绕禄—氏艺运河治理的瓶颈

长期以来，胡志明市多措并举治理绕禄—氏艺运河污染，并利用现有优势开发水路旅游，虽取得了一系列成果，但在治理过程中产生了潜在的民生问题，运河旅游发展与其潜力尚不相称。

一是拆迁安置的遗留问题。拆迁安置活动就像是绕禄—氏艺运河的“美容手术”，其过程和结果并非十全十美，也会产生短暂或持久性的“术后综合征”。一方面，胡志明市政府虽向动迁居民提供了沿运河建造的补贴公寓，但没有“房产证”或运河沿岸的租户却没有得到任何补偿，其中一部分人搬到了城市边缘不稳定的定居点，新一轮的卫生和水传播疾病问题至今还未解决。另一方面，被拆迁居民不喜欢政府补贴公寓，瑞士研究人员写道：“在搬迁行动仅仅两年后，有超过四分之一的搬迁家庭已经卖掉了他们的公寓。”虽然安置区的公寓为拆迁民众提供了优于从前的生活环境，但昂贵的公寓服务费成了低收入与不稳定收入家庭的重担。此外，对一些家庭特别是个体工商户家庭而言，移民动迁意味着会丢失原来的工作，许多家庭背上了沉重的债务。[①]因此，部分被拆适居民为缓解生活压力选择将公寓售出，在相对便宜的地区重新购置房屋。

二是运河的水污染治理成效出现反复。胡志明市政府为绕禄—氏艺运河的水污染治理投入了大量资金与精力，并追求源头治理，努力提高人民的环

① 范德：《越南城市化进程中的政策实践：以胡志明市拆迁补偿安置政策为例》，上海大学出版社 2013 年版。

保意识。但运河在清洁数月后很快被再次污染，治理成效因此大打折扣。绕禄—氏艺运河的治理成效难以保持，首先是因为流域内居民的环保素质短时间内不易提高，大部分居民没有坚持贯彻良好的环境卫生习惯；其次是运河经过旅游开发后，沿河两岸经营的餐厅以及“路边摊”因缺乏有效监管，向运河大量倾倒垃圾；最后是河流污染问题在胡志明市广泛存在，并相互影响，绕禄—氏艺运河的垃圾及废水部分是自西贡河上游漂流而来，加重了该运河的治理负担。

三是运河旅游业发展缓慢。绕禄—氏艺运河旅游线路在 2015 年开放之初受到了当地居民和游客们的青睐。然而，在运营不到三年之后，该旅游模式的吸引力大幅降低，客流量急剧下滑，旅游开发遭遇停滞。辅助服务缺乏、基础设施尚未完善、水道环境反复污染是绕禄—氏艺运河旅游的发展瓶颈，加之景点服务水平低下，游客在此无法获得良好的游览体验。此外胡志明市水路旅游模式同质化现象严重，各条运河线路缺乏典型的休闲活动及特殊的景观，游客乏于体验。

综上所述，绕禄—氏艺运河在经历了半个世纪之多的严重污染后，于 21 世纪初迎来了一场大型“美容手术”，胡志明市政府与国际社会合作，多措并举力争实现从“黑运河”到“绿色运河”的转变，解决水污染、城市内涝等问题，保护人民群众的身体健康，并最大限度地利用运河优势，促进水路旅游的开发。在长时间的治理过程中，该运河也留下了诸多“术后综合征”，甚至出现“病情反复”，极大地制约了运河的长期发展。为此胡志明市有关职能机构及相关企业应不断总结教训经验，严格控制环境管理和社会保障等问题，与人民群众加强配合，制订并落实长期计划，突破运河发展瓶颈。

缅甸端迪运河

缅甸，东南亚第二大国，南濒临安达曼海，西南濒临孟加拉湾，海岸线总长 2832 千米，约占国境线总长的二分之一，除绵长的海岸线外，缅甸还拥有发达的河流体系。这不仅赋予了缅甸丰富的海水和淡水资源，也为缅甸人民提供了天然的内河航运条件，其疆域内可通航河流里程达 6650 千米，内河航运成了缅甸人民必不可少的重要交通运输方式。

一、端迪运河概况

在缅甸南部的仰光河与伊洛瓦底江之间，有一条全长 35 千米的人工运河，因途经仰光市端迪镇得名端迪运河。端迪运河始建于 19 世纪 80 年代，经过多次扩建、浚深以及展宽，运河内可通行汽轮等船舶，现成了仰光前往伊洛瓦底江三角洲最快的航线。尽管自 19 世纪 90 年代起，仰光与伊洛瓦底江分区之间的公路已全年可用，但该运河在伊洛瓦底江三角洲地区的交通运输中仍具有举足轻重的地位，其依旧是一条被大量使用的航线。

端迪运河始建于 19 世纪下叶，即英国殖民者统治缅甸期间。19 世纪 50 年代，英国为获得原材料和市场积极向东扩张，资源丰富、市场广阔的东南亚国家成了英国殖民者急需征服的地区。1852 年，英国占领了缅甸丹那沙林的若开邦以及缅甸南部的整个地区。缅甸天然的气候优势使其成为水稻的最佳种植基地之一，英国殖民者因此想将其打造为自己的粮仓，满足出口需求。1862 年，仰光成为英属缅甸的政治和商业中心，以及出口产品的重要港口。当时，伊洛瓦底江是连接缅甸北部和南部的主要交通航线，但该航线无法直接到达仰光，导致伊洛瓦底江三角洲地区和缅甸北部的出口产品运输极为不便。

此外，1869—1870 年苏伊士运河建造完成后，英国政府更加注重在三角洲地区种植水稻以供出口。英国政府为将缅甸南部打造为稻米出口区，1873 年组织印度工人挖掘了一条名为“New-pan-su Yoe-nge”的小河道，这条小河道成为端迪运河的前身。1881 年，英国政府命令囚犯将该河道扩建成为宽 25 英尺、长 9 英里的运河。但是在仰光河低潮期间，端迪运河无法获得充足的水源，导致大型轮船无法通行。由于缅甸北部及南部三角洲地区与仰光港之间的人员、货物往来主要依靠水路运输，1913 年至 1917 年，端迪运河再次扩建。英国统治缅甸期间，伊洛瓦底江运输公司（Irrawaddy Flotilla Company, Ltd.）基本负责了整个英属缅甸的内陆运输业务，为确保该公司的大型蒸汽轮船能航行至曼德勒，1935 年端迪运河再一次被拓宽浚深。2010 年，运河又扩大了 600 英尺（180 米）以解决航行问题。

二、端迪运河治理案例分析

（一）端迪运河存在的问题

端迪运河建成一个多世纪以来，曾经历了多次拓宽、浚深等修复扩建工程，在内陆运输、农业灌溉以及养殖业方面发挥了重要的战略作用。但在自然和人为因素的双重作用下，端迪运河产生了形态改变、河岸侵蚀、洪水泛滥等诸多问题，河流航行条件恶化，当地的环境和社会也受到了严重的威胁。

缅甸民选政府上台初期，缅甸的水资源管理部门冗杂、效率低下。负责管理水资源的相关行政部门就有 10 个，且每个部门下设不同的附属或代理部门。管理部门数量冗余，职责交叉，相互之间难以协调，无法进行有效的综合管理。吴登盛总统上任后，缅甸政府形成了一套综合水资源管理（Integrated Water R esources Management，IWRM）体系，对管理部门进行了整合。其中负责河流运输的管理部门均隶属于缅甸交通运输部（MOTC），但各部门仍缺乏明确有力的领导，运河维护也缺乏明确的负责人。此外，缅甸政府用于维护内河航道的资金投入有限，财政支持力度小，过度依赖外资。在此情况下，端迪运河缺乏日常维护和管理，原本水力不稳的历史问题没有得到解决，同时日积月累的淤泥导致河床增厚、面积收窄，给船只航行造成阻碍。2010 年，运河扩大了 600 英尺（180 米），但是由于没有实施铺设混凝土河堤计划，航行问题依然存在。

端迪运河的河流水量以及流速随季节不同而变化。每年雨季，河水上涨易引发洪水，色枝干旺托区（Khanaungto）、德拉（Dala）以及端迪（Twante）等周边城镇有数万人受灾，大量农田被洪水冲毁。端迪运河的洪水威胁不仅局限于沿岸城镇，《仰光战略城市发展计划》指出，随着新城的发展，仰光遭受洪灾威胁的可能性也在增大。此外，受潮汐效应影响，运河流速过快，运河交界处的河床及河岸受到严重侵蚀，这导致了居民区及耕地区的河岸遭到破坏，并产生了严重的土地流失。同时，流速过快还会产生大规模涡流，对船只航行造成威胁。

此外，端迪运河还存在咸水入侵问题，仰光市及周围城镇（色枝干旺托区、德拉、端迪）的淡水供应随之受到影响。养鱼业是端迪镇的重要产业，淡水资源的缺乏成为当地养鱼业的主要障碍，大量鱼类死亡，养殖户在最严重情况下每月损失上亿缅元，其经济及生活遭受严重打击。另外，运河遭咸水入侵，河岸土壤不可避免出现盐渍化，这直接导致了运河周围耕地面积缩小，对种植业产生了威胁。

（二）端迪运河的洪水治理

面对端迪运河存在的水灾频发、河流侵蚀、咸水入侵等问题，以及对附近居民的生产生活产生的较大负面影响，缅甸当局意识到有必要对运河进行系统性的改善和治理，相关政府部门积极探索运河综合治理方案，并表示接受外国援助，扩大对外合作。

在端迪运河改造项目正式施工之前，ISAN 公司与缅甸水资源与河流改善系统进行了实地调研和综合分析，形成了详尽的项目设计报告，涉及项目背景、法律制度、项目描述、影响评估、风险评估、缓解措施、社会与环境管理计划、信息公示等，为项目的开展提供科学的依据，且指明了方向。考虑到项目的紧迫性以及施工规模，ISAN 公司将工程划分为两个阶段。其中第一阶段的任务为航道治理与防洪堤建造，两项措施旨在处理运河河床、河岸的侵蚀以及洪水威胁。通过航道治理，降低河水流速，稳定运河的流场，从而确保船舶的安全行驶。交通与运输部表示，防洪河堤建设计划包括堆土加固，以及建设39.5千米的防洪大堤。这将有效减少洪水泛滥，降低因洪灾造成的社会和环境灾害，保护周边居民的生命与财产安全。该项目的第二阶段为建造多用途拦河坝，一是保障安全的航行；二是在春季涨潮时减轻洪水风险；三是引入伊洛瓦底江上游的淡水资源，为周边城镇提供充足的淡水。

（三）运河治理中的移民安置

端迪运河在“刮骨疗伤”“更新面貌”的过程中，将不可避免地面对拆迁安置及其相关补偿问题，这不仅影响居民的日常生活，还会影响到整个提升工程的进展，以及城市社会、文化经济的发展，甚至对政治、治安、社会稳定等产生影响。缅甸当局及ISAN公司通过信息披露、征求意见及磋商讨论等方式，为相关的城镇社区、居民、企业打造协商与参与平台，对端迪运河的拆迁安置问题进行了科学妥善的处理。

一是举办城镇级协商会议。ISAN公司与当地相关部门在端迪、达拉、Seikkyi–Kanaungto和Kyimyindaing四个受影响的城镇举行了两轮公众协商会议，在向与会者介绍运河改造项目以及征地搬迁的情况之后，邀请与会群众发言，收集问题并征询意见。

表1 协商会议安排表①

阶段	城镇	日期、时间	与会者人数	内容
第1轮会议	端迪	2018/9/20	85人	项目、流程简介 重要影响 问答环节
	达拉	2018/9/21	72人	
	Seikkyi–Kanaungto	2018/9/21	63人	
	Kyimyingdating	2018/11/15	24人	

① “Framework Resettlement Action Plan for Twente Canal Improvement Project”, DWIR, July, 2019.

续表

阶段	城镇	日期、时间	与会者人数	内容
第2轮会议	端迪	2019/1/28	178人	项目简介 重要影响 调研发现 问答环节
	达拉	2019/1/28	119人	
	Seikkyi-Kanaungto	2019/1/26	139人	
	Kyimyingdating	2019/1/29	42人	

二是组织重点群组讨论（FGD）。FGD是指在受影响社区内，对具有共同特征（职业/地理位置或其他社会文化和经济属性）的群组进行信息披露、沟通和咨询。在端迪运河改造项目中，卡纳贡托的一个船厂成了一个独特的区域，项目的实施可能会对船厂运营造成影响。在DWIR与PMU的协调下，ISAN公司与Seikyi Kanaugto镇的造船厂经营者进行了两轮磋商讨论，对船厂基本情况进行调查了解，船厂经营者就经济损失赔偿、工人就业、搬迁问题等表达了诉求及意见。

三是形成对策建议。通过开展镇级协商会议及重点群组会议，基于受影响居民及企业的诉求和建议，ISAN公司对端迪运河改造搬迁及征地问题形成了如下对策：制订以地换地、现金补偿或搬迁安置三种方案以供受影响居民选择；为运河沿岸受影响的农民提供其他灌溉途径；在项目的所有阶段开展公众咨询活动。

三、端迪城市运河治理的进一步启示

一是在治理中充分发挥政府职能，形成科学规范的指导体系。缅甸当局为解决其突出的水资源问题，制定并形成了综合水资源管理体系指导（IWARM）。在端迪运河城市治理项目中，缅甸交通运输部（Ministry of Transport and Communications）为确保安全地航行，保护周边居民的生命和财产安全，为城镇以及大城市发展提供足够的淡水资源，减少贫困，实现国家的可持续发展，指派下属部门水资源与河流改善系统（DWIR）具体负责运河的改造与治理，研究制订一套综合治理方案。在 2016 年至 2020 年 4 年多的时间内，当局共实施了 68 项水上运输路线优化升级项目，以及 964 项河堤维修升级项目。

二是借助“外援”进行城市治理，扩大对外合作。缅甸民选政府上台之后，对内实行经济体制改革，优化营商环境，对外扩展外交空间，加大招商引资力度。同时将外资及国外先进技术引入民生、基建领域，吸引了中国、韩国、日本、泰国等国家和国际组织参与到缅甸的水资源开发治理行列，端迪运河的治理项目就在技术上和资金上启用了外国援助。2019 年 12 月 30 日，来自韩国的 ISAN Cooperation 公司与缅甸交通运输部签订协议，同水资源与河流改善系统（DWIR）共同完成“端迪运河改造项目”。ISAN 公司表示完成工程设计后将立刻启动建设，预计 2023 年竣工。该项目预计耗资 6924 万美元，其中 6130 万美元来自韩国 EDCF 贷款，其余资金来自缅甸联邦政府拨款。

三是运河治理契合城市治理与发展需要。2016 年缅甸新政府上台后，特别加强城市结构规划和城市管理力度，旨在突破城市发展瓶颈，满足人口增长和城市化的需要。仰光市发展委员会牵头确立了“仰光城市发展战略计划”，为城市功能和基础设施发展规划了长期愿景。“战略计划”指出，要充分发挥仰光海、陆、空、水交通优势，增强其国际物流枢纽的功能。其中，端迪运河应在物流方面发挥重要作用，通过曼德勒，加强与中国的联系。此外，仰光希望借助丰富的湖泊、河流、运河资源，打造绿色城市，突出城市特色，增强城市吸引力，同时规避和防范洪水威胁。由此可见，端迪运河治理愿景与仰光城市发展战略计划高度契合，其作为城市治理中的一环，为仰光大城市发展服务。

土库曼斯坦阿什哈巴德市卡拉库姆运河

土库曼斯坦位于中亚内陆地区，是世界上最干旱的地区之一。其境内的卡拉库姆沙漠约占国土面积的80%，常年降水稀少，环境恶劣。卡拉库姆运河作为重要的引水系统，从东到西横跨土库曼斯坦，为沿线提供稳定的灌溉水源，将一个个沙漠绿洲相串联，为干旱的土库曼斯坦构建出一条绿色长廊。

一、卡拉库姆运河概况

卡拉库姆运河是世界上最长的运河，总长度在1400千米左右，是土库曼斯坦最重要的水源地以及国内重要的交通航道。卡拉库姆运河东起阿姆河中游左岸博萨加镇，西经穆尔加布和捷詹绿洲，沿科佩特山脉北麓平原经格奥克捷佩抵卡赞吉克，最后经阿尔坎纳巴德抵达里海之滨的土库曼巴什。卡拉库姆运河一带集中了土库曼斯坦大部分人口，包括首都阿什哈巴德在内的大部分城市聚集在卡拉库姆运河沿岸，可以说该运河是土库曼斯坦的命脉。

土库曼斯坦地处干旱的中亚地区，很早就有修建引水灌溉设施的传统。在俄罗斯征服土库曼斯坦后，为了更好地在土库曼斯坦发展农业，通过修建运河将阿姆河的水引到农业区进行灌溉，解决农业用水问题。1926年，苏联在土库曼斯坦修建了博萨加—克尔金灌溉渠，这段带有实验性质的灌溉渠，证明可以在沙漠地区建设运河进行引水。1954年，苏联政府在与当地经济社会发展相结合的基础上，通过调查研究，正式开始修建卡拉库姆运河。1962年，卡拉库姆运河修建到首都阿什哈巴德，借助丰富的运河水源，在科佩特山兴建了一个库容为2.186亿立方米的大型水库，保障首都供水的稳定性。1981年，运河延伸到卡赞吉克。1986年，直径1.5米的输水管道连通里海沿岸的克拉斯诺夫斯克港口，实现了从阿姆河引水到里海的“宏伟目标”。

苏联政府对整条运河的修建进行了精心的计算，并投入大量人力物力，保证开凿的卡拉库姆运河能够最大限度地灌溉土地，并尽可能地实现通航。卡拉库姆运河的修建，克服了众多生态环境问题，并支付了高昂的修建维护成本。

在运河修建过程中，为克服流沙影响，施工方采取了工程方法与生物方法相结合的措施，在运河沿岸的沙丘上覆盖特殊的胶结混合物，种植鼠尾草篱笆等，防止沙丘移动掩埋运河。在运河施工过程中，采用带水施工的方法，既保证施工过程中水源的充足，又很好地解决了开凿运河所需设备物资的运输问题。此外，带水施工还可以在整个运河修建完成之前，改善开挖地面的水文条件。运河开通之后，由于流经沙漠，清淤工程巨大，苏联投入大量资金，购买挖泥机抵御淤泥，保证运河作用的正常发挥。

卡拉库姆运河将土库曼斯坦数个绿洲相连，不仅均衡了土库曼斯坦国内的水资源，而且在阿姆河到伊朗高原之间，开拓了一条绿色农业带，使土库曼斯坦的人口密集区呈现出连续状态。卡拉库姆运河在内部地缘结构上，将面临被分割风险的土库曼斯坦串联起来，为土库曼斯坦国家的统一稳定发挥了重大作用。

二、阿什哈巴德市卡拉库姆运河治理案例分析

阿什哈巴德位于土库曼斯坦南部，南面是科佩特山脉，北面紧邻卡拉库姆沙漠，属于典型的温带大陆性气候，全年降水稀少，主要依靠南面科佩特山脉积雪融水。在 1962 年卡拉库姆运河修通之后，彻底解决了城市用水问题，为阿什哈巴德快速发展奠定了基础。在苏联解体及土库曼斯坦国家独立之后，阿什哈巴德发展迅速，成为国家政治、文化、贸易、科教中心。阿什哈巴德人口超过 100 万，城市主要依靠卡拉库姆运河供水。根据全球城市实验室 2020 年 12 月发布的《全球城市 500 强》，阿什哈巴德位列第 491 位，比 2019 年上升一位，是土库曼斯坦唯一上榜城市。阿什哈巴德被称为“喷泉之都”，城市内到处都是喷泉，并得到威尼斯世界纪录认证，一个沙漠中“水贵

于油”的城市到处都是喷泉是当今世界上的一大奇迹。

阿什哈巴德通过修建人工河与引水渠，将卡拉库姆运河水引入城市建设，给这座城市带来了无尽活力。在前总统尼亚佐夫主持下，阿什哈巴德市内修建了一条长达 12 千米的人工河。在修建河道的过程中，用混凝土浇筑两岸，有效地防止了在输水过程中的渗漏浪费，防止泥沙淤积，方便人工河清理。在修建人工河的同时，阿什哈巴德在主要街道两旁修建了贯穿整个城市的引水渠，通过引水渠输水，运河水可到达城市的每一个角落。修建人工河以及引水渠得到了阿什哈巴德市民的广泛支持，沿线居民积极配合人工河修建搬迁工作。通过修建人工河，为城市园林建设打下坚实基础。沿着输水线路，广场、公园、喷泉等设施，如雨后春笋般修建起来。人工河与引水渠改变了阿什哈巴德居民的生活环境，给阿什哈巴德带来活力，让整个城市焕发出生机。

卡拉库姆运河开通之后，有了充足的水源，为城市周边防护林以及城市绿地建设提供保障。阿什哈巴德受沙漠包围，其炎热、干燥和多尘的热风让人感到不舒服。特别是在北面临近卡拉库姆沙漠的地方，建设绿地隔离带对城市具有重要意义。绿地对城市气候具有重要影响，绿化面积与未绿化面积之比对局部小气候甚至有决定性影响。卡拉库姆运河开通之后，为北部防护林的建设提供水源保障，成片的树木因为有了运河水而茁壮成长，为阿什哈巴德构筑起绿色屏障。同时，通过修建引水工程，将运河水输送到城市的西北面与东面，帮助在那里建设绿色防护林。阿什哈巴德周边绿色隔离防护林的建设，有效地减弱了干燥、多尘的沙漠风，降低了局部温度。借助充足的水源，阿什哈巴德开始在市内大规模建设绿地。2013 年 2 月，土库曼斯坦总统别尔德穆哈梅多夫签署法令，要求在全国植树 300 万棵，将土库曼斯坦变为“盛开的花园”，其中 150 万棵树种植在首都阿什哈巴德。伴随完善的引水灌溉系统，阿什哈巴德绿地逐渐增多，市内的绿地面积占比稳步增长，改善了城市居民生活环境，使阿什哈巴德更加宜居。

阿什哈巴德还充分利用运河带来的得天独厚的条件，在城市内部建设特色休闲公园。“灵感林荫路”艺术综合园区就很好地将运河水运用到公园建设之中，使整个园区充满流动艺术之美。“灵感林荫路”艺术综合园区内，有随处可见的花坛、平整宽阔的草原、生长茂盛的树木。为了让人们更好地感受园区特色，还在人工河与引水渠附近修建了多彩的喷泉、咖啡厅等设施，为居民打造良好的休闲场所。同时，在园区内修建大量反映民族特色的雕塑群，增加公园的灵感。正是由于有卡拉库姆运河，才使各具特色的城市公园大量涌现。

此外，由于运河带来了充足的水源，阿什哈巴德才得以建设大量喷泉，并创造多项吉尼斯世界纪录。通过在首都修建引水渠和喷泉，将沙漠里的阿什哈巴德变成泉城。阿什哈巴德喷泉作为最具代表性项目，占地面积 125 000 平方米，其宏大的规模、众多的喷泉与水池，明显改善了周围环境。

三、卡拉库姆运河治理的进一步启示

首先，加强地区国家之间在水资源分配中的合作。中亚地处亚欧大陆内部，中亚各国普遍面临水资源紧张问题，地区水资源分配不均容易引发国际争端。土库曼斯坦是中亚水资源总量最少的国家，根据 2020 年耶鲁大学环保 360 报告的数据，土库曼斯坦由于难以获得干净的水源而处在极度缺水国家之列，在水资源短缺危机中，排名第 9 位。土库曼斯坦通过卡拉库姆运河输水，夺走了阿姆河的大部分流量，直接影响乌兹别克斯坦的利益，引发阿姆河下游国家不满。为解决水资源分配不均问题，土库曼斯坦积极参与地区水资源管理机制，积极参与欧盟—中亚环保和水资源合作平台框架，参与中亚五国水资源开发合作框架协议，并在 2021 年 5 月与乌兹别克斯坦签订《两国政府关于土乌政府间水问题联合委员会的协定》。此外，土库曼斯坦积极引进外资，特别是在增加提升灌溉系统以及清理运河河道淤积方面，大量引入外资。通过引进滴灌、喷灌等先进技术，改变运河水使用方式，提高使用效率，减少消耗。

其次，关注运河引水对地区生态系统产生的不良影响。运河输水过程粗放管理，沿岸渗透、蒸发旺盛。目前运河水在输送过程中，与之前相比没有太多变化，两岸没有进行混凝土衬砌，每年在输水的同时，大约有 30% 的水损失；不合理的灌溉方式，导致卡拉库姆运河水质发生变化，污染当地水源，加重沿岸地区盐渍化。大量引流阿姆河水，导致中亚地区生态系统发生重大改变，造成咸海生态灾难，现在的咸海不但已分裂成三个互不接壤的小湖，而且已接近干涸。因此，在干旱地区修建运河，需要做好生态环境预估，制订应对方案，避免出现生态灾难。

最后，合理使用运河水资源。首都阿什哈巴德过度使用卡拉库姆运河水资源，没有充分结合当地气候水文等自然地理条件，在城市建设中，大规模绿化项目及公共设施建设，用水需求持续提升，水资源浪费惊人。为了建设"城市绿洲"，进行大规模种树造林，致使灌溉面积不断增加，如果灌溉不及时，可能导致树木死亡。乌克兰总统 2009 年在阿什哈巴德种植的树木，由于水源不足，已经开始变黄。同时，阿什哈巴德大规模修建喷泉等景观，大量引用运河水，导致运河水源紧张。此外，严重依赖卡拉库姆运河供水，替代水源不足，增加了城市供水系统的脆弱性，一旦卡拉库姆运河出现问题，很容易导致城市水源性缺水。因此，必须强化对水资源的集中统一管理，增加运河维护资金投入。避免政府水管理部门无休止地改组，明确水资源管理部门，修订关于"水"的法律，培养运河水资源管理人才，保持运河维护的持续性，加强对运河水源使用的协调统一指挥，解决水资源分配的潜在风险。适当规划城市绿地面积，引进先进灌溉设备，避免水源浪费，根据当地气候特征，合理修建喷泉等用水需求量大的景观设施，促进水资源与良好生态秩序的形成。

III 欧洲城市运河治理篇

意大利威尼斯运河

威尼斯是世界上著名的水上城市，在其一千多年的发展历程中，经历了沧桑变迁。“水”是这座城市最突出的要素，围绕着治理水域、管理环境，威尼斯形成了许多宝贵的城市治理经验，可供参考借鉴。

一、威尼斯运河概况

威尼斯是意大利北部的亚得里亚海主要港口，为世界上最古老的旅游和文化中心之一，也是世界上最受欢迎的旅游热点之一。从19世纪下半叶起，威尼斯就已成为世界著名的旅游城市，游客们来到威尼斯不是为了娱乐，而是为了参观这座城市悠久的历史文化，特别是大运河所沟通的两岸城市建筑风貌。威尼斯因水而兴，作为世界著名的水城，威尼斯每年接待观光旅客上千万人，成为意大利著名的古城与旅游城市。威尼斯大运河是威尼斯市最重要的运河，也是威尼斯主要的水上交通网络的一部分。大运河的一端通往威尼斯潟湖，位于圣塔露西亚车站附近；大运河的另一端则在圣马可广场附近。大运河呈S形，穿过威尼斯市中心，长3800米，宽30～90米，平均深度5米。

威尼斯大运河沿岸是历史与建筑的集合、文化与旅游的载体。大运河的两岸拥有超过170栋历史建筑，其中大部分是13世纪至18世纪的建筑，显露出威尼斯共和国的繁华与艺术氛围。其中比较知名的有雷佐尼可宫（CaRezzonico）、达里奥宫（Palazzo Dario）、金屋（Ca’ d’Oro）、巴巴里戈宫（Palazzo Barbarigo）、佛卡里尼宫（Palazzo Foscari）与佩姬·古根汉美术馆。大运河附近也有一些教堂，包括著名的安康圣母教堂（Basilica di Santa Maria della Salute）。由于该市的大部分交通都是沿着大运河而不是穿越运河进行的，所以直到19世纪，只有里奥多桥这一座桥连接两岸。其后，陆续又修建了3座桥梁，目前大运河上共有4座桥，包括学院桥与赤足桥（Ponte degli Scalzi）。第4座桥于2008年启用，是由西班牙知名建筑师圣地亚哥・卡拉特拉瓦设计的宪法桥。人们也可以在运河旁的渡船口搭乘一种小型的贡多拉（traghetto，也称为摆渡）来抵达对岸。大多数宫殿都是从没有路面的水边露出的，因此，游客只能乘船游览大运河上建筑物的正面。威尼斯大运河在每年9月的第一个星期日都会举行贡多拉船赛（Regata Storica），这种竞赛每年都会吸引许多人到场观看。贡多拉船赛由一种传统列队（Corteo Storico）所引导，这是纪念塞浦路斯王国最后一任女王凯瑟琳・科纳罗（Catherine Cornaro）在1489年将塞浦路斯卖给威尼斯。船手会穿着传统的服装驾驶16世纪风格的船只，队伍最前方则是礼舟（Bucentaur，代表公爵的桨战船）。

威尼斯城市由两个截然不同的地区组成：人口稠密的梅斯特尔市区及其郊区的大陆，威尼斯的历史中心和几个岛屿的潟湖。177条小运河把威尼斯分割成118个小岛，409座桥把各小岛连在一起。当一群小岛被组织联结成一个独特的城市体系时，原始地形只剩下运河，如朱迪卡运河、圣马可运河和大运河，形成一个名副其实的水上城市动脉网络。在这个占地70176.4公顷的潟湖里，其自然和历史自5世纪以来一直紧密相连，当时威尼斯人为了躲避北方蛮族的袭击，在托塞洛、杰索洛和马拉莫科等沙岛上建造了避难所。这些临时居民点逐渐成为永久性的城市区域，最终发展成为一个强大的海上力量。千百年以来，在威尼斯扩张的整个时期，威尼斯不得不保卫其贸易市场，抵御阿拉伯人、热那亚人和奥斯曼土耳其人侵占其商业利益。到13世纪，威尼斯成为欧洲最大的城市之一、地中海海上帝国的中心。在大运河的中心，威尼斯城本身就是中世纪欧洲最伟大的首都之一，在1797年以前一直是独立共和国的首都，其作为中东和欧洲大陆之间联系的战略地位使共和国得以崛起。[1]

威尼斯及其大运河是一个不可分割的整体，威尼斯这座城市是一颗跳动的历史心脏和一项独特的艺术成就。威尼斯对建筑和纪念碑艺术的发展产生

① Ferraro, J. M, *Venice: History of the floating city*. New York: Cambridge University Press, 2012.

了相当大的影响。由于其地理特征，威尼斯运河两岸保留了完整的原有建筑遗产、聚落结构。威尼斯这座城市运河两岸居民点的边界由水划分出来，保留了它的景观特征。威尼斯城市的结构和城市形态与中世纪、文艺复兴时期大致相似。因此，威尼斯的布局和城市结构保持了完整性，尽管风格和历史分层各不相同，但这些建筑已经有机地融合为一个连贯的整体，通过一种既独立又符合威尼斯传统城市结构功能设计的建筑语言，展现了它们的物理特征和建筑美学品质。

二、威尼斯运河治理案例分析

（一）环境治理

旅游业一方面是威尼斯经济的支柱，但另一方面密集的游客给运河保护和环境带来了挑战。大量游客的到来在带来经济效益的同时，产生的日常垃圾处理则成为城市的负担和压力。如何去保护环境、如何与发展方面实现平衡，要解决一系列的环境问题。像世界上许多其他城市一样，威尼斯正与垃圾进行艰苦的斗争。在潟湖地区，垃圾收集一直非常困难，因为这座城市的运河和狭窄的步行道是以一种不同寻常的方式建造的，车辆难以通行。由于城市的每个地方都有运河，垃圾收集问题甚至更加严重。每年有3000万游客产生大量垃圾，海鸥增加了粪便垃圾，老鼠的大量繁殖加剧了疾病传播。尽管威尼斯的潟湖是天然的污水处理系统，潮汐每天冲洗城市运河两次，但是大量环境问题给城市带来的环境清洁工作十分繁重。这意味着要对运河和水道进行定期清洁，以清除掉入水中的垃圾和其他废物，主要目标是收集和处置漂浮垃圾以及威尼斯运河和潟湖内部区域中的沉积垃圾。

污水处理是威尼斯游客最想了解的问题之一。治理污水比如设置永久封锁区将污染场地隔离，水立即就变得清澈起来。威尼斯政府部门已准确记录了每一片土地的污染情况，同时采用吸引企业投资的策略去治理污染。威尼斯收集了工业园区所有的废水，把这些污水全部输送到污水处理厂进行处理，在此过程中，对水进行传统的化学处理，把处理后的水转运到工业企业使用，所以工厂实际上已实现水的再循环利用，最后把处理后达标排放的水引到威尼斯的湿地。威尼斯在废料管理方面采用一种高效处理体系，仅有3%的废料被填埋，97%的废料则转化为肥料和其他用途。

为了改善水质，威尼斯市于2007年启动了一个被称为“生命潟湖更新”的项目，将淡水从西勒河引到潟湖。自2020年5月起投入使用的人造运河允许根据项目的需求或涨潮来调节水流。由可生物降解的椰子纤维制成的屏障围住目标区域的淡水，有助于芦苇生长，该项目的目标是恢复约20公顷的芦苇。① 为减少垃圾对运河及潟湖的水质污染，威尼斯市政府着力从源头上减少垃圾向环境中投放。在2016年之前，垃圾只是被简单地倾倒在外面靠近前门的街道上，造成难闻的气味。2016年年底，威尼斯废物处理公司Veritas开始了一种新的垃圾收集方式：挨家挨户（从早上8：30到中午）上门收集垃圾，从早上6：00到8：30允许人们自己把垃圾送到装有垃圾压实机械的船只上。对于一大早就离开家的学生和工人来说，自助处理垃圾是一个很好的解决方案。待在家里时间较长的市民可以等待垃圾工按铃。这个新系统现已在历史中心约99%的地方实施。② 每天，有环卫工人大军敲开这座城市的每扇门，收集废物垃圾，搬上驳船上运走。在旺季期间必须每半小时将圣马可广场周围的垃圾箱倒空。鼓励游客在威尼斯历史悠久的饮水机上自带水杯接水饮用，估计每年可节省数亿个塑料瓶。通过测量排污口，测试水质并检查清污方法，奉行环保创新战略以减轻污染并改善水质。

（二）威尼斯运河历史遗产保护管理

意大利文艺复兴始于14世纪的佛罗伦萨，并迅速发展到威尼斯。“复兴”一词的意思是重生，指的是在这段时间里建筑、雕塑和文学的古典模式回归。

---

① “Venice nurtures its lagoon back to health”, https://www.hindustantimes.com/travel/venice-nurtures-its-lagoon-back-to-health/story-czBv3kdnpyAHRcEeZMzvtM.html, 访问时间：2021年7月11日。

② “Case Study New waste collection system in Venice”, https://www.c40.org/case studies/new waste collection system in venice，访问时间：2021年7月11日。

威尼斯是一座庞大的博物馆，整个城市是一座非凡的建筑杰作，即使是最小的建筑也包含世界著名艺术家的作品，如乔尔乔内、提香、丁托雷托、委罗内塞等人的作品。威尼斯市有 12 处国家历史名胜古迹名单中的建筑物，每座建筑均是精致的艺术品，并一直保持着历史风貌。这里养育了众多世界著名诗人、剧作家、小说家和画家，更有不计其数以威尼斯为背景创作的名著、戏剧、音乐、电影。1987 年，联合国教科文组织把这座城市列入《世界遗产名录》。

威尼斯大运河景观是一个历史遗迹的集大成者，展示着人与自然环境生态系统之间的互动。人工干预在潟湖地区的水利和建筑工程方面表现出很高的技术和创造性技能，产生了精湛的大运河建筑群。在阿尔蒂诺地区和其他遗址发现的重要考古聚落，证明了潟湖十几个世纪以来积累的独特文化遗产，这些遗址曾是重要的交通和贸易中心。然而，随着现代经济的发展，威尼斯城市聚落在功能上发生了变化。由于人口的显著减少，许多建筑的用途改变，传统的生产活动和服务被其他活动取代，这座历史名城改变了城市功能，开始面向旅游业发展。这包括住宿和商业活动取代居民住宅而造成的功能转变，以及与旅游相关的服务需求急剧增加。这些活动对文化和社会完整性产生了一些不利影响。2014 年，联合国教科文组织向威尼斯发出了警告，要求采取行动保护遗址。①

威尼斯及大运河作为世界历史遗产在很大程度上保持了原有的面貌，城市结构主要保持了中世纪和文艺复兴时期的形式、风格和空间特征，后来由于填海造地而增加了一些。城市中众多的纪念碑和纪念性建筑群通过保护它们的构成元素和建筑特征，维系它们的特色和真实性。同样，从中世纪到文艺复兴时期，整个城市系统保持了相同的布局、聚落模式和开放空间的组织。在建筑物的结构修复中，非常注重保护标准的应用，以及对历史分层材料的使用和回收。当地建筑文化在材料和技术上形成了连续性，通过采用传统的保护和修复方法，并辅以最新的技术，准确地传递了运河文化的真实文化价值。

① A. S. Cocks, “How Italy stopped Venice being put on UNESCO’s Heritage in Danger list”, http://theartnewspaper.com/news/conservation/how-italy-stopped-venice-beingput-on-unesco-s-heritage-in-danger-list/, 访问时间：2021 年 3 月 11 日。

威尼斯及大运河历史遗产保护和管理部门建立了完善的法律和制度体系。1973 年，意大利通过了一项特别法，该法规定了各级政府的责任，致力于加固桥梁、运河和地基等基础设施，以防止运河和海洋的洪水灾害；地区政府将负责控制水污染；威尼斯地方政府将负责一些修复工作项目。根据《文化和景观遗产法》[①]，文化遗产和活动部通过其地方办事处（地区总监和主管）履行保护和保存文化遗产和景观的机构任务，主要保护手段之一是颁布法律，旨在通过发展威尼斯社会经济，以实现对威尼斯及大运河景观、历史、考古和艺术遗产的保护。威尼斯大运河管理由文化遗产和地方局、威尼斯国家档案馆、威尼斯教区、威尼斯水务局和威尼斯港务局等机构负责，这些机构派代表参加管理指导委员会，该委员会定期开会，威尼斯市政府被指定为协调机构，负责沟通，参与决策，实施历史遗产保护，同时还从沟通、宣传、教育和培训等方面，提高民众对该城市历史文化遗产普遍价值的认同。

在大区层面，土地利用和城市规划重在促进该地区的可持续发展，特别注重保护区、景观和具有突出自然美景的地区文化和历史特性。省级规划涉及保护发展环境与传统经济活动、旅游业之间的协同作用，旨在对财产进行可持续的估价。在市政层面，对现有建筑遗产和基础设施进行整修和升级，加大城市更新、公共住房项目建设、道路修建，确保与历史建筑的兼容性。其他公共机构，如威尼斯水务局专职保护威尼斯和大运河生态系统。环境保护和景观受到特定法律法规的管辖，威尼斯及其大运河（包括周边潟湖）建筑遗产和景观总监，监督所有可能改变物业景观的工程和干预措施。

（三）威尼斯运河洪水治理

“水城”威尼斯“因水而生”“因水而美”，如今却“因水而忧”。受到气候变化与全球海平面上升影响，威尼斯近年来屡次受到洪水的侵害。2019 年 11 月，威尼斯见证了 1.87 米的洪峰，这是 21 世纪第二高的潮汐，对这座城市及其一些壮观的建筑物造成了重大破坏。威尼斯一周之内经历了三次洪峰，

---

① “Italy: New Code of Cultural Heritage and Landscape”, https://www.loc.gov/law/foreign-news/article/italy-new-code-of-cultural-heritage-and-landscape/，访问时间：2021 年 3 月 11 日。

全城 80% 被淹，教堂、商家、店铺、酒店、博物馆等许多建筑物“泡汤”。[①] 威尼斯著名的圣马可教堂遭淹，水深已达 70 厘米，损害了墙体安全。气候变化导致沿海城市附近的海平面在近 10 年持续上涨，在水位上升的同时，城市由于其所处的地区土壤柔软，以每年一毫米的速度下沉。更何况在近几十年中，城市一直在抽取地下水用于饮用和工业生产，直至 20 世纪 70 年代，这使城市脆弱的地基不断地受到侵蚀。[②]

气候变化和海平面上升为威尼斯带来了更多的高水位，防洪屏障投入运营非常紧迫。威尼斯自 2003 年起一直推进名为“摩西”（Moses）的可移动海底屏障项目，通过建造 78 个浮置闸门，在涨潮时避免洪水被南风推入威尼斯城。不过，威尼斯的水下防洪屏障项目多年来一直引发争议，[③] 这一新的防洪屏障已经建造了几年，由于成本超支和腐败丑闻困扰一直未能完工。人们担心这些屏障可能会干扰威尼斯潟湖的生态系统。但 2019 年大洪水后，潟湖防洪系统建设工作得到加速。流动屏障系统始建于 2003 年，该屏障现在位于 Lido、Malamocco 和 Chioggia 的进口处，这是沿海警戒线的三个闸门，潮汐通过这些闸门从亚得里亚海传播到威尼斯潟湖，闸门可以在 15 分钟内将整个潟湖与潮汐区分开。当屏障物升起时，整个潟湖便与海洋隔离，免受潮汐事件的影响。当屏障物不活动时，它们是看不见的。2020 年 10 月，已延期很久的“摩西”项目的 78 条亮黄色防洪堤在涨潮时首次从海床上升起，以阻止强烈海风吹袭潟湖和城市。令威尼斯人和游客高兴的是，他们能够继续在干燥的圣马可广场和大教堂散步，而不必行走在为应对 130 厘米潮汐而铺设的高架人行道上。

为从根本上解决问题，人们提出了使防护岛重新自然化以减缓潮汐，并停止对潟湖进行挖掘和更多的工业活动的建议，以此来修复城市与周边自然

①《“水城”威尼斯为何“因水而忧”？》，http://www.xinhuanet.com/world/2019-11/21/c_1210362998.htm，访问时间：2021 年 3 月 11 日。

② Giselda Vagnoni, “Why is Venice flooding so often？” https://www.indiatoday.in/world/story/state-of-emergency-after-flood-why-is-venice-flooding-so-often-1619148-2019-11-15，访问时间：2021 年 7 月 11 日。

③《威尼斯遭 50 年一遇洪灾侵袭“水城”进入紧急状态》，http://news.haiwainet.cn/n/2019/1115/c3541083-31664751.html，访问时间：2021 年 7 月 11 日。

环境原有的平衡。以上这些措施使短期的缓解措施与长期的生态共生关系（城市与潟湖间、水陆间、城市与自然间）相结合，践行了威尼斯“与水共居”的理念。

三、威尼斯城市运河治理的进一步启示

一是更加注重自然与经济开发的平衡。维护威尼斯大运河潟湖生态平衡和周围复杂的商业体系相适应。如果不是严格的环境保护、技术干预和商业管制，威尼斯的潟湖早在500年前就已淤塞。威尼斯产生的垃圾必须通过复杂的收集和回收系统才能清除。发展旅游经济就会引入数以千万计的游客，这些游客的大量到来，产生的垃圾及其他可能对建筑造成的破坏是短期内难以消除的，可能会超过城市的处理与保护的能力。这就需要在发展旅游经济与历史文化遗产保护间做好平衡。

二是更加重视运河城市品质开发。例如，威尼斯经常举办的社区活动将各个年龄段的人们聚集在一起，使城市充满活力，培育高品质的生活。还有如促进意大利北部文艺复兴时期的建筑开发，保留关键历史和建筑，建设商业走廊，保护城市的自然风貌，促进城市高品质发展。

三是更加倚重城市经济可持续发展。威尼斯以旅游为主，数十年来，威尼斯似乎一直在“与自己作战”。一方面，激进主义者正在要求对旅游业采取更为谨慎的态度（例如，禁止游轮进入历史悠久的市中心）；另一方面，威尼斯作为世界上最知名的旅游目的地之一，游客是餐馆老板、酒店经营者和店主的经济命脉。在后疫情时代，像威尼斯这样以旅游为主的运河城市还是要拓展新的经济发展方式，注重经济发展的可持续，而不能仅仅依靠旅游业。威尼斯开始注重文化艺术产业。例如，威尼斯双年展和威尼斯国际电影节。

意大利米兰运河

米兰是世界时尚艺术中心、世界历史文化名城、欧洲四大经济中心之一。相比建造于大运河上的威尼斯、有台伯河的罗马和阿诺河的佛罗伦萨，米兰在人们的印象里从来不是一座“水城”。但事实上，米兰曾经拥有完整的城市运河，而其所在的伦巴第大区，更是在13世纪起就形成了强大的运河体系。在铁路出现以前，作为内陆城市的米兰，通过运河连接到威尼斯，完成了与远东地区的货物交流。围绕治理水域、管理环境，米兰形成了许多宝贵的城市治理经验，可供参考借鉴。

一、米兰运河概况

米兰大运河是贯穿米兰的运河系统的一部分，来自蒂奇诺河和阿达河，这两条河流分别位于米兰的西部和东部。米兰大运河是复杂的运河系统的一部分，但直到20世纪初，以一种独特的方式代表着城市形象。米兰大运河在13世纪中叶就可通航，是伦巴第地区历史上最重要的水利工程。大运河穿过阿比亚泰格拉索市（Abbiategrasso），连接米兰与提契诺河（Ticino），沿途有许多16世纪至19世纪修建的贵族城堡。在维斯孔蒂和斯福尔扎时期，大运河是一条繁忙的商业通道，对于米兰城的建设起着至关重要的作用。米兰大教堂使用的大理石、红色花岗岩以及其他石材、沙石和木料都是通过运河上的一道道水闸运输的，从马焦雷湖运到米兰附近利用中世纪城墙外的壕沟修建起来的码头。大运河在15世纪修建完成，不仅在米兰城外形成了运河水系，而且运河边还建起了仓库。在中世纪的鼎盛时期，大运河边冒出了许多鞣革、面料加工和生产纸张等的手工作坊。[①]

二、米兰城市运河治理案例分析

（一）水域治理

一项旨在促进米兰地区系统新农村化的水域建设项目在米兰开展，似乎表达了一种米兰生活模式。在这种模式下，水和土地以创新的方式创造了一个文明阶段，将健康和安全的食物、可再生能源、景观/环境质量、保护生物多样性、城市/农村地区的成果机会、遗产传承结合起来。[②]

这一战略的基础是几项关键行动，“这些行动得系统化，同时也得考虑到新景观的产生，因此需要重新制定，以加强其作为恢复农业活动形式”。这些行动中的第一项是涉及重新开放运河的内圈，最近批准的米兰 PGT 计划（“Piano di Governo del Territorio” 当地政府规划）对此进行了详细的可行性研究。在广泛参与的全民投票的推动下，这是一个非常重大的决策，这次全民投票使城市/农村地区的复兴政策重新成为核心。因此它的历史意义和景观意义是显而易见的。

第二项行动包括实施名为“Waterways-Expo2015”的项目，处理与展览场地功能和领土连接有关的问题，该项目提供了一个旨在维护和加强米兰大都市西部开放地区的包容性措施方案。该项目的中心部分是新“水道”，这是一条灌溉渠，在维勒瑞斯运河（Villoresi）和米兰大运河之间连通开放，在可能的情况下，沿着现有或废弃的二级和三级运河的河道，调整和重新连接现有水网的部分，作为该网络升级和合理化的更广泛方案的一部分，也作为重新开发和优化网络的更广泛方案的一部分，甚至还增大了吉萨（Guisa）水域

---

① Serena Ferrando. “ The Navigli Project: A Digital Uncovering of Milan’s Aquatic Geographies. ” Italian Culture, No.37, 2019, pp.32~46.

② Mariella Borasio, Marco Prusicki and Milan Rural Metropolis. “ A Project for the Enhancement of Waters Towards the Neo-ruralisation of Territorial System in Milan.” Scienze Del Territorio, No.2, 2014, pp. 21~38.

重新开发的可能性，其功能是水利保护和改善卢拉谷地区（Lura）的灌溉和布局的合理化。[①]

第三项行动是重建奥罗纳河谷（Olona river valley）。考虑到目前水文处于高水平，包括环境、设计思路，该项目的核心问题是，米兰西部地区的部分"谷物平原"仍然以古老的百余年遗迹为标志，其痕迹仍然持续存在，其特点是具有显著的特殊性。但由于多种现象并存，同时景观和环境退化的风险很高。该项目的推行将有助于加强和重新开发现有水道，加强水利安全，建立新的绿色系统，更重要的是将城市和城郊农业景观整合为整个运河地区最有价值的农业景观之一。[②]

（二）米兰及大运河发展历史及其遗产保护管理

邦维新（Bonvesin）在1288年把米兰大运河形容为"米兰的奇迹"（De magnalibus Mediolani）。这个称号包含了对水的引用：Mediolanum［来自medius（中）和lanum（平原）］，这意味着米兰位于两条河流［阿达河（Adda）和提契诺河（Ticino）］之间。当罗马人在公元前222年征服米兰时，他们把塞维索河部分的航道移进了这座城市，还建造了米兰的第一条运河，名为Vettabbia。

提契诺运河是一条通往兰布罗河的灌溉渠，于1152年完工，后来在1269年至1272年间扩建，主要用于船只航行。它后来演变为米兰大运河，并在随后的几个世纪不断扩大，直到1457年，它连通了城市与拉戈马吉奥尔50千米（约31英里）西北的城市。这是今天米兰市中心为数不多的几条运河之一。在1151年至1457年期间，贝雷瓜尔多河（Naviglio Bereguardo）和马特萨纳河（Naviglio Martesana）扩大了米兰大运河的支流。这些河流环绕着城市，促

---

① Valeria Comite and Paola Ferno. " The Effects of Air Pollution on Cultural Heritage: The Case Study of Santa Maria delle Grazie al Naviglio Grande (Milan)." *The European Physical Journal Plus* ,No.133, 2018,pp.68~79.

② Mariella Borasio, Marco Prusicki and Milan Rural Metropolis. " A Project for the Enhancement of Waters Towards the Neo-ruralisation of Territorial System in Milan." *Scienze Del Territorio*, No.2,2014,pp.21~38.

使货物从提契诺河快速运输到阿达河，即从城市西部到东部地区——一个超过 88 千米的连续水道上。①

达·芬奇曾在 1482 年至 1514 年间长期居住在米兰的卢多维科·斯福扎球场，参与了米兰水道的工程和建设。在1482年，他设计了一系列混凝土（船闸），以允许不同的河流或运河都能使船只航行，即使其水域处于不同的水平。正是由于他的创新设计，这个城市的运河布局能够适应数量日益增长的货船，扩大和改善了米兰的商业。此外，运河的建造持续到 19 世纪，增建了数条新的运河分支，其中帕维斯运河（the Naviglio Pavese）于 1805 年完工，其直接流入波河（the Po river），再流入亚得里亚海，米兰又一次连通了大海。②

米兰是一个内陆城市，后来成为 20 世纪意大利最成功的港口之一，比意大利南部的巴里港、布林迪西港和梅西纳港的交通更繁忙。在运河扩建程度最大时，运河延伸了大约 155 千米（96 英里）。然而，到 19 世纪下半叶，内河（Fossa interna）的卫生条件变得非常糟糕，以致人们开始担心流行病的暴发（事实上，米兰直到 19 世纪 80 年代末都未建设污水系统）；此外，内河的水域充满了垃圾和水草，任何需要螺旋桨的航行都变得非常困难。因此，从 1857 年开始，多个湖泊和运河被填满，其中包括圣斯蒂芬小湖（Laghetto di Santo Stefano），位于米兰大教堂后面，该教堂曾是联合国的装货区，用于运送装饰杜奥姆的大理石的船只的通行。最终在 1929 年至 1930 年间，经过关于究竟是填埋还是挽救内河的长达十年的争论，政府决定还是将内河填埋，除了圣马可小湖（the small lake of Saint Mark）和运河的一部分。因此这一区域引起了许多抗议活动，其中大部分来自艺术家，他们认为，运河是历史遗产，因此应该受到尊重和保护。但他们的抗议是徒劳的。到 1930 年年底，米兰不仅永远失去了进入亚得里亚海的机会，而且抹去了过去 750 年里它所创造的

---

① Mariella Borasio, Marco Prusicki and Milan Rural Metropvus."A Projeut for the Enhamcement of Waters Towards the Neo-ruralisation of Territorial system in Milan."Scienze Del Territorio, No.2, 2014, pp. 21~38.

② Laura Verdelli and Noémie Humbert. "The Darsena di Milano (Italy): Restoration of an Urban Artificial Aquatic Environment Between Citizens'Hopes and Municipal Projects." *Reclaiming and Rewilding River Cities for Outdoor Recreation*, No.9, 2020, pp.61~74.

大量水生景观。[①]

今天，原来的运河部分仍然是可见的（总共 142 千米），它们仍然是文化城市景观的一部分，但大多在城市之外。米兰市议会并没有打算将所有的运河都填埋。事实上，其计划将运河迁移到城市的另一个地方，因此，泊船渠和圣斯蒂芬小湖依旧完好无损。但是在 20 世纪 50 年代背景下，当时恢复水运的前景似乎不大，米兰正为响应现代化的要求，主要是对速度的需求，市议会决定将部分河流填满，水运迅速被更快的铁路所取代，后来越来越多的马车、汽车和电车需要越来越宽的街道。这反映了未来主义者等先锋派运动给米兰大运河保护带来了负面影响。但在这时候，也有关于谈论和担心大自然如何从米兰人的生活中消失的话题引起米兰人的关注，并有计划把运河带回来。这些计划不仅表明了城市居民正在提高对环境的认识和对运河的重视，并开始感到有必要保护意大利大都市地区的自然世界，甚至将其带回城市景观。

（三）米兰运河文化发展

由于运河在米兰的地理和景观中扮演着非常重要的角色，因此其对米兰的文化和身份产生了深远影响，体现在这一地理区域的人们身份和文化与水的关系，以及这些因素对城市的影响。卡拉·迪·弗朗西斯科（Carla Di Francesco）（意大利景观质量和保护部总干事）在她的一篇文章中谈到了“共识”，认为这是米兰人与其水土之间关系的基本主题之一，即米兰的身份和文化，紧密地与运河元素交织在一起。迪·弗朗西斯科称，当谈到水、建筑和环境之间的联系，这个城市的文化中心已显现出来了。此外只有记住一些相互关联的因素构成当地人“水域”身份的基础时，才有可能彻底了解这个地区的人文。她提到了经济、商业、农业、工程、旅游和环境价值观，这些价值观融合在实际和想象的运河中，认为米兰大运河对米兰人来说，是一种“文

① Laura Verdelli and Noémie Humbert. “The Darsena di Milano (Italy): Restoration of an Urban Artificial Aquatic Environment Between Citizens’Hopes and Municipal Projects.” *Reclaiming and Rewilding River Cities for Outdoor Recreation*, No.9, 2020, pp.61~74.

化的象征”。①

在定义米兰及其身份问题上，运河是一个关键因素，因为它展现了一个城市的浪漫和前景的双重特性，它不仅着眼于过去，同时推动未来。用文学评论家卢西亚诺·安西斯奇（Luciano Anceschi）的话来说，米兰融合了浪漫主义和启蒙运动，在其充满活力的继承传统的过程中，支持自己持续和激进的自我更新。它与运河的紧密关系为城市的身份提供了一个新的定义：一方面，运河是一个巨大的奇迹，也是城市在过去几个世纪中经济成功的主要原因之一；另一方面，它们是人与自然之间联系的一个情感维系者。运河对米兰人来说特别珍贵，因为它们代表了当地人的秉性：历史上，运河的发展是社会进步的标志，使米兰能够更开放地面向世界其他地区。但它们也可以使时间放慢脚步，当人们在河畔散步时，感受人类前进的步伐。正如迪·弗朗西斯科提到的那样，运河在农村和城市的农业功能是灌溉渠，工业功能是运输品商业的水道，因此运河重新建造了城市。在运河河畔，米兰人今天见证了自己的身份——在过去与未来、传统与创新之间找到合法性。在巴谢拉丁语中，一个地方与它的居民之间的联系，这种身份是从运河的物质和诗意的意象中产生和发展的。

三、米兰城市运河治理的进一步启示

一是注重文化活动与经济的结合。意大利向来有“同业协会”的传统，比如，米兰家具展，就是由意大利家具行业协会（Federlegno-Arredo）主要推进的。除了同行业，也有以主题或地方区域为主的协会。在米兰大运河旁，有以本地小型商户为主要成员的“大运河协会”，负责协调运河区域举办的设计、美食、艺术、市集等活动的有序进行。

大运河协会的愿景，是为了保护运河区域的历史和环境特色，推广文化

---

① Serena Ferrando, “Water in Milan: A Cultural History of the ‘Nviglio’”, *Interdisciplinary Studies in Literature and Environment*, No.21,2014, pp. 56~78.

和旅游，协调这一区域内的机构与居民的沟通，促进城市更新项目的持续进行。在大运河协会的有效组织和协调下，这里一年四季都非常热闹。每年米兰设计周会使这里的人流密集程度达到顶峰。

在平日里，每个月的最后一个星期天，全意大利北方的古董商人都会聚集于大运河两岸，同时也有普通人贩卖自家旧货。从古董到旧货、从服饰到书籍，每个人都能在运河的周末市集上淘到自己心爱的宝贝。大运河协会每年还组织“花与美味”市集和平易近人的本地艺术家艺术市集，以及新年时的跨年活动。在没有特别活动的平常日子里，大运河两岸就是人们最爱的休闲去处，有多家书店、餐厅、酒吧和精品小店，深受米兰人的喜爱。

二是注重运河城市经济开发与可持续发展。到了 20 世纪，随着城市发展和交通运输方式的转移，米兰城内的运河河段没有逃过停运的命运。1929 年起到 20 世纪 70 年代，运河河段逐步被覆盖起来，建成公路。一些露天运河变成了暗河，但仍然承担着城市下水道的重要功能。城市西南端的米兰大运河，虽然仍保留着开放河道，但在 1979 年，达尔瑟纳码头（Darsena）卸下最后一船货物后，也结束了航运功能。大运河沿岸的工厂逐步外迁，留下大量废弃的厂房和仓库，这一区域一度非常衰落和破败。

1979 年，意大利著名出版人弗拉维奥·卢奇尼（Flavio Lucchini）和同为编辑的妻子吉塞拉·博里奥利（Gisella Borioli）一起在离大运河不远的福尔切拉路（Forcella）创立了自己的时尚出版公司 Edimoda。办公室曾是一座吊灯工厂，但不久该摄影棚已经不能满足自己旗下杂志和慕名而来寻求拍摄的需求。卢奇尼就和同事，年轻的时尚摄影师法布里奇奥·费里（Fabrizio Ferri）一起，于 1983 年成立了“超级工作室”Superstudio，目标是打造一个“摄影城”，面向需要时尚摄影和相关创意服务的人群提供开放租赁服务。他们一共建成了 18 个摄影工作室，又从摄影工作室衍生出了摄影学校、模特学校、时尚媒体和制作公司、时装展厅和样衣中心，以及其他一系列时尚行业的初创公司。

“超级工作室”成功后，许多追随时尚产业的工作室、餐厅和酒吧等陆续在附近开张。再加上意大利本身就有中小型企业居住、办公在一起的习惯，大量创意人士举家搬迁过来。2000 年，又在附近成立了 Superstudio Più，一个更大的多功能综合空间。[①] 此外，2005 年著名雕塑家阿纳尔多 · 波莫多罗（Arnaldo Pomodoro）将其工作室和基金会落地于曾经的涡轮机工厂里。为了纪念从业 40 周年，乔治 · 阿玛尼先生（Giorgio Armani）邀请建筑师安藤忠雄改造了在大运河附近的旧雀巢工厂，2015 年阿玛尼剧院（Armani/Silos）在该厂开放，成为阿玛尼品牌的永久性展厅。同时，这一区域又有意大利著名私立设计学院 Domus Academy，持续强力地输出着新鲜创意。时尚行业经常举办大型活动，尽管多数活动都是邀请制，但关于这些活动的话题迅速传开，让大运河边上这些老厂房得到改造并渐渐进入大众的视野。米兰的富裕阶层和民间资本发现了运河区域的潜力，开始不断向这一区域投资，一系列更大型的项目逐渐展开。

三是政府与社会共同参与运河发展。大运河区域的更新和发展是自下而上的过程，由民间资本作为主导力量。在该过程中，米兰市政府主要是为社会开了一些绿灯，加速运河的发展。大运河区域周边的工厂和仓库所在地原本都是工业区，若要改造或重建需要先通过行政手续做用途变更，其周期非常漫长且效率低下。为此，米兰城市规划部门的做法是将这些创意产业，包括展厅、时尚艺术设计工作坊、展览和活动空间、Loft 和设计酒店等，通通转译为创意工业，以使其满足工业用地对企业的要求。同时，对于需要拆旧再建造的开发商，允许其达到 1.2 的容积率，而在原本的土地使用目的变更规定中，这一比例要求是 0.65。另外，政府默许了在工业区内办公和居住用途的 Loft 的建造。[②] 这些措施进一步提高了政府的办事效率和公众对大运河区域再利用的关注，形成了这个区域的品牌效应。总而言之，米兰大运河的发展和概况记录了米兰城市生产和生活方式的变迁，是活态的历史文化保护遗产。

---

① M. Boriani, S. Bortolotto, M. Giambruno, L. Binda and C. Tedeschi. "The Naviglio Grande in Milan: a Study to Provide Guidelines for Conservation." *Transactions on The Built Environment*, Vol.83,2005,p.11.

②《米兰大运河两岸是怎么复兴的？》，http://culture.ifeng.com/c/7vFC32ckrvj，访问时间：2021 年 5 月 12 日。

奥地利维也纳新城运河

维也纳新城运河是奥地利国内唯一一条航运运河，因航运而生，本是连接维也纳新城与维也纳市的运输通道，但货运功能渐渐被铁路替代，部分航道也被切断，不再与维也纳相连，最终丧失了其航运价值。得以保留至今的原因是它难以替代的供水功能。缘起重工业城市的运河至今仍清澈流淌，宝贵的环境治理经验值得借鉴。

一、维也纳新城运河的概况与作用

（一）运河概况

维也纳新城运河（Wiener Neustadt Canal/Wiener Neustädter Kanal）是一条位于奥地利维也纳盆地的人工水道，运河渠道最大宽度为10米，水深约1米，1803年投入使用，当时全长63千米，是奥地利唯一的航运运河。主要用于从下奥地利州南部向维也纳运送木材、砖块和煤炭。但由于后来铁路项目的开发，河道的一些重要部分被填埋，重新设计为铁路线。1879年后，运河航运量急剧下降，第一次世界大战爆发前，航运就已经完全停止了。

18世纪，随着奥地利人口的迅速增长以及第一批大型工厂的出现，货物的生产与流动越来越频繁。对煤炭、木材等能源的需求也越来越多，但由于交通所限，加上煤矿开采的人力、物力资本，煤炭的价格居高不下，即使有政府的补贴（煤炭的免费分配、免征税等），煤炭还是难以成为主要能源。而免费的树木却被大量砍伐，森林以肉眼可见的速度减少。据统计，1800年前后，每天有4万匹马在道路上运输着，众多收费站甚至出现了"堵车"现象。

运输大宗货物，河流和运河显然比公路更有优势。维也纳盆地南部没有合适的可通航的河流，于是人们产生了开凿运河的想法。一匹马可以在公路上拉1吨左右的物料，但在运河上却可以拉30吨。下奥地利州南部丰富的煤炭资源，以及维也纳王室对煤炭需求的不断增加，使批发商伯恩哈德·埃德勒·冯·舍芬（Bernhard Edler von Tschoffen）有了基于英国模式建造一条运河的想法。1794年，公司根据他的建议向弗朗茨二世皇帝提出了建造运河的计划，获得了批准，并最终在1797—1803年间成为现实。

出于成本考虑，公司希望通过水路将其在奥登堡开采的硬煤运往维也纳，原计划也是将运河延伸到奥登堡，但没有实现。运河开通时，长约57千米，两端分别是维也纳新城（Wiener Neustadt）和维也纳港。1803年5月12日，克服了开凿的种种困难后，运河终于开始运营。早在凌晨5点，第一艘船就离开了维也纳港。驳船在冈特拉姆斯多夫（Guntramsdorf）装了一船砖后，于第二天下午到达了维也纳新城。①

运河在运营的几十年里经济效益良好。但从19世纪中期开始，铁路运输掀起了又一场革命，铁路能够更快地运输更多的货物，运河难以望其项背。加上普奥战争奥地利的失败，使得一些州的财务陷入困境，开始出售国有财产来解决这一问题。1871年运河被出售给了第一奥地利航运运河公司。19世纪70年代，公司可通过收取沿运河工厂的租金和用水费获得丰厚的收入，但在货运方面收入为负。1878年，运河公司和比利时铁路公司（Société Belge de chemins de fer，SNCB）结成联盟，共同成立了维也纳—阿斯彭铁路公司（k. k. priv. Eisenbahn Wien-Aspang）。运河河道再次被用于铁路线的修筑，1879年开始运河不再通航，1881年阿斯彭铁路投入运营。运河失去了它的航运价值，但在其他一些方面，仍然发挥着重要作用。运河的建设影响了周边地区的商业发展，远远超出了其作为交通设施的重要性。对于沿运河定居的许多工厂和磨坊来说，运河的水是不可或缺的，为了保证用水，人们修建了地下水渠。

20世纪初，随着新的能源和水供网络的建立，维也纳市使用维也纳新城

① Wien Geschichte Wiki, "Wiener Neustädter Kanal", https://www.geschichtewiki.wien.gv.at/Wiener_Neust%C3%A4dter_Kanal, 访问时间：2021年3月11日。

运河水的人数日益减少。1895 年，维也纳市通过谈判，彻底更换了该市内现有的水权，并终止购水。但当时的法制状况较为混乱，一些用户不愿放弃既得利益，更换水权这一项目一拖再拖。1928 年，在下奥地利州政府支持下，对比德曼斯多夫（Biedermannsdorf）的运河段进行排水改造，1933 年维也纳正式宣布不再使用运河水。①

之后几十年间，虽然运河疏于管理，几经干涸，一些运河段已经消失，但大部分仍保留了下来。由于“二战”期间炸弹袭击，整个运河尤其是维也纳新城地区遭到了严重破坏。如今运河从维也纳新城出发，流至比德曼斯多夫市的默德林河（Mödlingbach），剩余长度约 36 千米。

（二）重要作用

运河的功能主要是用于运送木材，尤其是柴火，而不是煤炭。虽然运河开凿的初衷是为了向维也纳运送煤炭，但由于维也纳新城的煤炭矿藏并不丰富，不久就被开采殆尽，而线路最后并没有接通到奥登堡附近，奥登堡开采的煤矿仍需要花不少的钱运送至运河，导致煤炭价格居高不下，消费量难以大大提高。除了木材和煤炭，砖头、瓦片、生铁等也是运河运输的重要货物。人们还喜欢乘坐运河驳船前往北部观赏皇室的住所——拉克森堡宫（Laxenburg Palace）和大型公园，不过这种兴趣在 19 世纪 30 年代逐渐消失。

除了运输货物，运河的水流落差可以为磨坊、锯子、钻子提供免费动力，但唯一的缺点就是供水并不持续，一旦航道发生损坏和进行整修，生产就得停止。运河也为沿线居民提供了用水，如填充鱼塘、浇灌花园。而在冬季，由于运河深度较浅，为切割冰块提供了理想场所。

而如今，运河几乎不再运输货物，而是用于储备消防用水，也可用于养鱼，为沿河的工业、小型水电站等提供用水。从拉克森堡（Laxenburg）到维也纳新城，沿运河的道路成为一条颇受欢迎的自行车道。更重要的是运河有助于改善当地气候，具有涵养周边动植物的生态功能。水是生命之源，运河

① F. Hauer, S. Hohensinner, and C. Spitzbart-Glasl, “How water and its use shaped the spatial development of Vienna.” *Water History*, Vol.8, No.3, 2016, pp.301-328.

区域成为一些稀有动植物的避难所。就特赖斯基兴市（Traiskirchen）管辖范围内的新城运河周边而言，有关的蕨类植物和开花植物就有366个不同的物种和亚种。其中，有29个物种和3个亚种在奥地利全国或地区范围内濒临灭绝。因此，对运河的保护是非常必要的。[①]

二、维也纳新城城市运河治理案例分析

（一）谁来治理

在美国美世公司（Mercer）公布的“2019年城市生活质量”调查报告中，奥地利维也纳市再次位居世界最宜居住城市之首。[②]对作为旅游国家的奥地利来说，环境保护是社会深为关切的重要问题。奥地利环境保护行政管理分联邦和州两级，联邦政府主管政策制定、法规起草、编制规划等，具体执法管理工作由州环保局负责。为了减少事务性工作，强化环境保护行政管理和执法，奥地利成立了联邦环保局，为制定联邦环保政策和环保执法提供专业支持，履行环境监督职能。完善的法规、活跃的环保社团、广泛的群众参与是奥地利环境保护处于世界领先地位的基础和保证。[③]

注重环境保护也是下奥地利州城乡建设的灵魂。无论是城市、工厂还是农村，所到之处皆流水清澈、绿树成荫、空气清新。下奥地利州能源和环境局成立于2011年，是一家有限责任公司，由下奥地利州全资拥有。下奥地利州能源和环境局在阿姆施泰滕（Amstetten）、霍拉布伦（Hollabrunn）、默德灵（Mödling）、圣珀尔滕（St.Pölten）、维也纳新城和茨韦特尔（Zwettl）都

① Norbert Sauberer and Walter Till, “Der Wiener Neustädter Kanal: Ein Refugium selten gewordener Pflan-zenarten am Beispiel der Gemeinde Traiskirchen.”, https://www.zobodat.at/pdf/Biodiversitaet-Naturschutz-Ostoesterreich_4_0040-0055.pdf., 访问时间：2021年3月11日。

② 美世公司中国官网：“美世2019全球城市生活质量排名”，https://www.mercer.com.cn/our-thinking/career/2019-qol.html，访问时间：2021年3月11日。

③ 万秋山：《奥地利的环境保护》，载《中国环境管理干部学院学报》，2005年第2期，第20~22页。

设有办事处。区域合理使公司员工能够直接在现场提供有力的支持，对区域项目进行最佳监督。市政当局和公共机构是能源和环境局执行和实现环境保护、自然保护和气候目标的重要合作伙伴。[①]市政当局一般有专门的清洁公司负责城市生活垃圾的收集、处理。如FCC奥地利清洁公司（FCC Austria Abfall Service AG）是奥地利领先的废物处理公司，为市政、工厂、零售部门以及私人客户提供广泛的常规废物解决方案，负责处理奥地利和东欧国家的510万居民的生活垃圾。FCC在下奥地利设立了多处服务点，如齐斯特斯多夫（Zistersdorf）的废物收集中心（waste collection yard）和废物发电厂（Waste-to-Energy plant）、维也纳新城的污水处理厂。

同时，下奥地利州按照国家的规定与要求，在各级政府成立了环境保护机构，并成立了环境教育工作组，广泛地宣传和普及环境保护思想。截至目前，下奥地利州已经在120项高级培训课程中，对1750名教育者进行了培训，举办了超过350场关于能源和环境问题的学校研讨会，约有18600名学生参加。[②]

（二）运河沿线的治理

1. 端点治理——维也纳新城环境治理

以维也纳新城的环境治理为例。维也纳新城位于奥地利南部，隶属于下奥地利州，是维也纳新城运河的端点之一。下奥地利州政府投入巨大财力，帮助工厂改造旧设备，增加环境保护设施，将生产过程中产生的环境污染降到最低。对化学药品、洗涤剂的生产、检验以及特别废弃物的收集、清除和运输专门立法，提出特殊要求。严格按照国家对燃料的要求（可以说是欧洲范围内最严格的要求了），机动车一律供应无铅标准汽油，对各种车辆实行最严格的废气排放规定。[③]

维也纳新城离奥地利首都维也纳市50千米。城市占地面积61平方千米，人口约4.5万，是下奥地利州重要的文化、工业、商业、教育中心，也是奥

---

①② 下奥地利州能源和环境署官网：https://www.enu.at/unternehmen.

③ 邓忠义：《奥地利下奥地利州印象一二》，载《城乡建设》，1994年第8期，第39页。

地利陆军驻屯的地方，其航空工业在“二战”时的德国占有举足轻重的地位，维也纳新城飞机厂（WNF，Wien Neustadt Flug）号称“帝国最大的战机制造厂”。维也纳新城还拥有航空发动机制造厂。维也纳新城地理位置优越、交通便利，是下奥地利州东南部的中心城市、交通枢纽。自 1975 年起，维也纳新城成为一座“欧洲城市”，因为欧洲议会承认该市对新欧洲所做的贡献，并同意悬挂欧盟盟旗，授予欧洲议会荣誉徽章。①

维也纳新城虽然是奥地利重要的重工业城市，但环境治理效果却十分显著。空气中可吸入颗粒浓度、二氧化硫浓度、土地铅污染等得到了总体改善，但相较于其他城市也总体处于较低水平。在制造业部门不断发展的条件下取得如此成绩是不容易的。在 2012 年市议会通过的议案中，维也纳新城将城市发展目标定位为全国“气候与能源示范区”。环境治理重点主要包括节能建筑管理与市政建设、光伏发展与社区和城市设施建设、发挥咨询作用提升可再生能源与能源节约效率、私家车替代计划等领域。

废物是自然、气候和人类社会的变化对水和土壤带来的污染，过多的废物不仅会对全球环境变化产生影响，也会导致本地资源的枯竭。维也纳新城采取了先进规划理念，加强城市废物利用与处理。充分发挥民间科研院所和智库的力量，不断更新城市关于废弃物和垃圾处理的管理与规划理念。城市在废物收集方面采取了市场化途径，新城中的废物收集主要依托市场化机制来完成，维也纳新城公共设施和市政服务有限公司（WNSKS）是维也纳新城地方市政公司，经营整个区域的废弃物管理和运输。公司设置了专门的废物收集站（回收中心），还可以向市民提供有机垃圾袋。对各种垃圾的细分处理、具体场景都有相应全面的服务。②

2. 沿线物种保护——特赖斯基兴市的生态维护

维也纳新斯塔德运河以及运河涵养地周边环境成为许多动植物的栖息之所。运河中生活着 20 多种鱼类，其中包括虹鳟鱼。运河两旁的草地上发现了

① 《奥地利维也纳新城》，http://fao.ningbo.gov.cn/art/2009/9/21/art_1229149485_49744688.html，访问时间：2021 年 3 月 11 日。

② Wiener-neustadt, “WIR KÜMMERN UNS UM IHREN MÜLL”, https://www.wiener-neustadt.at/de/abfall（维也纳新城政府官网），访问时间：2021 年 3 月 11 日。

366种不同的野生植物物种，动物种类也丰富多样，一些稀有物种也栖息于此，如绿蜥蜴。近年特赖斯基兴市开始计划并实施各种自然保护措施，重点是对运河旁草地的保护。通过有针对性的生态维护措施来保护和促进生物多样性。①

2015年秋，特赖斯基兴市范围内的运河左岸几乎整个被挖开，土壤被完全翻新，用于修建区域供暖管道。然而，这里恰恰是一些珍稀濒危植物物种的最后栖息地。这促使特赖斯基兴市从下奥地利州接管了特赖斯基兴市内河岸地区的管理权。2017年春，在因修建管道而遭到破坏的地区进行了重新播种，慢慢地恢复为丰富的草场。近年来，还采取了进一步的措施，如对部分具有特殊保护价值的区域进行人工修剪，减少部分灌木生长。不同植物结构的镶嵌是为了保持尽可能大的生物多样性。芦苇床与高大的灌木杂糅在一起的地方，是沼泽莺的固定繁殖地。这种马赛克式的植被保护，保证了沼泽莺的繁殖栖息。因此，将灌木丛分段，是保证鸟类繁殖的最好办法。

（三）前景——重点发展休息娱乐功能

下奥地利州的自行车行是一大特色项目，为鼓励市民们绿色出行、提高环境保护意识，下奥地利州推出了“下一辆自行车”项目（nextbike），创建了欧洲首个自行车租赁系统——“nextbike Lower Austria”，在73个城市中设立了197个车站，每周自行车骑行范围可覆盖800万千米。②

而充满自然田园风光的维也纳新城运河是自行车骑行的绝佳路线。2018年5月，来自26个自治市的代表会聚一堂，决定将运河打造成当地冒险和娱乐活动的枢纽。③2019年5月新设计的沿新城运河的温泉循环路径（Gestalteter Thermenradweg）开放。来自维也纳新城、巴登、默德灵三个地区的骑手从两

---

① “Artenvielfalt fördern & erhalten”, https://www.traiskirchen.gv.at/natur-umwelt/artenvielfalt-foerdern-erhalten/（特赖斯基兴市官网），访问时间：2021年3月11日。

② “Nextbike”, https://www.enu.at/nextbike-noe-beschreibung. 下奥地利州能源和环境署官网，访问时间：2021年3月11日。

③ Noeregional, “Wiener Neustädter Kanal -Gemeinschaftsprojekt von 26 Gemeinden”, https://www.noeregional.at/aktuelles/news/news-details/artikel/wiener-neustaedter-kanal-gemeinschaftsprojek/，访问时间：2021年3月11日。

个方向出发，沿着运河体验了新优化的自行车道。该项目引起了人们对文化纪念碑——维也纳新城运河的关注，促进了对历史文化遗产的保护。[①]

三、维也纳新城城市运河治理的进一步启示

一是加强公民环保宣传教育。城市环境治理是庞大的系统工程，需要每一位居民的积极参与。通过成立环境教育工作组，广泛地宣传和普及环境保护思想；开设面向市民的各阶段环保培训课程，举办环保研讨会；通过丰富的环保实践活动，推动公众环保活动的参与及环保意识的形成。

二是环境保护市场化。城市在垃圾的处理以及废物的回收方面采取了市场化途径。自由市场中多个公司竞争，优胜劣汰，公司自主性更强，有助于弥补政府政策的不足。以价格机制引导的市场环保体制更符合复杂的市场经济社会发展要求。

三是注重绿色可持续发展。下奥地利州能源与环境局十分注重在能源领域推进能源转型，发展水力、生物质能、风力、太阳能发电等可再生能源，并且反对利用核能；在自然资源方面，能源与环境局以保护生物多样性为主，同时加大宣传，发展其休闲娱乐的功能，并且努力提高人们对保护自然栖息地的意识；在环境保护方面，主张采取共同可持续的行动，减少温室气体排放和资源消耗，如推广使用电动汽车，减少尾气排放等。

---

① “Neu gestalteter Thermenradweg entlang des Wiener Neustädter Kanals eröffnet ”, https://www.noeregional.at/aktuelles/news/news-details/artikel/neu-gestalteter-thermenradweg-entlang-des-wie/, 访问时间：2021 年 3 月 11 日。

俄罗斯利戈夫斯基运河

圣彼得堡位于波罗的海东岸，涅瓦河河口。1712 年沙皇将首都由莫斯科迁到这里，此后的 200 多年里它一直是沙皇俄国的政治、经济和文化中心。其最突出的特色是横穿市区的小河流和人工运河，总数近 100 条，市区有大小岛屿 42 个、各种建筑风格的桥梁 300 多座。与俄罗斯欧洲地区的内陆水系相连，经过拉多加湖、斯维尔河、奥涅加湖及白海运河。同时轮船还可进入白海，与北冰洋沿岸的北海航线相连，经过奥涅加湖、伏尔加－波罗的海水路，轮船可抵达伏尔加河流域、里海、黑海和亚速海。因此圣彼得堡城是一座水的城市，也是一座岛屿的城市。芬兰湾及水量丰富的涅瓦河及其大大小小的支流、众多的运河，成为该城市的重要组成部分，对该城市的形成和经济发展起着十分重要的作用，是一座名副其实的"北方威尼斯"。围绕水域治理、管理环境，圣彼得堡形成了许多宝贵的城市治理经验，可供参考借鉴。

一、利戈夫斯基运河概况

圣彼得堡位于波罗的海芬兰湾的最东段，是大涅瓦河和小涅瓦河汇聚的三角洲地带，也是陆路、河路、海路的交通枢纽，是俄罗斯距离欧洲国家最近的中心城市。圣彼得堡城市的总面积为 607 平方千米，其中水域面积占城市总面积的十分之一。涅瓦河是城市的主要水上交通干线，总长 74 千米，市内长度达 32 千米。涅瓦河市内的平均宽度能达到 600 米，深度可达 24 米，有大河流分支约 86 条，整个市区被河流隔成 100 个小岛，也被 300 多座桥梁相连。[①]

① 朱德本：《历史文化名城圣彼得堡城市特色浅析》，载《东南大学学报》，1995 年第 4 期。

利戈夫斯基大街位于诺夫哥罗德旧路的原址上，该路将涅瓦河三角洲与诺夫哥罗德相连。在圣彼得堡成立的最初几年，诺夫哥罗德区实际上是通往该市的唯一通道。但这条路线非常复杂，因为它经过沼泽地。在 18 世纪头十年后期，为了使道路更方便，人们筑起了土堤，但这并没有取得预期的效果。随着时间的流逝，诺夫哥罗德区对城市的作用逐渐减弱，出现了全新的道路系统。在 1718 年至 1721 年间，从利格河（Liga river）挖了一条 23 千米的运河，即利戈夫斯基运河。[①]

利戈夫斯基运河曾是圣彼得堡最长的运河之一，修建该运河的想法来源于俄国沙皇和改革家彼得一世，他们希望能修建一条运河来为夏日花园的喷泉供水。该项目的工程师是 G. 斯科尔尼亚科夫—皮萨列夫（G.Skornyakov-Pisarev），他计划从杜德戈夫斯基湖（Dudergofskoye）附近的利格河引水，并监督了运河的建设。

利戈夫斯基运河除了为喷泉供水的基本功能外，也被用作城市水源之一和防御边界，作为郊区的防线，从城市东南方向保护首都，运河的存在还阻碍了传染病的传播和流行病的出现。此外，政府曾在运河上修建过两座大桥，一座在莫斯科大道（Moskovsky Prospekt），另一座在兹纳门斯卡娅广场（Znamenskya）。1777 年，圣彼得堡暴发了一场严重的洪水。由于洪水上涨、泥沙积聚，运河中的水变得浑浊，不再适于饮用。最终，到 19 世纪中叶，利戈夫斯基运河完全陷入荒凉。

现遗存的运河在一条铁路旁，长为 11 千米（7 英里）。其被分为了两个渠道，大部分运河流向红河，较小的分支渗透到地下，流向阿维阿托洛夫花园（Aviatorov Garden）的池塘。在 1834 年至 1838 年，运河岸边建造了莫斯科凯旋门，但不久利戈夫斯基运河被填平，并随后修建了地铁站，由于地层潮湿，致使地铁站工程变得非常复杂，但在 1950 年，这个困难被克服。

---

① “圣彼得堡”，http://opeterburge.ru/prospekty-sankt-peterburga/ligovskij-prospekt.html，访问时间：2021 年 3 月 11 日。

二、圣彼得堡利戈夫斯基运河治理案例分析

（一）运河与城市建筑的融合

圣彼得堡市内的运河与其建筑的结合使圣彼得堡的艺术形象更具特色，历史文化价值更为鲜明。

运河的朴实、辽阔，与建筑物的外墙装饰和色彩有着一种内在的统一感，相互渗透、相互协调在某个空间内，成为城市环境的基本组成部分。圣彼得堡拥有古典式建筑、巴洛克建筑、折中主义建筑、苏联时期建筑，又紧邻涅瓦河，使得跨河的桥梁众多，这些桥梁建筑虽造型各异，但与主干宽阔的涅瓦河、支流曲折的城市运河结合得恰到好处。[①] 此外，在18世纪前后建造的宫殿中，有较多的应用引水造景，建有喷泉（包括雕像喷泉等）、跌落瀑布，利用自然水改造成动态的水，创造出更丰富有趣的意境，圣彼得堡宫就是最典型的实例，应用动态的水景，使人们犹如置身于水晶宫中。

圣彼得堡市内辽阔的运河及河流与岛屿、建筑物、桥梁、雕塑、绿化等有机结合、相互渗透，构成壮丽的水城景观。自然状态的水景，绝不是自然的简单再现，而是结合周围环境，经过艺术提炼后的自然缩影，使之产生更合理的空间构图和千变万化的水趣。主要河流上的水空间组合优美、层次丰富，给人以心旷神怡、亲切和谐的感觉。[②]

（二）运河旅游业的发展

圣彼得堡旅游业的总体发展状况同俄罗斯整体的发展一样，都始于1991年苏联解体本国政治和经济的变革之后。

21世纪以来，圣彼得堡当地政府开始对旅游业产生了前所未有的重视，

① 刘波、张磊：《圣彼得堡的建筑艺术及影响》，载《安徽建筑大学学报》，2016年第24期，第97~101页。

② 赵力军：《迷人的涅瓦河》，载《走向世界》，2016年第12期，第88~93页。

制定了有利于旅游业发展的相关法律法规，把旅游业列为优先发展产业，增大了对旅游业的投入。圣彼得堡市是世界上纬度最高的大型城市。由于其特殊的纬度位置，每年6月11日至7月2日，圣彼得堡市会出现典型的“白夜”现象。“白夜”现象是圣彼得堡独特的旅游资源，因此政府将每年的6月21日至29日设立为圣彼得堡“白夜艺术节”，以此来吸引全世界游客来此欣赏与“白夜”有关的艺术表演和奇特的“白夜”现象。①

2011年，圣彼得堡政府在旅游工作会议上进一步讨论了发展圣彼得堡水上旅游航线计划，预计开发圣彼得堡至芬兰湾、拉达湖、奥涅加湖航线，主要覆盖地区为莫斯科市、莫斯科州、圣彼得堡市、卡累利阿共和国和列宁格勒州地区。考虑到该项目开发潜力，圣彼得堡政府计划投入一部分资金来开发圣彼得堡水上旅游业，打造具有国际旅游业吸引力的特色休闲旅游项目。②

（三）洪水治理

风暴潮对世界各地许多沿海地区一直是一个严重的威胁。这种类型的洪水对城市造成了巨大的破坏，因为它们影响到主要的港口城市，这些城市通常是重要的经济中心，因此不能通过堤防与海洋隔离。圣彼得堡就是这些城市之一，遭受了300多次风暴潮的袭击。

圣彼得堡的洪水主要是来自芬兰湾东部的风暴潮和来自波罗的海西部和中部的气象引起的水位扰动叠加。为了保护人口稠密的近岸城市，减少洪水造成的经济和文化损失，圣彼得堡建设了防洪屏障（FPB），它将涅瓦湾与芬兰湾分隔开来。其由一系列大坝组成，这些大坝配备了用于船舶通行和换水的闸门。由于洪水是不可控事件，取决于大量的因素，所以不可能事先对闸门的处理做出最好的决定。因此，圣彼得堡政府开发了洪水预警系统，以支持洪水危险情况下的屏障系统管理。其主要目的是预测芬兰湾的水位，并计算可能的防洪方案，以帮助决策小组做出关于屏障门机动计划的决定。③

---

①② 卡琦：《圣彼得堡旅游业开发研究》，华中师范大学2013年硕士论文。

③ A F Krasnopolskii, “Union of Land and Water, International Conference on Construction, Architecture and Technosphere Safety”. *Procedia Computer Science*, No.5,2019,pp.6~21.

圣彼得堡的洪水预警系统（FWS）是一个严格固定时间限制和任务的关键系统，其工作应符合质量和可靠性的要求。这类系统在易受自然灾害影响的区域广泛应用，主要应用于关于水灾的预测、预防和警报传播时间。然而，对暴雨引起的山洪和地面洪水等灾害的准备时间极短（几小时）。针对这些情况，建立了多级预警系统。它由两部分组成：检测最脆弱的区域和基于观测到的和现行预测降雨事件的概率警告。圣彼得堡的 FPB 和 FWS 的运行使得市内运河没有发生洪水倒灌等严峻事件，城市发展减少受自然灾害的影响，促进了圣彼得堡可持续发展。[①]

（四）运河保护与城市化布局发展治理

圣彼得堡一直在实施区域一级的保护法规，以重建其历史街区，特别强调露天公共空间。城市（城市规划）环境被定义为“一个由街道、路堤、公园、公共花园、水体、建筑物、结构和其他要素组成的系统，构成城市人口从事各种日常活动的城市化空间”。[②]

随着运河的荒凉和被填埋，政府为满足城市化布局发展在利戈夫斯基运河上修建了沃斯提尼亚（Vosstaniya）广场。其位于涅夫斯基大街和利戈夫斯基大街的交会处，1844 年由建筑师 N.E. 埃菲莫夫（N.E.Efimov）制订了该地区的发展计划。该计划包括一个兹纳门斯基（Znamensky）火车站（后被称为莫斯科夫斯基火车站）和广场对面的一座石头建筑，这座四层楼的建筑是由建筑师 A.M. 海密连（A.M.Hemilian）为斯滕博克·费莫尔伯爵（Stenbock. Fermor）设计的，有酒店房间、冬季花园、舞会和音乐会。在 19 世纪末，利戈夫斯基运河被填满（木制的兹纳门斯基桥也被拆除），并出现了一条宽阔的利戈夫斯基大街。20 世纪初，广场附近有数家唐人街、旅馆和饭店。例如，在内夫斯基大街（Nevsky Prospect）上的一栋转角房屋中，有冬宫酒店

---

① A F Krasnopolskii, “Union of Land and Water, International Conference on Construction, Architecture and Technosphere Safety”. *Procedia Computer Science*, No.5,2019,pp.6~21.

② Sergey S. Kosukhin, Anna V. Kalyuzhnaya and Denis Nasonov,“Problem Solving Environment For Development And Maintenance of St.Petersburg’s Flood Warning System.” *Procedia Computer Science*, No.29, 2014, pp. 24~35.

（Hermitage Hotel）、熟食店、面包店，等等。

此外，圣彼得堡被涅瓦三角洲的分支所划分，其主要交通线路穿过市中心，由于这一系统导致城市车辆拥堵和运输时间延长，因此政府提出了修建额外运输走廊以绕过市中心的备选方案。1996 年，“西方高速直径”概念获得批准。它建议将圣彼得堡的北部和南部与瓦西里耶夫斯基岛西岸的一条新公路连接起来。2002 年，有人提议在该岛西海岸附近建造一个海上邮轮综合体，政府计划于 2005 年开始建造该港口。这些决策对城市规划的发展具有战略性意义。2007 年，圣彼得堡政府宣布在瓦西里耶夫斯基岛西岸建造一个 400 多公顷的水力填充区，以便“开发领土，建造海岸，增加城市对游客的吸引力”。据计划，其中33公顷的面积用于海上客运码头，其余地区被分配用于办公室、酒店、住宅、展览和购物中心。由于西部高速直径的建设正在进行中，其中心部分将通过液压填充区铺设。2007 年，政府还批准了一个水力填充区开发项目。它覆盖了城市的一部分，总面积为 476 公顷（其中近 30 公顷是水域、36 公顷是客运港和河边码头的地区），其中 228 公顷用于街道和道路网络、218 公顷应该用于建筑，居住区的比例（总计 85.4 公顷）与公共和商业设施的面积相当。[①]

三、利戈夫斯基城市运河治理的进一步启示

一是注重运河与城市文化的融合。圣彼得堡城是一座水的城市，是一座岛屿的城市，分布在 42 个岛屿上。芬兰湾及水量丰富的涅瓦河及其大大小小的支流、众多的运河共有 86 条河流，成为该市重要的组成部分，对该市的形成和经济发展发挥了十分重要的作用。

河流孕育了勤劳勇敢的圣彼得堡人，铸就了这座城市的高贵和浪漫之魂。经过了 300 多年的风雨沧桑，圣彼得堡已成为文化底蕴丰厚、历史名人众多、

① Leonid Lavrov, Elena Molokova and Marine Facade. “Western High-Speed Diameter and Vasilyevsky Island As A Part of The Saint Petersburg Historical Center.” Historical Center,No.4,2019,pp. 56~62.

艺术宫殿遍布、雄伟建筑成群的城市，联合国将整个城区命名为“世界文化遗产”。①

川流不息的河流，印证着该市的发展史，把其曾有的荣光、苦难、梦想和变迁，紧紧地揽在怀中。在涅瓦河入海口的兔子岛上，彼得大帝构筑了强大的军事要塞，重兵驻守，拱卫着这座城市的安全。其中彼得保罗大教堂是圣彼得堡市的地标性建筑，它线条简洁、庄严肃穆、高大雄伟，是全市最高的建筑。河流流淌在圣彼得堡的每一个角落，丰润恩泽这座古老的城市。运河文化、运河旅游与圣彼得堡的发展紧密结合，展现了运河的川流不息、城市文化的传承、城市发展的永不止步。

二是注重运河及其文化与城市经济发展的结合。圣彼得堡是一座风光绮丽又充满浪漫情怀的历史文化名城。在这座美丽的城市中，有很多波光粼粼的河流横穿而过，奔入大海。涅瓦河从城市中心穿过，成为圣彼得堡市的轴线和风景线，沿着涅瓦河两岸，是圣彼得堡的老城区和市中心区，这里有著名的冬宫、彼得堡要塞、海军司令部、夏日花园、宫廷广场及亚历山大石柱等一系列建筑物。这一系列建筑和广场不仅在历史上对圣彼得堡市有着重要的作用，也是今天圣彼得堡市最热闹和著名的旅游景区。平日里人们会在河畔散步，游览和沉迷于圣彼得堡的美。

圣彼得堡是苏联一个重要的文化中心，这里有 20 个剧院、236 个俱乐部，有最大的高尔基文化宫、基洛夫文化宫，有 70 家影剧院，还有 47 个博物馆。而它们的分馆和展览会多达 100 个以上，最著名的有国立俄罗斯博物馆、国立美术馆、圣彼得堡历史博物馆、海洋博物馆、阿芙乐尔博物馆等，在这些博物馆里保存着不同历史时期的珍贵文物。②这一座座文化建筑位于运河上，记录了圣彼得堡的发展史，同时也吸引了一批批游客前来参观。成为圣彼得堡一张亮丽的名片，也是未来圣彼得堡开发旅游业的创新性因素。

2005 年 11 月，《圣彼得堡文化遗产保护战略》正式颁布，战略中确立了圣彼得堡遗产保护方面的主要优先权、标准与活动方向，同时明确对古迹、

① 曹慧霆：《圣彼得堡的历史传承与城市活力》，载《党政论坛》，2015 年第 6 期，第 58~60 页。

② 贺成全：《圣彼得堡的城市特色》，载《城市》，1995 年第 3 期，第 57~59 页。

历史建筑群及城市环境的保护、修复和利用，探讨了历史地段的改造与新建等方面的问题。战略认为，文化遗产是世界经济的重要资源之一，圣彼得堡的文化遗产造就了圣彼得堡人的气质；城市的文化遗产需要通过城市形象展现，这既包括建筑艺术的杰作，也包括完整的城市空间环境。[①]

圣彼得堡运河的发展和概况记录了圣彼得堡城市生产和生活方式的变迁，是活态的历史文化保护遗产。运河见证了城市名的几经变革，彼得堡—彼得格勒—列宁格勒—圣彼得堡，更是伴随着城市的发展潮起潮落。总之，水象征着文明与灵性，没有一种自然物能像水那样充分地表现出人类文化的外延和内涵，运河给圣彼得堡增添了生机与特色。因此，虽然圣彼得堡被人们称为“北方的威尼斯”，但与威尼斯相比，它又有自身的特色，有其鲜明的城市个性，而这种个性恰是这座城市的活力所在。

---

① 张松、李文墨：《俄罗斯历史城市的保护制度与保护方法初探——以圣彼得堡为例》，载《城市时代，协同规划——2013年中国城市规划年会论文集》2013年11月，第126~133页。

俄罗斯维多陀夫德尼运河

莫斯科地处东欧平原中部、莫斯科河畔，和伏尔加流域的上游入口和江河口处相通，直通诺夫哥德罗，维多陀夫德尼运河向下沿莫斯科河通向奥卡河流向梁赞，最终流向罗斯托夫、苏兹达尔、雅罗斯拉夫尔流域。“水”是莫斯科最突出的要素之一，围绕着水域治理、运河管理等，莫斯科形成了许多宝贵的城市治理经验，可供参考借鉴。

一、维多陀夫德尼运河概况

维多陀夫德尼运河（Vodootvodny Canal）是俄罗斯莫斯科市中心一条长4千米、宽30～60米的运河，属于莫斯科运河系统的一部分。其建于18世纪80年代，位于莫斯科河的老河床上，协助莫斯科运河控制洪水以及航运。

莫斯科河南岸平坦的莫斯科河畔（Zamoskvorechye）在春天经常被洪水淹没。过去常常因洪水来袭，阻碍了城市的建设和发展。因为河两岸的低地只适合耕种。在干旱时期，旧河床收缩成泥泞的沼泽。洪水时期，居民们不得不通过挖掘小护城河和堤坝来对抗洪水，但收效甚微。其中最著名的是为把圣乔治和巴尔楚格街分开挖掘了护城河。城市因自然灾害经济发展相对缓慢。

卡萨科夫防洪项目（Kazakov project）是第一个记录在案的防洪项目，是在1775年制定的，是由马特维·卡萨科夫（Matvey Kazakov）起草的。除了建立一个与莫斯科河畔分离的岛屿外，卡萨科夫还提议在贝尔塞涅夫卡（Bersenevka）以西切为两个防洪堤。这将使洪泛区与大陆分开，形成另外两个岛屿。在东部，卡萨科夫计划将洪水从居民区引入洪水区，并将运河连接到当今花园环内（Garden Riug）的莫斯科河。岛屿的东端将成为莫斯科粮食的仓库和运输港口。巴尔库格以东的护城河也将被清理和拓宽。

1783 年发生了一场特别严重的洪水，夷平了部分郊区，并破坏了石梁大桥（Bolshoy Kamenny）。为了修建受灾地区，莫斯科河被临时排水，它的水被分流到旧河床。在关闭主水道之前，对旧河床进行了清理和加宽。卡萨科夫的计划于 1783—1786 年实现，但不包括粮食规划。1807 年的计划只显示了在贝尔塞涅夫卡以西修建一座“额外”岛屿；否则，它将遵循卡萨科夫的计划，即主岛被巴尔丘格（Balchug）护城河分成两半。

在 1812 年的大火之后，西部岛屿和从大陆分离出来的堤坝被开垦出来以供发展（今天，它们形成了哈莫夫尼基区的黄金尼罗河）。莫斯科河被缩小到目前的宽度。运河的东端也缩小到仅 30 米的宽度。1835 年在该岛以西建造了巴比戈罗德斯卡娅坝（Babyegorodskaya）。大坝每年秋天都被拆除，并在春季洪水后重新就位，所以它仅对航运有好处，对防洪毫无用处。此外修建了一条新的东河道，以绕过旧的河道，这条新运河将红山地区与大陆切断。

莫斯科运河的建成（1932—1938）提高了莫斯科河和其他运河的水位，运河上的岩石被拆除，与花园平行的护城河环也被填补，使整个夏季运河都能用于航运。在 20 世纪 30 年代，建成了博尔霍伊·克拉斯诺霍姆斯基大桥（Bolshoy Krasnokholmsky Bridge）。苏联时代的第一座桥梁科米萨里茨基桥（Komissariatsky Bridge）和兹韦列夫桥（Zverev Bridge）也陆续批准建造。所有其他桥梁都在 20 世纪 30 年代扩建到 6 ～ 8 条交通车道。在 20 世纪 60 年代，水闸大桥（Schluzovoy Bridge）的建造连接了岛东端的路堤。城市规划者计划在运河下建造一个停车场，从戈鲁特温·斯洛博达办公大楼（Golutvin slo boda vffice）对面到特雷季亚科夫画廊（Tretyakov Gallery），以适应城市现代化发展的需求。[①]

莫斯科充分利用其水资源，建立各种水库存和水电站。由于一些河流（如 Sestra、Iskha）通过管道和倒虹吸管，另一些河流被运河切断，它们的流动完

---

① Wikipedia：Vodootvodny Canal https://en.wikipedia.org/w/index.php?title=Vodootvodny_Canal&oldid=894856766，访问时间：2021 年 3 月 11 日。

全或部分地补充了其水资源。小河流（如 Bazarka）流入运河，没有从运河出口溢出。而较大的河流（如 Khimpa、Iskha）被水坝隔开，在运河出口有溢洪道或出口工程。雅赫鲁马河在运河进出口处有一个溢洪道，由运河组成部分的许多河流所形成。其中最大的是伏尔加河上的伊万科沃（Ivankovo）、乌恰河（Ucha）上的阿库洛沃（Akulovo）。运河系统有七座水电站，运河的北坡上有五个泵站，用于从伊万科沃水库抽水到运河的分池，再分配给其余河流。

然而，莫斯科运河的水管理不仅包括运河，而且包括伏尔加及其支流的水体。这些是伏尔加水库和位于运河上游的维什尼 - 沃罗切克（Vyshnii Volochek）水系统。在奥卡河（Oka）、莫斯科莫沙河（Moscow Moksha）、茨纳河（Tsna）和特扎河（Teza River）上，其有一整个复杂的水文发展，开拓了航行宽度。[①]

二、维多陀夫德尼城市运河治理案例分析

（一）运河与城市文化发展

与红场隔河相望，狭窄的维多陀夫德尼运河流淌在整个区域的北部，见证了由巧克力工厂摇身一变成为艺术街区的"红色十月"，其就坐落在这两条河流中间岛屿的尾部。大名鼎鼎的巧克力工厂和特列季亚科夫画廊是这个区域的点睛之笔，前者摇身一变成为莫斯科当代艺术的脉搏，并更名为"红色十月"，后者则在时光的打磨中越发富有味道。在红色砖墙的巧克力工厂建筑群里，一座座小建筑藏着各种各样的咖啡馆、艺术展、酒吧、精品店和俱乐部，外墙上则喷绘着五颜六色的涂鸦，许多钢架构的扶梯连接着这些小建筑，看似杂乱无章，实则井然有序，其中比较著名的有建筑与设计学院、波别达画廊和卢米埃兄弟摄影中心。

在画廊里有成群的小学生，由教师带领着他们参观，应该是政府鼓励的一些教学活动，他们会在一些名画前驻足，席地而坐，教师则慢条斯理地传

① O.S.Tsvirin'ko."Water-management Significance of The Moscow Canal." *Hydrotechnical Construction*, No.6,1987, pp. 315~322.

授知识，或许是从小就浸染在艺术角落的缘故，俄罗斯人生性酷爱艺术，尤其是年轻姑娘，骨子里似乎就散发着艺术气息，无论打扮还是谈吐。①

此外，在俄罗斯莫斯科同样也存在着特别的"爱情树"。维多陀夫德尼运河沿线的桥墩上便种着成排由钢铁制成的爱情树，当初便是为了防止爱情锁的重量危害古桥而特别制造。而今一棵棵强壮的树木在莫斯科河畔形成了特殊浪漫的风景。②

这里没有吵闹的纪念品市场，没有警车追逐可疑车辆的宽阔车道，也没有厚重墙壁围绕起来的军事要塞，更没有人流密集噪声不断的交通枢纽，有的只是一条条安静的羊肠小道、河岸边湿答答的水泥板路、成群的鸽子聚集的小广场、大小不一颜色各异的东正教堂、年代久远的古老低矮建筑、铺满落叶杂草的破旧庭院、三两个年轻人骑车慢行，一切的一切共同构成了一幅典型的 19 世纪莫斯科城市景象，让人感觉如同漫步穿行在城市的纪念册里。维多陀夫德尼运河孕育了这一区域文化气息，和当地人共同将莫斯科的文化继承与传承。

（二）运河环境治理

随着莫斯科的城市化和工业化的发展，排入莫斯科河及其支流亚乌扎河（Yauza）的废水增加，城市化和工业的发展对这些河流的卫生状况产生不利影响。特别是亚乌扎河的水，因为那里的废水基本未经任何处理就被排放。

因此对莫斯科河来说在洪水期间冲洗受污染的底部沉积物河道非常重要。通过完全开放城市内的水坝，在 700 立方米 / 秒以上的河流中排放的水，来冲洗受污染的底部污物。从 1966 年开始，莫斯科河的春季冲水是通过从莫斯科河上游建立的莫斯科河水库及其莫斯科供水的支流人工放水完成的。这些水库储存了城市上方莫斯科河的一半春季径流。根据莫斯科水厂和下水道系统科学研究、勘测和规划研究所（Mosvodkanalniiproekt）的数据，该研究所组

---

①《一封写给俄罗斯的冬日长信》，http://www.ly.com/travels/12347.html，访问时间：2021 年 3 月 11 日。

②《Bridge 游记》，https://gs.ctrip.com/html5/you/travels/54385/3250798.html，访问时间：2021 年 3 月 11 日。

织了对佩雷瓦水坝（Perrerva）所在地悬浮沉积物去除情况的观测，1981 年和 1982 年分别有 50000 吨和 40000 吨悬浮固体从河流的城市水池中被冲走。

从 1964 年开始，莫斯科运河通过定期向莫斯科和亚乌扎河供水，以及加大对向河流排放未经处理废水的限制和通过疏浚清除底部污染沉积物，大大改善了莫斯科和亚乌扎河在城市范围内的卫生状况。由于莫斯科河的卫生状况得到改善，在莫斯科市和莫斯科地区的饮用水和工业用水短缺的情况下，将部分重新分配运河的水资源，以便更有效地利用这些水资源。[①] 随着莫斯科运河的修建，莫斯科河和亚乌扎河开始接收伏尔加河的水，这使这些河流恢复了活力。现在，莫斯科河和它的河岸景观与便利设施已经成为一个娱乐场所。[②]

（三）运河区再城市化治理

每个工业城市发展到一定程度都会面临保护原有工业设施和振兴生产区的矛盾，莫斯科也不例外。为实现作为莫斯科工业区振兴的一部分，2018 年政府最大的项目将在沃尔纳亚街的区域（东部行政区），南部行政区和贝雷戈维亚街的汽车工厂（西方行政区）的住宅区分别改造为新型住宅综合体。另外复兴城区“金岛”项目正在进行中，首次为 40 多公顷的历史中心区域的综合开发创造了条件。由于其特殊的地理位置，该地区成为一个非常吸引游人的娱乐和休闲区。所有运河沿岸都变成了绿色步行区，供莫斯科居民和游客散步和参观。

面对城市的快速发展，汽车停车问题也经常困扰着政府。为此在位于彼得大帝纪念碑和小石桥之间的维多陀夫德尼运河旁，政府修建了面积约为 5 万平方米的两层地下停车场，并且地下停车场与“大都市中心”（Megapolis Center）综合体相连通，促使城区之间的联系更加便利。

---

① O. S. Tsvirin’KO. “Water-management Significance of the Moscow Canal.” Hydrotechnical Construction, No. b, 1987, pp. 315~322.

② Ж.А. 亚历山德罗娃、赵秋云：《俄罗斯莫斯科州水利设施生态问题》，载《水利水电快报》，2007 年第 7 期，第 8~9 页。

三、维多陀夫德尼城市运河治理的进一步启示

一是注重运河与城市经济结合。莫斯科是一座拥有数百万人口的大型工业城市，跨莫斯科河及支流亚乌扎河两岸。莫斯科和伏尔加流域的上游入口和江河口处相通，是俄罗斯乃至欧亚大陆上极其重要的交通枢纽，也是俄罗斯重要的工业制造业中心及科技、教育中心。

运河的开凿将莫斯科河与伏尔加河连通，使其起自伏尔加河右岸的杜勃纳到莫斯科西北莫斯科河左岸，通过船只就可到达。水上交通还可直通海上，因此莫斯科的发展与运河、海港紧密相连。运河为城市提供饮水来源、水运以及利用水资源进行水力发电。在莫斯科运河上共建有 7 座水电站，虽然运河上的发电量不大，但达到了部分补给水所消耗的电能目的。此外莫斯科与伏尔加河深水航道相连，而且通过其他运河和河道与苏联的 5 个内陆海相连。在莫斯科建成 3 个港口和两个客运站，运河和莫斯科河上行驶着水翼船等各种船，使莫斯科的货运周转量增加了几十倍。这些港口与客运站加速了莫斯科对外交易量的增加和更大程度的开放。

二是注重运河文化、旅游与城市发展。莫斯科有数个港口及莫斯科运河的开凿使莫斯科河与伏尔加河连通，而伏尔加河与顿河运河通航后，莫斯科便成了连接波罗的海、白海、黑海、亚速海及里海的“五海之都”。莫斯科河流经整个莫斯科市，河流的名称就来源于此。莫斯科河全长 502 千米，流经市区约 80 千米，河宽一般在 200 米左右，最宽处在 1 千米以上。河两岸的景色十分秀丽，沿途主要景点有俄罗斯联邦政府大楼、莫斯科市政府大楼、莫斯科大学、俄罗斯联邦大学、高尔基公园、俄罗斯艺术家中心、彼得一世纪念碑、基督救世主大教堂、克里姆林宫、圣瓦西里大教堂、滨河街公寓、救世主修道院。[①]

此外，莫斯科也是一座历史文化名城，以布局严整的克里姆林宫和红场

① 髯夫：《我所看到的俄罗斯》，载《中国民族》，2001 年第 2 期，第 82~83 页。

为中心，向四周辐射伸展。克里姆林宫是俄国历代沙皇的宫殿，城堡内有精美的教堂、宫殿、钟塔、塔楼，建筑气势雄伟、举世闻名，苏联最高苏维埃代表大会和苏联共产党代表大会都在克里姆林宫举行。在克里姆林宫的中心教堂广场，有巍峨壮观的圣母升天大教堂，有凝重端庄的报喜教堂，有容纳彼得大帝以前莫斯科历代帝王墓地的天使大教堂。克里姆林宫东侧是国家仪典中心——红场，红场内有列宁墓，南端有波克罗夫斯基教堂。园林路环以内主要为政府机构和商业区，大部分国家机关和主要饭店、商店、剧场、博物馆、美术馆、图书馆以及原经互会总部均建在这里。园林路环和环城铁路之间有很多工厂、火车站和货场。雕塑也是莫斯科市内别具风格的装饰，市内多处屹立着用青铜或大理石雕塑的塑像和纪念碑。在莫斯科近郊有新圣母修道院、特洛伊察东正教大修道院、西蒙诺夫修道院等。城郊的新村银松林、希姆基、奥斯坦基诺等地翠林茂盛，清幽宜人。[①]这些自然景色、文化名胜以及古迹与运河的紧密相连，成为莫斯科的一张名片，每年吸引千千万万的游人前往游览和驻足，促进了莫斯科第三产业的发展并树立起良好城市形象。

三是注重运河与城市的可持续发展。位于莫斯科郊区的莫斯科河新生态城被设想成金融中心和典型的城市生活中心。区域修复、雨洪管理和区域水景、主要交通延伸和联系、发展阶段和市场主导社区以及商业区域的创新方法在莫斯科地区呈现一种新面貌。作为一种新的城市生活模式，该规划容纳了各种各样的住宅类型，构建出多样化的实体结构，营造出一个充满活力、意义重大的商业和金融中心。

莫斯科河生态域被认为是一个围绕开发的公共空间网络展开的多功能的综合社区，公共空间使社区实现了活动聚焦和共享体验。该规划的核心是一个新的标志性城市中心，能够带动能源和金融资本的能量与流动，为社区的新居民创造就业机会和财富。莫斯科的城市结构围绕弯曲的莫斯科河展开，河边环绕着的楔形绿地连接成绿色的网络。运河作为城市的脊髓根植于城市中心并串联起整座城市，引导着绿色力量深入各个城市中心。规划的框架是

---

①《俄罗斯首都莫斯科：市名来源河流 历史悠久》，https://sports.sohu.com/20100517/n272169746.shtml，访问时间：2021年3月11日。

一套整体的策略，即沿着一系列蜿蜒的河流建成绿色基础设施向莫斯科城市提供生态服务。这些河流像蓝色的生命线一样，将支离破碎的城市区块缝合在一起，并恢复其天然的优势。它们将会成为新的城市中心，并为城市的生态更新、交通连接、社会公平、文化身份和经济繁荣提供一张分期逐步实现的蓝图。最终的解决方案由四大策略组成，包括有序的结构、变革性的内容、详细的重点发展计划，以及循序渐进的时间规划。曲折的河流奔流不息，久经历史考验，伴随着莫斯科经历无数困境，依然屹立不倒；相信它最终能够并将引领莫斯科穿越工业化城市化时代的尾声，一跃进入倡导生态修复的新世纪，以确保自然环境与人类社会的和谐共生。①

维多陀夫德尼运河沿着古典式建筑流淌在莫斯科中心，见证了城市的起起伏伏，给雄伟的莫斯科增添了生机与特色。二者相伴相生，相互推动，互为影响。一方面，运河影响城市的规模及体系；另一方面，莫斯科的发展也推动了运河的不断发展。城因运河而兴，运河因城而凿，运河与城市一起又推动着运河城市经济的繁荣。

①《俄罗斯莫斯科河生态城主体规划方案》，http://ofjg.cn/index.php?m=content&c=index&a=show&catid=163&id=101，访问时间：2021 年 7 月 11 日。

波兰埃尔布隆格运河

埃尔布隆格运河（Elblag Canal/ Kanal Elblaski）竣工至今已有160年，其独特创新的建造技术，使船只能在陆上“航行”。河岸周围人口相对较少，工业化程度较低，以森林和湖泊丰富的多样景观为特征，绿草如茵、林木繁盛、物种丰富。正是这优美的自然景观和独特的航运设计，吸引了国内外的众多游客，埃尔布隆格运河的成功治理经验值得我们学习。

一、埃尔布隆格运河概况

19世纪20年代，普鲁士联合省议会决定修建一条从东普鲁士到波罗的海的水道，这就是后来的埃尔布隆格运河。自中世纪以来，连接奥斯特罗达（Ostroda）和伊拉瓦（Ilawa）与维斯瓦河（Wisła river）和波罗的海（Baltic Sea）的唯一水道是德尔文察河（Drwęca River），而后来修建的埃尔布隆格运河将这条中世纪贸易路线大大缩短。

埃尔布隆格运河位于波兰瓦尔米亚－马祖里省，是波兰的七大奇迹之一。运河始于奥斯特罗达德尔文察湖，最后到达埃尔布隆格附近的德鲁茨诺湖（Druzno Lake/Jezioro Drużno）。沿线的主要城镇和旅游中心有奥斯特罗达、皮劳基（Pilawki）、米洛姆林（Milomlyn）和埃尔布隆格。全长80.5千米，其间运河有多处不相连，湖泊、水道有着相当大的落差。设计师乔治·斯汀克（Georg Steenke）鉴于此设计了能“旱地行船”的装置——陆船滑道，1844年开始动工建设，经过16年建设，于1860年10月分段投入使用、1872年全面投入使用。在接下来的40年内，直到1912年，这条运河一直被专用于农业和工业产品的运输。在第一次世界大战爆发前它开始服务于旅游业和娱乐，并很快成为一个旅游景点。

世界大战期间运河遭到破坏而停运，重新修复后1948年重新运营，主要用于旅游观光。1978年，埃尔布隆格运河被波兰政府评为国家工艺学纪念碑；2011年1月28日，运河被列为波兰国家历史古迹文化遗产。2011年至2015年进行了翻新，现今再次开放供航行使用，但主要还是服务于旅游业等娱乐活动。通过将数千公顷的湖泊水域合并成水路，穿越高度变化多样和森林覆盖的地形，运河创造了一个独一无二的环境，允许游客进行多种类型的水上活动，如乘船旅行、航海、划独木舟、钓鱼、日光浴等。①

埃尔布隆格运河是水利工程非凡的壮举，是当时科技的里程碑。修建该运河最需要考虑的问题主要是：首先要克服德威茨基湖（Drweckie Lake）、伊林斯克湖（Ilinsk Lake/ Jezioro Ilinsk）、鲁达·沃达湖（Ruda Woda Lake/ Jezioro Ruda Woda）、桑博尔湖（Sambor Lake/ Jezioro Sambrod）、皮涅沃湖（Piniewo Lake/ Jezioro Piniewo）和德鲁茨诺湖之间的陆地障碍。其次要解决不同湖泊之间水位高低差异。比如，在德鲁茨诺湖与皮涅夫斯基湖之间6英里（9.6千米）的距离内，水位落差达到了大约100米，这比埃尔布隆格当地的圣尼古拉斯大教堂（Nicholas Cathedra）还高2米多。②因此，运河总设计师斯汀克认为有必要在杰罗纳（Zielona）和米洛姆林之间建造船闸，同时配备一个陆船滑道系统，使船能够穿越于陆地之间。为了实现这一目标，斯汀克于1846年特地前往荷兰、比利时、英格兰和美国等国家考察，于1850年回国，在借鉴英国凯特利附近和美国宾夕法尼亚州莫里斯运河的运河工程方案基础上，因地制宜，解决了这一难题。

滑道是机械装置和液压技术结构的结合，用于将船只从一个点拉到另一个点，运行就像滑雪缆车一样，“运送”船只通过陆地。埃尔布隆格运河的滑道沿着航道路线布置，始终保持直线，由两条平行的铁轨组成。在米洛姆林以北的湖泊和德鲁茨诺湖之间的陆地上建造了五条陆船滑道，分别位于布奇

---

① Grayna Furgaa-Selezniow, et al. “The Ostroda-Elblag Canal in Poland: The Past and Future for Water Tourism”, 2005, pp.131~132.

② “Elblag”, https://turystyka.elblag.eu/s/20/elblag-canal?lang=en, 访问时间：2021年7月11日。

涅克（Buczyniec）、凯蒂（Katy）、奥卢尔斯尼卡（Olesnica）、耶勒尼（Jelenie）和卡卢尼（Cahmy）。在铁轨上，两辆重量均为24吨、载重量为50吨的运船车通过缆绳连接，由滑道两端水位差动力驱动，轮流到达滑道的两端水道，运载船只。

船闸是一种水利工程建筑，为了克服水位差异而建造，在大多数情况下是运河不可分割的一部分，水位差异由两边的闸门隔开。船只进入船闸室后，根据需要注水或抽水，使得船闸内的水位与闸门前的水位一致，然后出口侧的闸门打开，从而使船只驶出。在埃尔布隆格运河整体修建过程中，设计装备了四个船闸系统，分别位于奥斯特罗达、马拉鲁斯（Ruś Mała）、杰罗纳和米洛姆林，帮助克服不同湖泊之间的水位差异。

从1852年起，伊拉瓦"里德雷"（Reederei Kardinal）和"里德雷·马茨莫尔"（Reederei Matzmor）公司的轮船开始在伊拉瓦和埃尔布隆格之间的运河运行。在1912年前，运河主要负责运输农作物、木材和工业品。运输工具除了浮筏之外，还使用了埃尔布隆格船厂的驳船"Schichau-Werft"和奥斯特罗达水务建设局的船只"斯滕克"（Steenke）、"吕特洛夫"（Röthloff）和电动拖船"奥斯特罗达"。1888年，阿道夫·特茨拉夫（Adolf Tetzlaff）创办的船运公司"Schiffs-Reederei Adolf Tetzlaff"除了经济运输之外，还通过快艇"RóżaJezior"开始了旅游运输，旅游船队随后加入了"赫塔"（Herta）号（1914）和"海尼号"（Heini）邮轮（1925）。1927年后，在埃尔布隆格造船厂建造的"康拉德"（Konrad）号船开始在埃尔布隆格运河定期组织游客巡游。20世纪30年代，奥斯特罗达的旅游服务办公室（Verkehrsburo）开始组织开展邮轮业务。在埃尔布隆格，温德尔（Wenzel）和哈沃德（Harvardt）经营了两个旅游邮轮办事处。1945年，战争对运河设备造成了严重的技术损害，因此运河服务停运。1947年，在齐格蒙特·米亚诺维奇（Zygmunt Mianowicz）的倡议下，并在阿·特茨拉夫（A. Tetzlaff）的帮助下，运河被仔细清理和维修，一年之后，Żegluga Gdańska在那条运河上恢复了定期的游客巡游。20世纪70年代中期，所有船只由吉什科（Giyycko）的马祖尔斯卡号（Żegluga Mazurska）接管。从90年代初开始，奥斯特罗达的市政运输公司担任船东角色。从2011年起，奥斯特罗达－埃尔布隆格船舶运输有限公司成立，担任船东角色。目前参与埃尔布隆格运河游船业务的公司主要有两家：奥斯特罗达－埃尔布隆格船舶运输有限公司（Żegluga Ostródzko-Elbląska）和 Statek Cyranka。Statek Cyranka 是一家私营公司，已经经营了 20 多年，是一家专门在瓦尔米亚和马祖里省水域（主要在埃尔布隆格运河上）经营游轮业务的公司，拥有两艘船“CYRANKA”和“CYRANECZKA”，每艘船都最多载客 48 人。

二、埃尔布隆格城市运河治理案例分析

旅游业对瓦尔米亚—马祖里省的社会和经济发展尤为重要，瓦尔米亚—马祖里省委员会制定的“2000—2015 年瓦尔米亚—马祖里省社会和经济发展战略”（The Strategy of the Social and Economic Development of the Warminsko - Mazurkie Voivodship）就明确指出旅游业将是区域经济发展的重要推动力。旅游业之所以对瓦尔米亚—马祖里省经济发展如此重要，部分是因为当地劳动力市场困境。2001 年年底，瓦尔米亚—马祖里省与酒店旅游业相关的登记失业人数达到 676 人。2002 年 6 月底，失业人数达到劳动力市场的 27.9%，尤其是在位于运河地区的奥斯特罗达和埃尔布隆格，失业人数占比超过 30%。有专业部门统计过，旅游行业的每一个工作岗位都会另外创造 2.4 个相关工作岗位，并据此预测，到 2007 年，旅游行业的就业人数会增加 8800 人。运河本身拥有具有观赏价值的自然景观，因此发展旅游业，特别是水上旅游业是非常好的选择。而且埃尔布隆格运河还是波兰工业遗产的一个重要部分，对外界也具有一定吸引力。①

（一）地区层面

1999 年 12 月，在加入北约之后，波兰与欧盟就根据欧盟法律制度调整现有和未来的环境保护法进行了协商谈判。受欧盟约束的自然环境保护条例通

① Grayna Furgaa-Selezniow, et al. The Ostroda-Elblag Canal in Poland: The Past and Future for Water Tourism. 2005. pp. 144.

过若干法案和法令转移到波兰立法，包括《自然环境保护法》（*the Law on the Protection of Natural Environment*）和《水法》（*the Law on the Water Act*），波兰地方政府有义务执行这些法律法规。然而，欧盟制定的相关指令执行投资成本高，在相关欧盟指令，如关于城市污水和废水处理的指令截止日期前，波兰相关领域不可能始终符合欧盟法律的所有要求，因此，波兰申请欧盟为波兰逐步实施欧盟政策和法规设定过渡期。

2003年，波兰加入欧盟，成为欧盟的一员。波兰政府向欧盟申请共同融资。欧洲区域发展委员会总司的一名代表于2004年6月23日至24日访问了瓦尔米亚－马祖里省，访问目的是交流和分享共同融资管理和实施的经验和专门知识，在此期间参观了一些旅游景点，包括埃尔布隆格运河和其他一些可能共同资助的以及已经实施的项目——如奥尔兹廷的废水处理厂。

2007年，在欧盟与欧洲区域发展基金（European Regional Development Fund /ERDF）的共同资助下，“埃尔布隆格运河振兴”项目启动，隶属于欧盟“创新经济运营计划——运营6.4”（the project Operational Programme Innovative Economy-Operation 6.4）关键项目，自2009年签署预合同，至2015年5月所有工程结束，共历经约6年时间。项目主要目标有4个：一是2011年8月至2012年9月进行埃尔布隆格运河航行路线选定部分的重建。主要清理埃尔布隆格运河的3.4千米长的伊劳斯基航段、2.6千米长的奥斯特罗达航段和约860米长的巴特尼基（Bartnicki）航段淤泥；在奥斯特罗达航段，重建了两个加固河岸（2×2.6千米）。工程费用估计为2000万兹罗提。二是重建5段陆地滑道区域。除了重新建造5段滑道，还对5段滑道的上、下层以及滑道之间的断面进行了除泥和堤岸加固，在每个滑道的上下两层的滑道旁边设立了用于等待水闸的单元系泊位，建立了布奇涅茨（Buczyniec）停车场和无线电网络，如监控、交通信号灯等，以及埃尔布隆格运河的历史博物馆。工程于2013年1月开始，历时2.5年完成。装修费用估计为7300万兹罗提。三是重建4处船闸，于2013年2月至2014年8月进行，翻修费用估计为850万兹罗提。四是对运河上的特征物体进行标记，从2015年4月至5月进行，翻新费用约为10.8万兹罗提。项目开展的目的是提高使用质量、安全性，增加对游客的吸引力。[①]

（二）地方层面

开展社区协会行动。1997 年，奥斯特罗达–埃尔布隆格运河和伊劳斯基湖区社区协会成立，2006 年时该协会有 7 名成员，主要任务是促进运河、伊劳斯基湖区和其他兄弟社区的发展，并为运河和邻近地区的旅游业发展创造条件。因此该协会采取了多种行动，主要有：自 2001 年以来，一直致力于将埃尔布隆格运河提名为联合国教科文组织世界遗产；2002 年，该协会委托制作了一部关于运河的电影，用于宣传活动；筹备建设一个互联网网站，展示介绍运河和成员社区；倡议起草了“埃尔布隆格运河和伊劳斯基湖区旅游业发展方案”。其中第四项是该协会最重要的成果。2002 年 8 月，瓦尔米亚–马祖里省地方政府与社区协会就实施上述方案签署了协议，与运河有经济联系的 18 个其他社区加入了倡议。2004 年 5 月，该发展方案包括 117 个项目，这些项目的总价值约为 680 万欧元，其中在 2004—2006 年计划实施的项目达 470 万欧元。所有项目的主要目标是通过发展旅游业振兴该地区的经济，主要包括三方面：一是振兴运河（包括 10 个项目，其中 5 个项目旨在修复运河）；二是发展旅游业（54 个项目）；三是改造或修建基础设施道路（53 个项目）。[②]

成立地方旅游组织。除了成立社区协会之外，奥斯特罗达还成立了一个地方性旅游组织（local tourist organization），与埃尔布隆格运河有关的市镇的地方政府和主要旅游经营者都加入了该组织。其主要目标是：通过参加旅游交易会、促销活动或专家培训等活动，在自己地区开展营销和促销活动；出版宣传小册子和其他宣传材料，以及参与制订旅游发展和旅游基础设施现代化计划，其中宣传和广告活动对旅游业发展至关重要；定期组织记者见面会和摄影展。2004 年 6 月和 7 月，在奥斯特罗达和米洛姆林就举办了名为“奥斯特罗达–埃尔布隆格运河”的摄影展。2004 年 9 月，奥斯特罗达–埃尔布

---

① “Rewitalizacja Kanału Elbląskiego”, http://rzgw.gda.pl/?mod=content&path=2,13,210, 访问时间：2021 年 7 月 11 日。

② Grayna Furgaa-Selezniow, et al. The Ostroda-Elblag Canal in Poland: The Past and Future for Water Tourism. 2005. pp. 145.

隆格运河航运公司成为波兰旅游组织举办竞赛的获胜者之一，并被授予2004年度最佳旅游产品证书。

（三）旅游和娱乐发展潜力

埃尔布隆格运河及其邻近地区发展旅游业和娱乐活动的巨大潜力来自其特定的自然景观和气候条件以及独特的运河设计。就自然环境和景观的吸引力而言，运河周围的地区是瓦尔米亚－马祖里省最有趣的地区之一。运河沿线区域没有重工业，大部分城镇没有城市化，以各种各样的景观形式为特征，动植物有天然或接近天然的栖息地，繁衍着大批稀有和特有物种。风景公园、自然保护区和其他形式的受保护土地增强了该地区的吸引力。

因为该地区处于温带气候，夏季相对较短，加上其他可能的旅游活动形式，如垂钓和采摘蘑菇等，假日季节通常从5月15日开始，一直持续到10月15日。至于冬季，除了一些钓鱼和打猎等休闲方式，再无其他。然而，冬季仍然有发展旅游业的潜力，如发展冬季运动越野滑雪、滑冰、雪橇、冰帆船，或乘坐马拉雪橇或狗拉雪橇等。

该地区整体是一个典型的冰川后地貌景观，有多种多样的形态，发育着湖泊、泉水、河道和其他水体，并有着大量的松树林。湖泊是该地区的主要自然资产之一，对水上旅游来说最重要的是德尔文察湖、耶焦拉克湖（Jeziorak Lake）、泽拉格·维尔基湖（Szelag Wielki Lake/ Jezioro Szelag Wielki）和泽拉格·马利湖（Szelag Maly Lake）。森林也是吸引游客的自然景观中一个重要组成部分，该地区最大的森林是奥斯特罗达森林，占地64247英亩（26000公顷）；其次是伊劳斯基森林（Lasy Ilawskie），占地约61776英亩（25000公顷），森林以针叶林和以松树为主的混交林为主要类型。其中包括一些重要的自然保护区，如塔博尔基亚（Taborskia）松树林，该保护区保护着一片有230年历史的森林，里面的塔博尔斯卡（Taborska）松树是主要物种。运河周围还有3个风景公园（Wzgorz Dylewskich公园、Pojezierze Iławskie公园和Wysoczyzna Elbląska公园）以及许多动物和花卉保护区。

埃尔布隆格湾是一个鸟类保护区，保护着许多鸟类的栖息地。运河的路线还会穿过另一个鸟类保护区——德鲁茨诺湖，占地3021.6公顷，德鲁茨诺湖作为一个浅水水库，平均深度为 0.8 米，长满了植物，因此对于许多种类的水鸟和湿地鸟来说，它是一个重要的筑巢和休息区。德鲁茨诺湖已入选欧盟自然保护计划，作为鸟类保护区和栖息地。其他鸟类栖息地还有德尔文察湖和卡拉斯湖（Karas）等。

除去自然环境方面，运河主要的吸引力是运河本身及其设施。就像之前介绍过的，该运河在修建过程中克服了陆地障碍和湖泊之间的高水位差，其技术含量在欧洲是独一无二的，如果不考虑全世界范围的话，它的倾斜滑道系统是如今运河系统里唯一一个仍在运行的。运河沿线的城镇也可以发挥其优势，如奥斯特罗达及其重建的 14 世纪条顿城堡（Teutonic）、米洛姆林及其保留的一些历史遗迹，如 14 世纪的钟楼、角楼和 18 世纪至 19 世纪初的一些房屋等。

三、埃尔布隆格城市运河治理的进一步启示

一是发挥自身优势。埃尔布隆格运河的航运价值已不再是其主要优势。运河沿线美丽独特的自然景观以及运河本身的独特设计才是运河发展的最大优势。为此地方注重运河沿线的旅游业发展，并积极进行相关的基础设施建设。旅游娱乐活动带动了整个地区的经济发展。

二是注重生态保护。埃尔布隆格运河地区的人力资产不如其自然环境重要，良好的自然环境是发展旅游业的前提。该地区多个法律保护区的设立，也证实了自然资产的重要性。风景公园、动植物自然保护区等不仅保证了环境的延续，还增强了该地区对游客的吸引力。

三是全员参与治理。通过上述内容可知，对运河的治理不仅有政府的参与，还有公民的自觉行动。成立社区协会、地方旅游组织自上而下、更加有效地进行着运河以及沿线的环境治理。

希腊科林斯运河

位于伯罗奔尼撒半岛与阿提卡半岛衔接处的科林斯运河（The Corinth Canal）如利刃划过绸缎，笔直地穿过希腊科林斯地峡，干净利落地将伯罗奔尼撒半岛与希腊大陆分隔开来。科林斯虽然长度只有6.3千米，却是沟通伊奥尼亚海和爱琴海之间的重要交通线，同时也是一座魅力独特的旅游城市。

一、科林斯运河概况

科林斯运河沿直线切开了科林斯峡湾，全长6346米，运河水面宽度为24.6米，底部为21.3米，水深为7.5～8米，水面到岸上有90米高，加上最深8米的水深，使之成为世界上开凿最深的运河。它建成于19世纪，被认为是希腊最大的技术工程之一。

希腊科林斯市，在《圣经·新约》中又译为"哥林多"或"格林多"，是希腊的历史名城之一，位于连接欧洲大陆及伯罗奔尼撒半岛的科林斯地峡上，西面是科林斯湾、东面是萨罗尼科斯湾，距离首都雅典约78千米。现今为科林西亚州的首府，约有38000人口。①

科林斯是一座古老的城市，在佩里安德统治下的科林斯城达到了它的全盛时期。佩里安德保持着一支庞大的舰队来控制这两个海域的航运，将船只通过建造的专用道路——迪奥科斯（Diolkos），从一岸运到另一岸。② 作为雅

① "科林斯"，https://zh.wikipedia.org/wiki/%E7%A7%91%E6%9E%97%E6%96%AF, 访问时间：2021年7月11日。

② W Werner, "The largest ship trackway in ancient times: the Diolkos of the Isthmus of Corinth, Greece, and early attempts to build a canal", *International Journal of Nautical Archaeology,* Volume 26, No.2, 1997, pp.98.

典最大的竞争对手之一，科林斯曾经被罗马人彻底摧毁。圣保罗也到过这里，并写过一些著名的书信。这里有希腊最古老的神庙之一，还有一座美丽的博物馆。1858 年科林斯老城在地震中被毁，新城随后在科林斯湾的海岸上建于其东北。1928 年，一场更强烈的地震再次将它夷为平地。破坏和重建给人们带来了巨大痛苦的同时似乎也使生活变得更有价值。现在科林斯市是伯罗奔尼撒行政区第二大城市。2011 年地方政府改革，将古代科林斯的遗址和村庄规划到科林斯市管辖之中。

公元前 602 年，科林斯·佩里安德（Corinth Periander）开始提出开掘运河。佩里安德是当时科林斯的僭主，他改革币制，统一货币，降低税率，极大地发展了科林斯的工商业。他允许失势贵族和贫民向外殖民，不仅稳定了社会，还扩大了经济来源，后世称之为七贤士之一。公元前 7 世纪晚期，佩里安德决定将科林斯湾与萨罗尼克湾相连，目的是尝试在科林斯峡中开辟一条运河，避免环绕伯罗奔尼撒半岛危险地航行，并缩短路线。但由于巨大的技术难题，运河并没有开凿成功。后来佩里安德在两海湾之间建造了一条用切开的石灰石铺成的道路用以运送船只货物，宽 3.5 ～ 5 米，中间用木头连接，在运送船只时会在石头上刷油，让奴隶进行拖拽。这条道路被称为迪奥科斯（Diolkos），船商如果想走捷径就必须支付昂贵的通行费，而这也为当时的科林斯带来了丰厚的收入。[①]

3 个世纪后的公元前 307 年，希腊人德米特里·波利奥塞特斯（Demetrius Poliorcetes）在准备实施开通运河的设想时，却因手下埃及工匠的警告而放弃：若运河开通，两边不同的海平面会导致科林斯海湾的海水冲过萨罗尼克海湾，淹没爱琴岛和四周的海岸区。又过了大约两个半世纪，公元前 44 年和公元前 37 年恺撒大帝（Julius Caesar）与罗马皇帝喀利古拉（Caligula），都曾打算在科林斯开凿运河，可由于各种军事和政治的缘故，最后都不了了之。公元 66 年罗马皇帝尼禄（Nero）役用 6000 名奴隶，开始了挖掘工程，可是在开掘到 3000 米时，工程停下了，因为尼禄不得不赶回罗马去对付其将军加尔瓦

---

① “The Ancient Diolkos”, http://www.swimthecanal.com/en/history_diolkos.php，访问时间：2021 年 3 月 11 日。

（Galva）的起义。尼禄死后，工程随之被放弃了。后来威尼斯人、拜占庭人都打算开辟这条有价值的运河，可都没有实现。

时间又过去了十几个世纪，直到1830年，第一任希腊总统卡波狄斯特里亚（Kapodistrias）继续推进这个雄心勃勃的计划，并委派一名法国工程师乌特维勒（Virle d'Uct）进行预算调查，预计需要花费4000万金法郎。这对于刚成立的希腊王国来说是一笔不小的资金。政府资金的匮乏使得这项计划只能被再次搁置。1869年，以挖掘苏伊士运河而闻名的法国人雷赛访问了科林斯，他评估了工程的可行性。1882年4月，在匈牙利将军伊斯特·特尔（Istvan Turr）带领下，两千多名来自蒙特尼哥罗、亚美尼亚、意大利以及希腊的劳工开始了挖掘工作，然而随着工程的进展，费用上升到无法达到的天文数字。将军的公司无法承担这个重负，工程由一个希腊商团接管继续进行。经过10年的努力，克服了无数艰难困苦，6.343千米（4海里）长的科林斯运河终于竣工。1893年7月25日，国王和贵宾都出席了剪彩仪式，以“思法克遨亚”号轮船为首的船队在鼓号声中缓缓通过了运河。[①]

科林斯运河是一条重要的航行路线，它的开通让船只避免了绕行伯罗奔尼撒半岛的危险，节约了行驶时间，减少了燃料和润滑油的消耗。从帕特雷（Patras，Πάτρα）到比雷埃夫斯（Piraeus，Πειραιά），通过运河比绕伯罗奔尼撒半岛航行能缩短航程195海里。[②]比雷埃夫斯是希腊第三大城市，是东地中海地区最重要的港口之一。自古希腊，比雷埃夫斯就成为雅典的海港，涵养强大的商业和军事舰队，以此巩固了城市地位。即使在希腊建国后，其商业意义仍在。而1869年雅典–比雷埃夫斯铁路线的开发、比雷埃夫斯与伯罗奔尼撒半岛和希腊北部之间的铁路连接的开发，以及1893年科林斯运河的开发，都有助于其港口交通和工业发展。[③]

① 邬洪：《话说科林斯运河》，载《中国水运》，1995年第5期，第43页。

② 科林斯运河官网，Γ ε ν ι κ έ ς πληροφορίες: http://aedik.gr/%ce%b3%ce%b5%ce%bd%ce%b9%ce%ba%ce%ad%cf%82-%cf%80%ce%bb%ce%b7%cf%81%ce%bf%cf%86%ce%bf%cf%81%ce%af%ce%b5%cf%82/，访问时间：2021年3月11日。

③ Paraskevopoulou, A. ,et al., “Examining the opportunities for nature-based solutions at the Municipality of Piraeus,” IOP Conference Series Earth and Environmental Science, Milan, Italy, 4 September , 2019.

科林斯运河不仅在希腊国内而且在国际上为海上货物运输和人员流动服务。该运河可以作为希腊运输网的一个节点，也可以作为东南欧短途海运系统的一个节点。希腊本身具有特殊的地缘政治意义，处于欧、亚、非三大洲的交会处，常被视为欧洲、中东和北非之间的天然桥梁。而科林斯运河的地理位置有助于加强希腊港口系统的凝聚力，为东南欧地区短途海运网络提供海上贸易优势。①

科林斯运河是现代希腊最重要的项目之一，对地中海贸易起到了促进作用，但对于现代船只而言，狭窄的通道只容许较小的船通过，这对运河的经济意义显然是一个巨大的打击。② 较大的船只只能在拖船的帮助下穿越运河，而船只只能在单向系统上一次通过一个车队。庆幸的是这还是给运河西北端的波塞冬尼亚港口（Posithonía）和东南端的伊斯米亚港口（Isthmía）带来了巨大的经济利益。科林斯运河不仅是国际航运节点，还是一处旅游胜地。每年有数十万来自国内外的游客参观运河、穿越运河，欣赏这个伟大的工程。还有一些人则沉迷于运河的一项新活动——蹦极。运河目前主要供观光船使用，每年有来自至少 50 个国家的约 15000 艘船通过运河。③

二、科林斯城市运河治理案例分析

（一）运河管理者

希腊独立战争的胜利是在欧洲大国的帮助下取得的，《埃迪尔纳条约》《伦敦议定书》和《君士坦丁堡协定》这三个条约共同确立了希腊受大国保护

---

① Evangelos Sambracos , “The role of the Corinth canal in the development of the SE European Short Sea Shipping”, https://mpra.ub.uni-muenchen.de/67738/1/MPRA_paper_67738.pdf, 访问时间：2021 年 3 月 11 日。

② “A Brief History Of The Corinth Canal”, https://theculturetrip.com/europe/greece/articles/a-brief-history-of-the-corinth-canal/, 访问时间：2021 年 3 月 11 日。

③ Shamseer Mambra, “The Corinth Canal: A Narrow Man-Made Shipping Canal”，https://www.marineinsight.com/know-more/the-corinthian-canal-a-narrow-man-made-shipping-canal/, 访问时间：2021 年 3 月 11 日。

的主权国家地位。而之后希腊由君主制缓慢转型为现代民主制国家的道路上同样离不开欧洲大国的支持。因此可以说没有欧洲大国的帮助和保证，就没有希腊的主权和独立地位。独立后的希腊长期受欧洲大国的支配。[①]

在欧盟的要求下，2018年6月，希腊答应将继续推进HCAP项目，并承诺在2019年6月前完成国有企业董事会的审查和替换。HCAP项目主要内容是成立"希腊资产联合公司"[The Hellenic Corporation of Assets and Participations S.A.("HCAP")]，将国内资产组合和公营企业股权转移聚集到一个单一的体制结构下。而在希腊，这个单一体制结构（或称为总公司）为"希腊控股和房地产公司"。它适用的《欧洲经济与社会理事会内部规章》的"协调机制"（Coordination Mechanism Framework）规定其主要任务是：为活跃于国民经济关键部门如能源、水和污水处理，以及基础设施、运输、服务等国有企业确定运营战略，制定国有企业、国家、欧洲经济与社会理事会等的合作框架。HCAP将上市公司股东权利行使与国家的监管活动分开；减少和消除国家作为股东以及监督者所带来的利益冲突；以专业水平整合上市公司的运营，而不会扭曲政治干预措施；全面促进所有上市公司的公司治理政策的一致性和同质性。而对于国有企业，HCAP根据需要对国有企业进行转型和重组，采用最佳的公司治理规则，类似于上市公司的规则，并朝着技术和数字化转型，以提高运营效率和提供更好的服务。HCAP成立之时，希腊国内经济政策的主要目标是实现并确保经济稳定。HCAP的建立在希腊首次创造了一个稳定、统一的体制结构，该体制将具有专业性、独立性和规范性，有助于执行和实现希腊的投资政策，为希腊的经济发展投资提供资源，减轻希腊共和国的财务义务。

而管理科林斯运河的国有企业——科林斯运河有限公司（Corinth Canal S.A.AEDIK）在2019年5月完成了董事会的审查和替换。[②]1980年11月1日，

---

① 徐松岩、王三义：《近现代希腊政治制度的嬗变及其特征》，《清华大学学报》（哲学社会科学版），2020年第1期，第102~105页。

② EESYP官网,Δ.Τ.: Διορισμός του νέου Διοικητικού Συμβουλίου της Ανώνυμης Εταιρείας Διώρυγος Κορίνθου, https://www.hcap.gr/%ce%b4-%cf%84-%ce%b4%ce%b9%ce%bf%cf%81%ce%b9%cf%83%ce%bc%cf%8c%cf%82-%cf%84%ce%bf%cf%85-%ce%bd%ce%ad%ce%bf%cf%85-%ce%b4%ce%b9%ce%bf%ce%b9%ce%ba%ce%b7%cf%84%ce%b9%ce%ba%ce%bf%cf%8d-%cf%83%cf%85%ce%bc-2/.

希腊政府成立科林斯运河公司来经营和管理运河。2001年年初到2010年期间，运河的使用权委托给了一家私营公司——PERIANDROS S.A.进行管理，但后来因大量亏损而破产。2010年10月至今，运河一直由国家负责管理。[①]根据"协调机制"文件以及有关公司章程，科林斯运河公司具有利用运河的权利，确保其平稳连续地运行，具体是设计、建造、维护、改进、组织、管理、运营、开发和旅游开发的专有和转让权利，范围包括了科林斯运河、伊斯米亚和波塞冬尼亚港口以及位于两河口的浮潜桥、运河两旁的房地产等。科林斯运河公司的主要运营方向是设计和创建符合EESYP战略计划的基础设施网络，在合理化运营成本和制度框架内提供服务，以更快、更安全的方式运送货物和乘客。[②]

（二）环境治理

1.可循环经济战略。科林斯曾是希腊的工业中心，经济发展的同时带来了污染。科林斯炼油厂曾是欧洲最大的一个炼油工业复合体。生产的物品除了石油还有瓷砖、铜电缆、树胶、石膏、皮革、大理石、肉制品、医疗设备、矿泉水以及盐。2005年科林斯市开始去工业化，大型的管道系统、纺织厂和肉类包装厂减少了运营。希腊政府十分重视可持续发展，2018年希腊环境和能源部发布《国家循环经济战略》。循环经济和低碳经济是泛欧和全球示范经济模型的关键要素。这种新的"绿色增长模式"的主要目标是生产绿色产品和服务，同时在生产的各个阶段以及产品生命周期结束后，将废物量减少到最低甚至为零。循环经济模式是向更可持续的生产和消费方式过渡的前提，这有助于实现保护自然和生物多样性的全球目标。采取促进向循环经济过渡的政策有助于实现可持续增长，增强竞争力和创新能力以及创造就业机会。[③]

在循环经济中，重要的是减少浪费，增加物品的维修、回收利用，建立作为生产性资源的次要材料和废物市场，使用替代燃料，减少有害物质的

① HCAP Strategic Plan, https://www.hcap.gr/wp-content/uploads/2019/03/Strategic_Plan_eng.pdf, 访问时间：2021年3月11日。

② AEDIK官网（希腊语版）,Αποστολή Δημόσιας Επιχείρησης:http://aedik.gr/%ce%b1%cf%80%ce%bf%cf%83%cf%84%ce%bf%ce%bb%ce%ae/.

③ 希腊政府官网, "Κυκλική Οικονομία":https://ypen.gov.gr/perivallon/kykliki-oikonomia/.

使用，促进生产过程中的循环性，等等。全国循环经济战略的措施除了减少使用一次性塑料产品、对一次性塑料袋征税，还有加强城市垃圾的回收利用和可生物降解性，节约资源，尽量将企业经营活动对环境的污染和损害降到最低。

2. 岩壁维护。由于岩壁的不稳定，运河两侧坍塌几乎每年都会发生，每次坍塌都会导致运河关闭以清理河道。这会造成不小的经济损失，也会造成人们对其安全性的怀疑。运河的本质是为过境船舶提供快速和安全通道，这也是它存在的价值和目的。为了保证运河的可持续性，人们需要对运河的深度和河壁进行维护。

运河处于活跃的地震带中，加上坡度陡峭，运河岩壁具有严重的不稳定性。运河区域是由一系列第四纪早期——更新世的河流和海相砂岩、砾岩和近代的浅表冲积沉积物（黏土、沙子和砾石的混合物）层序构成。这些不连续的沉积之间遍布着几乎垂直的节理和 20 ～ 50 个断层面横切现象，虽然其中大部分断层不活跃，但仍然降低了运河人造边坡的整体岩土性能。根据现有的研究，科林斯地峡目前正处于隆升阶段。自 1893 年运河开通以来到 20 世纪下半叶，就已经报道发生了 16 次局部斜坡不稳定事件。主要在水平和垂直两个方向上岩石性质不连续交织处，也就是发生楔形岩石滑落的位置，发生不稳定事件。唯一活动断层几乎横穿运河的东南部分，伴随着 0.04 ± 0.02 毫米每年的低滑移率，这显然会影响地形地貌和周边重要的工业建筑。①

后来研究发现船只通过运河的尾流会破坏两旁的岩墙，造成进一步山体滑坡，因此运河从底部到海平面以上 2 米处都铺上了石头，并且较大的船只通过运河时只能用小船拖拽。科林斯运河公司与岩土工程研究主管部门密切合作，以加强运河的安全性和稳定性。但同时，运河的发展给迪奥科斯（Diolkos）带来了威胁，一些呼吁保护历史遗迹的市民收集、记录了运河开通以来对迪奥科斯的损害。运河里进进出出的船只使得堤岸、道路遭受了泥沙的侵蚀。

---

① G Hloupis, V Pagounis, M Tsakiri, et al. “Low-cost warning system for the monitoring of the Corinth Canal ”, Applied Geomatics , Volume 9, No.4, 2017, pp263~277.

（三）发展前景

2009 年科林斯湾被认为是一个具有高潜力的旅游目的地。美丽的景观、便利的交通以及港口的设施让科林斯成为一个邮轮旅游中心的可行性大大提升。大量的步行道和公共场所有助于让它成为一个社会活动、娱乐和购物中心。

然而城市 1858 年的总体规划并没有预测到港口城市正在发生的实质性变化，科林斯市也是最近几年才发现海滨与休闲、娱乐的关系。几十年来的城市发展形成了低质量的周边地区，调整城市与周边的框架结构是必要的。而建立一个新的滨水区能快速提升其城市化发展，海滨也是最吸引游客的地方之一。港口区如帕特雷（Patras）与城市关系的转变将是转型的关键。目前港口区呈现一种孤立的状态，与城市的交流是中断的。

帕特雷港口与科林斯运河周边的港口存在竞争关系。1893 年地峡的开放为科林斯小港口的发展提供了强大的动力，商业运输在随后的几十年中缓慢发展，并在第二次世界大战后急剧增长。但帕特雷港口的存在并没有使科林斯的交通量有质的飞跃。随着帕特雷和雅典之间高速公路条件实质性的改善，科林斯靠近雅典工业区的优势在逐渐减弱。商业港口不仅是破坏环境、增加空气污染的因素，而且呈放射状的发展框架还降低了周边城市大部分地区的经济发展机会。2004 年奥运会的“国家基础设施改善计划”包括建设连接雅典、科林斯和帕特雷的地铁，其结果是使得海上运输减少，规模有限的船舶和一些泊位被冻结。但若将帕特雷与科林斯分开，科林斯又可能会最终崩溃。另一方面，地中海港口的发展与大型船舶停靠的可能性、后勤平台在当地的可用性以及与大型基础设施的明确连接有关。显然，对于只有狭窄的科林斯运河，以及两端的小港口的科林斯港而言，其潜力是微不足道的。因此，加大科林斯与其他港口的联系是非常有必要的。[①]

---

① Zazzara, L. ,F D’Amico, and M. Vrotsou. “Changing Port–City Interface at Corinth (Greece): Transformations and Opportunities.” *Procedia - Social and Behavioral Sciences* , Issue 48, 2012, pp.3134~3142.

三、科林斯城市运河治理的进一步启示

一是与时俱进，发展旅游业。科林斯市以及运河公司管理层早已意识到了旅游业对城市、运河发展的重要性，并进行着积极的转变。2011 年 3 月，政府任命了新的公司管理层和董事会，新任董事长兼首席执行官十分重视旅游业的发展，将工作重点放在了公司财务重组、研究并发挥运河的潜力上，为满足国际航运和旅游业不断增长的需求而扩展运河的业务，并计划在 2015 年完成对运河的投资，升级整个运河区域的基础设施建设，创造更多新的就业机会。2012 年公司提交给财政部的《科林斯运河 2013—2016 年战略和运营计划》中建议将运河扩宽，因为这对旅游业、航运业的发展起着决定性的作用。但鉴于希腊当前的经济困境，升级科林斯运河不太可能成为政府最紧迫的项目之一。[①]

二是举办各种活动，提升运河价值。除了蹦极，运河上常会举行一些体育赛事和冒险运动，以吸引游客和引起外界对运河的关注，进一步提升运河的旅游价值与经济效应，同时也能为周边城市带来经济发展。2014 年皮特·贝森（Peter Besenyei）驾驶飞机穿过科林斯运河，并在桥上绕圈。2016 年运河首次用于游泳比赛——"征服科林斯运河"（Swim Across Corinth Canal），被称为希腊最盛大的游泳比赛，年满 13 岁均可参加。2017 年现代舞者卡特琳娜·索尔达（Katerina Soldatou）在运河上空表演了一段惊险的空中舞蹈。2019 年来自 16 个国家和地区的 35 名运动员乘坐摩托艇穿越科林斯运河，展示了一场精彩的表演。[②]

三是注重运河维护，可持续发展。做好运河河道清理、维护工作，大船

---

① Lawrence Schäffler, "Building Greece's Corinth Canal", https://www.stuff.co.nz/sport/boating/76027401/building-greeces-corinth-canal, 访问时间：2021 年 3 月 11 日。

② Corinthian Matters, "Deserted Mediterranean Villages", https://corinthianmatters.org/blog/, 访问时间：2021 年 3 月 11 日。

采取小船拖拽的方式通行，减少水流对岩壁的侵蚀。积极响应欧盟政策，发展绿色经济、减少碳排放。实施全国循环经济战略，对一次性塑料袋征税，加强城市垃圾的回收利用和可生物降解，节约资源，尽量将企业经营活动对环境的污染和损害降到最低。

德国基尔运河

一、基尔运河概况

基尔运河（Kiel Canal），又称北海—波罗的海运河，是沟通北海与波罗的海的关键水道。基尔运河西起易北河口（the mouth of the Elbe River）的布伦瑞克特尔科格港口（Brunsbüttelkoog），东至波罗的海基尔港（Kiel Harbour on the Baltic Sea）——霍尔特瑙（Holtenau），运河发展至今，长度已经增长了两倍，全长约 98 千米（61 英里），最大宽度达到 160 米（526 英尺），平均深度为 11 米（37 英尺）。

作为一条人工运河，基尔运河的修建可追溯到 7 世纪，起初主要受到了经济意图的驱使。然而这种基于经济意图的驱动力并未使这条运河由想象变为现实。到了 1784 年，基于战略和军事考量的人工运河最终实现了北海与波罗的海之间的第一次沟通。当时被称为“爱德运河”（Eider-Canal）的基尔运河全长仅为 43 千米、宽 29 米、深 3 米，是沟通基尔到石勒苏益格 - 荷尔斯泰因州西海岸的一部分，一般被认为是基尔运河的早期形态。

1864 年第二次石勒苏益格战争之后，石勒苏益格 - 荷尔斯泰因州由普鲁士政府统治。发展海军和商业贸易的需要促使普鲁士当局政府考虑将运河拓宽加长。1887 年 6 月，在基尔附近的霍尔特瑙运河修建工程启动，耗时 8 年，动用了 9000 多名工人，最终在 1895 年 6 月 20 日由威廉二世（Kaiser Wilhelm II）正式宣布开放。第二天，威廉二世在霍尔特瑙举行了仪式，并将运河命名为卡塞尔·威廉运河（Kaiser Wilhelm Kanal）。这条兼具军事与民事功能的水路为德国的发展发挥了重要作用。随着德国战略野心的扩张，当时基尔运河已经无法适应德国海军装备的升级，因而德国就基尔运河重新制订升级计划。

1907 年到 1914 年 7 年间，运河被拓宽，闸门能力得到显著提升，德国的军事战船——“无畏号”战舰（Dreadnought-sized battleship）得以顺利通过。这个时期的基尔运河通过升级使得德国战舰从波罗的海到北海不必到丹麦绕行。

第一次世界大战后，《凡尔赛条约》将运河国际化，但仍由德国管理，相应的规定也沿用至今。后来纳粹政权上台后，于 1936 年将基尔运河视为国内河流，放弃了运河的国际地位。第二次世界大战结束后，运河再次成为国际河流向所有人开放。在接下来的几十年中，基尔运河发生了深刻的变化：通航船舶尺寸显著增加。运河的升级仍在继续，但速度越来越慢。20 世纪 90 年代，关于基尔运河大规模升级的必要性的讨论在德国展开，但是德国的联邦政府未能提供必要的资金和完善的规划方案使得运河升级事宜陷入停滞。也是因为德国政府在运河升级问题上的疏忽，基尔运河越来越频繁地发生事故，常常使基尔运河的交通陷入停滞。2013 年 3 月，有报道指出，在长达 100 千米的运河上几乎看不到任何船只，船闸出现故障使得基尔运河陷入停滞。而造成这一问题的原因在于，联邦政府与州政府长期以来围绕运河的财政纠纷，德国政府甚至将可用于维护运河的资金从 6000 万欧元（合 7800 万美元）减少至仅 1100 万欧元。相关人士也将这一问题最终归咎于时任德国交通部部长的彼得·拉姆绍尔（Peter Ramsauer）的不作为。[①] 后来由于运河问题的持续发酵引起了德国公众的关注，在持续的国内压力之下，2014 年 4 月德国议会最终向基尔运河拨款，推动了运河重新通航。[②]

2018 年年初，联邦水路运输署（Federal Waterways and Shipping Agency）发布了题为《基尔运河：一条具有国际重要性的主要水道》（The Kiel Canal : A major waterway of international importance）的报告，就运河的基础设施、经济效益、运输服务、环境保护等方面进行了详细阐述。

首先，基尔运河具备较强的比较优势。基尔运河是世界上最繁忙的可有海船通航的人造水道，与巴拿马运河和苏伊士运河的船只数量相当。这条运

① “Kiel Canal Shuts: Major European Disruption Expected ”, https://www.maritimeprofessional.com/news/kiel-canal-shuts-major-european-232309, 访问时间：2021 年 3 月 11 日。

② “Initiative kiel canal”, https://initiative-kiel-canal.de/en/kiel-canal/history/, 访问时间：2021 年 3 月 11 日。

河将北海和波罗的海连接起来，并为北海港口和波罗的海地区提供了直接的联系。尤其是对汉堡、不来梅、不来梅港和威廉港等海港而言，基尔运河是必不可少的过境路线。基尔运河提供的时间和距离优势（节省 460 千米）为航运提供了便利。①

其次，基尔运河蕴含着丰富的旅游资源。基尔运河是石勒苏益格－荷尔斯泰因州居民的休闲场所，也是主要的旅游胜地。由于其安静和风景优美的自然条件，基尔运河周围的住宅区非常受欢迎。基尔运河沿岸有各种各样的运动和休闲设施，它不仅是休息、徒步旅行和骑自行车的理想场所，也是石勒苏益格－荷尔斯泰因州成千上万的居民、游客和业余摄影师出行的重要通路。②

再次，基尔运河制造了大量的就业岗位，为周边带来了丰厚的社会经济效益。基尔运河保障了该地区 3000 多个工作岗位，不仅包括 300 多名飞行员和大约 150 名运河舵手，还包括船舶经纪人、系泊员、渡船船员、造船厂、工艺企业、船舶制造商、旅游机构以及餐馆和酒店经营者。在石勒苏益格－荷尔斯泰因州，年营业额达 92 亿欧元的海运业是一个重要的经济因素，该部门约有 1400 家企业合计雇用了约 42000 人。

最后，作为强有力的政府组织，联邦水路运输署凭借其完善的基础设施和丰富的经验确保运输安全。由水路和航运管理局管理的船只航行监察中心是河流和航运警察的执行机构，其职责如下：（1）保障交通安全；（2）避免对航行安全和效率的威胁；（3）防止航运产生的危险；（4）预防有害环境影响。

二、基尔运河治理案例分析

1. 基尔运河的经济运输与旅游开发

基尔运河不仅是德国北部地区经济结构的重要组成部分，还是跨欧洲运

①② The Kiel Canal, "A major waterway of international importance ", https://www.gdws.wsv.bund.de/SharedDocs/Downloads/DE/Publikationen/_GDWS/Wasserstrassen/NOK_englisch.pdf?__blob=publicationFile&v=6, p.5, 访问时间：2021 年 3 月 11 日。

输网络的重要组成部分。每年3万左右艘船通过基尔运河，20世纪90年代初，东欧剧变的政治动荡导致一段时间内运河航运量急剧下降。20世纪90年代末航运开始逐步增加，2008年达到峰值为42811艘、1.059亿吨运货量。2009年开始，受到全球金融危机、欧洲债务危机等影响，基尔运河的航运量开始逐步下降，截至2018年，运河通过船只数量与年货运总量分别为29900艘与8750万吨。[①] 庞大的货运量催生了基尔运河沿线的多个港口，目前除去基尔海港之外，运河内还包括多个专门港与内陆港。例如，位于布伦斯比特（Brunsbüttel）的石油港、防护港；位于基尔—霍尔特瑙（Tiessenkai）的安全保护港口与专供游船使用的旅客码头，除此之外，基尔运河附近还有易北河港口等。这些专门港与附近港口为基尔运河在支线运输方面提供了极大便利。德国联邦运输、建筑与城市发展部（BMVBS）的研究显示，预计2025年德国基尔运河的货物装卸量将进一步增加。

旅游开发是基尔运河的一大特色。总体来看，基尔运河沿线城市旅游产业十分完备，有约16万名旅游业从业人员、3万家酒店旅馆、4800家商店和7000家饭店，每年旅游营业额高达95亿欧元。基尔运河周边的旅游项目基本可以包括三个类别：

第一，休闲观光类。首先，基尔运河游轮观光业极为发达，有约80艘游轮全年在运河上穿行。其次，基尔运河两岸开发相关设施，使其成为远足、慢跑与自行车旅行的理想胜地。其中，多项设施由于保持世界纪录成为旅客观光打卡地，这反过来进一步增加了基尔运河旅游产业的知名度。伦茨堡（Rendsburg）在基尔运河上修建的长凳全长超过575米，为世界之最，行人隧道也是世界上最长。

第二，人文景观类。基尔运河沿岸城市建立了众多的博物馆与展览馆，例如，在基尔—霍尔特瑙（Kiel–Holtenau）和布伦斯比特都建立了船闸博物馆，可以参观自基尔运河建立以来的历史船闸系统与其他海事展览。在基尔还有

---

① 德国联邦水路与航运管理局网站，https://www.wsa-nord-ostsee-kanal.wsv.de/Webs/WSA/WSA-Nord-Ostsee-Kanal/DE/1_Wasserstrasse/1_Nord-Ostsee-Kanal/f_Wirtschaftliche-Bedeutung/Wirtschaftliche-Bedeutung_node.html#doc2067938bodyText2，访问时间：2021年3月11日。

与海事相关的其他博物馆，如基尔海事博物馆与海军纪念馆，等等。在伦茨堡，1913 年建成的伦茨堡高架铁桥不仅成为城市地标性建筑，也成为其最重要的旅游名片。博物馆与建筑构成了全方位、成体系的人文景观。

第三，体育运动类。基尔市围绕运河开展多项具有世界意义的运动比赛。首先是基尔帆船赛。自 19 世纪末开始，基尔每年 6 月举行帆船赛—基尔周（Kiel Week），到现在为止基尔帆船赛已经成为世界上最大的帆船盛会，数千艘各种类型帆船参加巡游，吸引游客多达 300 万人。其次，基尔运河被建设成为一个优良的垂钓区，每年吸引上万名垂钓者前来体验。为了规范垂钓活动，石勒苏益格－荷尔斯泰因州成立了运动钓鱼协会，一方面规定必须获得钓鱼许可证之后才能进行垂钓工作；另一方面协会还规定了极为细致的垂钓区域。[①]

2. 基尔运河的航道扩建与交通

基尔运河自 1895 年建成后，经历两次大规模扩展工程。第一次扩展在 1907—1914 年，河底从 22 米增加到 44 米，水面宽度由 66.7 米增加到 102.5 米，水深由 9 米增加到 11 米。第二次扩展是从 1965 年到 2002 年（其中主体工程是 1966 年完成），通过扩展，基尔运河水底宽度增加到 90 米，水面宽度增加到 162 米，东段部分水域目前仍是 1914 年的状态。2019 年，德国水路与航运管理局宣布进行针对基尔运河东段的第三次扩展，计划投入 1.2 亿欧元。[②] 基尔运河通航船只种类繁多，为此德国《海上交通法》（SeeSchStrO）专门在第 42 条详尽规定船只通航交通规则，其中最大通航船只长度为 235 米、宽度为 32.5 米、水面高度为 40 米。对于船只吃水深度，规定不超过 160 米的船只最大吃水深度为 9.5 米，对于长度超过 160 米与宽度超过 20 米的船只，则规定了极为详尽的最大允许吃水表。由于基尔运河部分区域宽度不够，所以并不

① 关于垂钓区的详尽规定可参考联邦水路和航运管理局网站：https://www.wsa-nord-ostsee-kanal.wsv.de/Webs/WSA/WSA-Nord-Ostsee-Kanal/DE/1_Wasserstrasse/1_Nord-Ostsee-Kanal/e_Tourismus/2_Angeln_im_NOK/angeln_im_nok_node.html，访问时间：2021 年 3 月 11 日。

② WSV, “Startsignal! Ausbau der Oststrecke des NordOstsee-Kanals beauftragt! ”, https://www.gdws.wsv.bund.de/SharedDocs/Pressemitteilungen/DE/20191217_Ausbau_NOK_PM.pdf?__blob=publicationFile&v=2，访问时间：2021 年 3 月 11 日。

能保证所有船只能够在运河内相向而行，为了解决这一问题，基尔运河建立了 12 个“交换点”（Weichen）以及多个临时系泊区。

为保证基尔运河交通安全，布伦斯比特市建立了基尔运河交通管制中心，该中心的职责主要包括四个方面：其一，全天候监控与引导船只通过；其二，防止走私船只进出运河；其三，采取措施防御恐怖主义袭击；其四，检查通航船只的安全性。为安全快速完成上述职责，基尔运河交管中心从 2004 年开始引入船舶自动识别系统（Automatic Identification System，AIS），对总吨位超过 300 吨的远洋船舶进行强制性 GPS 定位，根据收集处理的数据，交管中心的领航员能够妥善安排处于基尔—霍尔特瑙与布伦斯比特之间的船只。此外，为在保证运河通航基础上构建立体交通网络，自运河开启至今，基尔运河上建设了 10 座沿线高架桥梁，所有桥梁高于水面 42 米，超过规定通行船只最高高度 2 米。这 10 座桥梁的基本情况如下表。[①]

表 1

基尔运河桥梁	长度 / 米	重量 / 吨	建设时间
布伦斯比尔特公路桥	2826	5000	1979—1983
霍恩铁路大桥	2218	14900	1915—1920
霍恩高速公路大桥	390	4200	1985—1989
格伦塔尔铁路公路高架桥	405	3600	1983—1986
伦茨堡铁路大桥	2486	17740	1911—1913
拉德高速公路大桥	1498	14020	1969—1972
莱文绍铁路与公路高架桥	180	2600	1893—1894
莱文绍高架桥	365	4310	1980—1983
霍尔特瑙公路桥 1	518	365	1992—1995
霍尔特瑙公路桥 2	518	2280	1969—1972

① WSV, “Der Nord-Ostsee-Kanal: international und leistungsstark ”, https://www.gdws.wsv.bund.de/SharedDocs/Downloads/DE/Publikationen/_GDWS/Wasserstrassen/NOK.pdf?__blob=publicationFile&v=9, 访问时间：2021 年 7 月 11 日。

3. 基尔运河的排水与生态治理

基尔运河的建立连接了艾德河与其他河流，它们的水流经易北河与基尔峡湾进入运河，基尔运河吸收约 1580 平方千米积水区的水量，并将其中 250 平方千米的水量用排水泵排除，有效改善了石勒苏益格—荷尔斯泰因州大部分地区的降雨径流。考虑到运输问题、轮渡站的要求以及水文和气象条件，基尔运河的排水设施必须以不超过最高和最低水位的方式进行控制。对于特殊的天气，如暴风雨和持久的强降水，即使在运河北部和波罗的海，尽管有排水系统，仍无法防止运河中水位的上升，为保护堤岸的钢筋和水坝免受海浪的影响，运河管理中心会限制航运速度。如有必要，运河还会完全停止运输。同时当水位太高时，渡轮服务也会被停止。近年来，由于天气原因，基尔运河反复出现暂时中止运输和渡轮业务的情况。为了解决气候变化带来的负面影响，德国联邦政府采用了《德国对气候变化的适应战略》(DAS 2008) 和《德国第二行动计划》(APA 2015)，开发包括水平衡模型和下水道平衡模型的运河水道管理模型。这两个模型设置了一个用于未来五天模拟的短期预测工具和一个用于 2100 年之前的长期预测工具，成为水文预测工具的核心基础。

生态保护也是基尔运河治理极为重要的组成部分。基尔运河连接易北河、波罗的海以及其他内陆直流与湖泊，逐渐成为一些鱼类产卵区、生长区与永久栖息地之间的通道。目前基尔运河内已经发现包括鲱鱼、鳗鱼、鲈鱼在内的超过 75 种鱼类。例如，基尔运河成为重要的鲱鱼产卵迁徙通道，在春季鲱鱼从波罗的海通过运河迁徙到伦茨堡地区。由于通过运河排水管理，易北河一侧的运河含盐量为千分之三到千分之七，基尔峡湾的含盐量则为千分之十到千分之十四，所以基尔运河内同时存在淡水鱼与咸水鱼。除了运河底部和水域外，堤防尤其是用于保护堤岸的石头，逐渐成为多种无脊椎动物的栖息地，它们反过来又带来了鱼类的食物。为了进一步保护环境，基尔运河两岸建立起延绵 100 千米的生态绿化带，其中一些成为半自然或者近自然状态的动物栖息地，构成石勒苏益格—荷尔斯泰因州生物群落系统保护区的重要组成部分。为了保护基尔运河沿岸生态环境，石荷州政府规定在运河扩展项目以及维护工作中，必须将自然保护和水质管理考虑在内，在执行每个程序之前，应与相应的环境主管部门密切配合，确定国家和欧洲法律保护的物种范围。例如，修剪运河两岸树木时，重要的是要注意鸟类的繁殖时间。在扩建项目的个别规划批准程序中，必须确定生态干预措施并进行相应的补偿。这种严格的环境治理机制有效保护了基尔运河整个水底与两岸的生态系统。

三、基尔城市运河治理的进一步启示

首先，加强运河治理应注重经济效益与保护自然相结合。毋庸置疑，作为一条人工运河，一方面，基尔运河在促进经济发展、振兴当地经济以及推动文化交流等方面做出了杰出的贡献；另一方面，基尔运河并未因推进其经济效益而危害环境，相反还促进了对环境和生物多样性的保护。基尔运河是一条连接波罗的海和易北河流入北海的人工航道。得益于其历经数十年演变的生物群落结构，基尔运河为本地动植物提供了不同的栖息地。运河中已发现超过 75 种鱼类。最著名的是鲱鱼、鳗鱼、鼠鱼、蟑螂鱼、鲷鱼、鲤鱼和比目鱼。除悬浮固体和氧含量外，盐度是当地鱼类群落的一个关键参数。基尔运河也是洄游鱼类物种的重要通道，如马拉纳白鲑、海鳟、河鳗和海七鳃鳗。

其次，基尔运河治理强调与时俱进，树立长远打算。为了不断适应自身需求和客观技术的提升，在其 100 多年的历史中，基尔运河被拓宽了三次，始终保持着水路运输的竞争力。2020 年 7 月，为了适应形势的发展，保持自身竞争力，基尔运河相关机构提出减免运输费的倡议。基尔运河倡议主席詹斯·布罗德·努德森强调说："由于新冠危机，海洋经济承受着巨大的成本压力，基尔运河的交通量正经历前所未有的下降。"这表明基尔运河在竞争中处于相当不利的地位。除此之外，基尔运河当局还树立了长远规划：为了确保基尔运河航行的安全和效率，维护运河及其设施是绝对必要的。

最后，基尔运河注重环境保护并发展出卓有特色的旅游业。水路将自然和文化结合在一起，为休闲和冒险提供了无数的机会。基尔运河沿岸有集装箱船、游艇和豪华客轮，发展完善的步行路径为徒步旅行者、慢跑者和骑行者提供了理想的空间，免费渡轮使横渡运河成为可能。基尔运河对垂钓者和水上运动爱好者来说也是一个有吸引力的地方。据统计每年大约有 12000 名游艇运营商使用这条联邦水道，水路和航运管理局将自己视为服务提供商和希望体验水路的人的联系点，提供航道航行提示，颁发船长执照，并确保专业和娱乐航运安全共存。

Ⅳ 拉美城市运河治理篇

智利比奥－比奥运河

比奥－比奥运河是智利最大的灌溉渠，位于智利比奥－比奥省，该运河主要依托于比奥－比奥河而存在，比奥－比奥运河主要流经奇廉市。

一、比奥－比奥运河概况

（一）比奥－比奥运河是智利最大的灌溉渠

比奥－比奥运河是智利最大的灌溉渠。它位于比奥－比奥省，主要依托比奥－比奥河（Bio–Bio River）而存在。比奥－比奥河为智利最长的河流之一，河流总长 380 千米，发源于考廷省东部安第斯山脉的加耶图埃湖和伊卡尔马湖，流经马耶科、比奥－比奥和康塞普西翁等省，在康塞普西翁附近注入太平洋阿劳科湾，智利国土中部、南部的划分，一般以此河为界。该河中多沙洲，可供平底船通航 130 千米，而河水主要用于灌溉。

（二）拉雅运河是比奥－比奥运河重要组成部分

拉雅运河（canal laja）位于比奥－比奥省，是比奥－比奥河流域的重点水利工程之一，是比奥－比奥运河的组成部分，也是智利目前正在进行的最重要的公共水资源项目之一。[①] 拉雅运河最初的设计方案是一条长 75 千米，流速为 65 立方米 / 秒的大型灌溉渠。拉雅运河将水输送到相邻的、独立的

---

① Nardini, Andrea & Blanco, Hernan & Senior, Carmen, “Why didn’t EIA work in the Chilean project canal laja-diguillín? ”*Environmental Impact Assessment Review*,Vol.17,No.1,1997, pp.53~63.

伊塔塔河流域[1]，以达到灌溉约 6 万公顷土地的目的。该水利项目不仅包括灌溉还兼顾工业所需，可以改善当地的社会经济状况。该项目由智利政府机构“direcon de Riego”发起，水利工程设计及施工由“国家灌溉委员会”（CNR）负责。由于拉雅运河项目将影响当地的环境和部分居民的生活，CNR 做了一系列的研究来证明此项目的经济效益及其可行性。最终，拉雅运河项目于 1990 年正式启动，项目总成本约 1.2 亿美元，部分资金由日本政府提供。

（三）比奥—比奥运河的重要作用

比奥—比奥运河是智利使用最频繁的水利工程之一，该工程兼顾灌溉、工业使用、水力发电、娱乐和提供饮用水等多重功用。据统计，整个智利有超过一百万人在利用、享有比奥—比奥运河资源。[2]

1. 提供灌溉

比奥—比奥地区经济发展一直以农业、林业、渔业为基础，水源对其经济发展至关重要。据统计，比奥—比奥河流域取水量的 70% 用于农业灌溉，对该地区的农业发展发挥着极为重要的作用。

2. 工业使用

比奥—比奥河流域的重要工业支出是纸浆生产。沿岸的纸浆和造纸厂的原料选取自比奥—比奥运河流域的森林，生产出智利 80% 的纸浆，负责智利几乎所有的纸张生产。比奥—比奥运河作为各工厂的基础水源，发挥着不可替代的重要作用。

3. 水力发电

水力发电是智利主要电力来源，对水力发电极度依赖。20 世纪 80 年代以来，智利不断兴建水力发电厂。比奥—比奥运河流域提供了智利近 50% 的

---

① Grantham, Theodore (Ted) & Figueroa, Ricardo & Prat, Narcís, “Water management in Mediterranean river basins: a comparison of management frameworks, physical impacts, and ecological responses ”, *Hydrobiologia*,Vol.719,2013,pp.451~482.

② Grantham, Theodore(Ted)&Figueroa, Ricardo&Prat, Narcis,“Wate,Marogemertin” Mediterranean nier basins: a comp arison of maragemerit franemerks, physicalimpacts, and eological responses, Hydrobiologia, Vol. 719, 2013,pp.455~482.

水力发电与总发电量的20%，使其成为迄今为止智利国家电网的最重要贡献者。[①]

4. 旅游娱乐

20世纪80年代初期，比奥－比奥河流域不仅原野风景独特，还是世界最好的激流漂筏地点之一。尽管这些年各类水坝的修建导致急流漂筏地点迅速减少，比奥－比奥运河仍有不少河段是漂流冒险的理想地段，运河沿岸依旧是受人欢迎的野营地，并衍生了以比奥－比奥河命名的冒险组织——Bio Bio Expeditions。[②]此组织倡导健康、繁荣的环境和自然栖息地，致力于保护环境和生态可持续性。

（四）运河发展面临的挑战

智利依然处于发展中国家地位，如何均衡、绿色发展依旧是其主要面临的挑战。对于比奥－比奥运河而言，近年来也面临着运河可持续发展与助推经济发展的挑战

1. 自然灾害频发

地震和洪水对奇廉市的农业生产和居民生活造成了较大的破坏，迫使当地政府和居民多次迁移并重建。由于当地缺少流域与城市发展综合化的政策，导致暴雨时节下水网络崩溃，雨水集中在地表形成洪水，侵蚀破坏城市房屋。除此之外，流域环境的破坏阻碍了农业的发展。在地表雨水的冲刷下，河床和河岸成为废物、碎片贮藏的地方，这对比奥－比奥运河产生了不利影响。

2. 缺水

奇廉受限于地理位置极少降水，降水稀少已经严重损害了地区生产能力，特别是该地区小农的生产已经处于农业紧急状态。缺水同样导致比奥－比奥运河的水量常年不足。

---

① Carl Bauer,“Dams and Markets:Rivers and Electric Power in Chile ”, Natuarl Resource Journal,Vol.49,No.3,2009,pp.583~651.

② Bio Bio Expeditions 组织官网，https://bbxrafting.com/about-our-company/bio-bio-committed- to-conservation-and-giving-back/, 访问时间：2021年5月11日。

二、比奥－比奥运河治理案例分析

（一）比奥－比奥运河的用水治理

为提高用水效率，国家灌溉委员会出台法律给予资金支持促进灌溉，政府补贴高达项目价值的75%。这些项目的主要目标是改善生产动态并有助于提高用水效率。

1. 高峰用电限额

电力行业设定了用电高峰的最高限额，一旦超过这个限额，消费者则会被征收更高的税费。该系统的作用是提醒消费者合理用电，鼓励消费者在非高峰时段增加用电量，以此减少高峰时的用电负荷。

2. 工业和矿业部门提高用水效率

工业使用循环水系统比开发新水源具有更高的经济效益与环保效益。一方面，智利一些生产用水需求较大的工业，如纸浆和造纸产业，一直在逐步进行技术变革，显著减少了单位生产的用水量。另一方面，通过建立绩效机制，最小化水电开发对环境造成的负面影响，为了最大限度地减少不利影响，同时最大限度地提高效益，设立了项目绩效评估系统。评估系统具体包括：制定生物多样性的可持续性的性能标准；适应社会经济条件变化的灵活的操作规则；使用应用技术将公共安全风险降至最低；定期审查和更新水电设施许可证。[①]

（二）比奥－比奥运河社区共治

1. 政府加强立法工作

比奥－比奥运河作为智利第二大河，政府一直通过立法确保水资源的公

① Peter Goodwin,Klaus Jorde, “Minimizing environmental impacts of hydropower development: transferring lessons from past projects to a proposed strategy for Chile ”, *Journal of Hydroinformatics*, Vol.8,No.4,2066,pp.253~269.

平、高效利用。智利第一个规范用水的文本是 1819 年颁布的一项行政法令，该法令规定了灌溉系统的规模、销售形式和取水责任。1951 年的《水法》正式规定了私人用水权以及国家在管理这些权利方面的作用。[①]1967 年《水法》加强了水作为公共财产的概念，但改变了水使用权的法律性质，强调水的使用接受公共管理，由国家准许使用水。1994 年颁布了《基本环境法》，设立了国家环境委员会，作为负责协调在环境事务中行使权力的公共机构。该法律根据经济增长和社会公平等其他国家目标，为环境保护确立了总的框架。虽然这项法律从 1994 年才开始执行，但对智利国内立法方面影响深远。目前在国际协定、法律、最高法令、决议和智利官方条例中已经有一些关于水质的法律条例。[②]

2. 运河管理体系权职明确

（1）主要管理部门

卫生服务监督机构。SISS 是一个政府机构，其任务是在公平和长期可持续性理念指导下，确保向该国城市地区的公众提供饮用水供应和污水处理服务的质量。它还负责确保社区以可持续发展的形式处理和循环利用使用过的水资源。

国家农业和畜牧业发展研究所。INDAP 成立于 1962 年 11 月，其主要目标是促进和加强小型农场的发展。灌溉债券是一种经济激励，用于改善或加强现有的灌溉及排水工程、安装先进的灌溉系统，以及更换灌溉设备及设施。

国家灌溉委员会。它的任务是协调制定和实施国家灌溉政策，以最适当的方式利用该国的水资源，重点是灌溉和排水。

水利工程委员会。对卫生部负责，负责流域水利工程发展，并负责提出有效利用现有资源以促进水域发展的建议。

规划与合作部。负责政策的设计和执行，并对国家和区域发展及规划提出建议。

---

① Robert R. Hearnea,Guillermo Donosob, “Water institutional reforms in Chile ”, *Water Policy*,Vol.7,No.1, 2005,pp.53~69.

② Carl Bauer, *Siren Song: Chilean Water Law as a Model for International Reform*, US: Resources for the Future, 2004, p.143.

（2）权职分类

智利政府起主管作用：在水资源总局的技术支持下制定法律。

水资源总局：颁布决议，在法律赋予其权限的领域制定标准。

委员会：在法律赋予其权力的领域制定条例。

水利总局监督委员会起监视和控制作用：监督天然溪流、运河和高架渠的进入操作，以避免损害第三方；监控河流、湖泊和蓄水层的水文气象变量和水质；对地表水进行监测和检查；设立限制开采地下水的区域，并限制对环境造成损害的工程的开发。

用水协会：负责决议章程的通过，确保水的分配，处理一切异常情况。

农业和畜牧业部：监测灌溉区的水质。

环境卫生服务部：监测水质，以保护公众健康为导向，制定解决问题的决议。

3. 充分发掘居民自治权表达

智利的公民社区较为发达，因此在自然环境保护方面，智利政府充分发掘公民表达享有生态权利的诉求。公众的力量和意见是政府重要的参考依据。比如，GABB（生物防御行动小组）、土著权利团体、学生活动家等不同的环境组织曾联合起来呼吁彻底停止比奥—比奥河沿岸的任何其他项目，并且要求政府执行环境法律，尊重土著居民群体以及他们的土地和文化，制定有效的能源政策，优先考虑该国的社会和生态可持续性。这些环保主义者和土著居民虽然最后未能在当时实现愿望阻止水坝的修造，却在居民自治中凸显了自身地位，影响了往后智利政府对于处理人与比奥—比奥运河关系的模式。[①]

在智利对比奥—比奥运河的开发过程中，衍生了一个名为土著居民发展会的机构。[②]这是规划与合作部下属的一个自治公共机构，其职责如下：促

① P. Alex Latta, “Citizenship and the Politics of Nature: The Case of Chile’s Alto Bío Bío ”, *Citizenship Studies*, Vol.11,No.3,2007,pp.229~246.

② “The Destiny of the Bio-Bío River: Hydro Development at Any Cost”, https://fivas.org/en/vannkraft-en/the-destiny-of-the-bio-bio-river-hydro-development-at-any-cost/, 访问时间：2021 年 4 月 12 日。

进对土著居民的尊重，承认其所有者地位；推广本土文化和语言，以及双语教育；鼓励增加土著妇女居民的社会参与度；在土地和水的冲突中承担土著居民及其集体的法律辩护，并担任仲裁人；确保对土著居民土地的保护，并通过一项特别基金协助土著居民及其社区增加其土地所有权和获得水的机会；在确保其生态平衡的条件下适度促进对土地的利用；做好土著社区和协会登记和土著居民土地的公共登记工作；在任何土著居民成员之间的冲突中担任仲裁者协会；保存和传播土著居民的考古、历史和文化遗产；向总统提出保护土著所需的法律和行政改革建议。

三、智利比奥－比奥运河治理启示

（一）注重自然与经济开发的平衡

比奥－比奥运河所在的奇廉市位于中央谷地，西南距康塞普西翁近100千米，始建于1580年。1850年遭地震破坏后迁到现址（在旧城稍北），1939年遭地震破坏后再次重建，是富饶农业区的贸易中心，附近盛产水果、谷物、蔬菜和牲畜，有制革、制鞋、面粉、木材加工等工业。当地的高校有智利大学分校和康塞普西翁大学农艺分校。奇廉被安第斯山脉和火山环绕，因此拥有理想的滑雪场和温泉，并且该地有智利最长的滑雪季节，持续时间从5月到10月，还拥有海拔约5500英尺的药用温泉。除此以外，夏季还有其他各种户外运动和休闲场所。比奥－比奥运河发展与治理过程始终坚持与当地农业和旅游业发展相适应。

（二）运河治理倚重国家和城市可持续发展

近年来，智利不断出台相关法律法规促进环境的保护和国家的可持续发展。《国家大气净化计划战略》《能源过渡计划》等一系列计划的实施旨在减少这些地区的空气污染和严重事故，如对房屋进行热修复、增加对锅炉排放物的控制、对农业和森林燃烧的限制、公交车的更换以及社区对空气污染、对人口健康的影响的教育和宣传方案。鼓励人们减少使用木柴燃烧取暖，以减少人类活动对大气环境的污染。[①] 以上措施为比奥–比奥运河的治理提供了借鉴，并促进比奥–比奥运河的良性发展。

① 李旋风:《智利降十个城镇电取暖费以减少木柴取暖》http://www.br-cn.com/news/nm_news/20200811/153007.html，访问时间：2021年5月11日。

巴拿马的巴拿马运河

巴拿马运河（西班牙语：Canal de Panamá）位于中美洲的巴拿马，横穿巴拿马地峡，连接太平洋与大西洋，全长 82 千米，大致呈西北—东南走向。运河最宽处达 304 米，最窄处也有 152 米，是世界航运要道之一。

一、巴拿马运河的基本情况

巴拿马运河所在的巴拿马城位于巴拿马运河太平洋端的入口东部。巴拿马城为巴拿马的首都，亦是巴拿马的政治、经济、文化中心和中美洲的金融中心。该城由西班牙人于 1519 年设立，是西班牙帝国入侵位于现属秘鲁的印加帝国的起始点和基地，亦是当时欧洲人在美洲新大陆的重要贸易中心之一。

（一）基本结构

巴拿马运河的西北端连接大西洋，东南端连接太平洋，这与两大洋的相对位置恰好相反，这是因为巴拿马地峡在运河穿越位置的形状不规则导致的。运河中包括几个人工湖、几条人工修建或改建的水道和三座船闸。其中阿拉胡埃拉湖被用作运河水库。运河从大西洋一侧至太平洋一侧的结构如下：

1. 从大西洋入口处的标记线进入运河，船只将进入利蒙湾（巴伊亚湾），这是一个较大的自然海湾，入口长 8.7 千米。它带来了一个深水港克里斯托弗，促进了附近的科隆自由贸易区的发展。

2. 一条长约 3.2 千米（2.0 英里）的水道通向大西洋一侧的船闸。

3. 加通船闸将船只抬升进入海拔 26.5 米的加通湖，它包括三层闸门，长 1.9 千米（1.2 英里）。

4. 加通湖是由于加通水坝的修建而形成的人工湖，船只将在其中航行24.5千米（15英里）。这里是运河海拔的最高处，湖水由加通河注入，从船闸处流出。

5. 查格雷斯河从加通湖流出，长约8.5千米（5.3英里）。

6. 库雷布拉峡谷长约12.6千米（7.8英里），穿过美洲大陆分水岭，并从世纪大桥下经过。

7. 单层结构的佩德罗米格尔船闸长约1.4千米（0.87英里），从这里开始，运河海拔从9.5米处开始下降。

8. 人工湖米拉弗洛雷斯湖长约1.7千米（1.1英里），海拔约为16.5米。

9. 两层结构的观花船闸长约1.7千米（1.1英里）。

10. 接下来船只将来到巴尔博亚港，可以通过多种方式转运货物（铁路与航线交会），巴拿马城也在附近。

11. 巴尔博亚港外是运河于太平洋一侧的出入口和巴拿马湾，美洲大桥从上方经过。

（二）船闸与航道顺序

运河在太平洋一侧有两座船闸，在大西洋一侧有一座船闸。在大西洋一侧的船闸有三层，高达21米，每扇有745吨重，但平衡相当好，只要30千瓦功率的电机即可驱动开合。船室长305米、宽33.5米，船只在船闸中被提升26米，进入人工筑坝拦截查格里河形成的嘎顿湖，通过运河再经过一座单层船闸降到海拔16.5米，进入米拉弗洛湖，最后经过一座双层船闸降到海平面高度进入太平洋。每座船闸都是成对的，所以可以双行，船只在船闸中由轨道牵引机牵引行动。太平洋海面比大西洋海面高24厘米，并且潮汐较高。①

① 维基百科：巴拿马运河，https://zh.wikipedia.org/wiki/%E5%B7%B4%E6%8B%BF%E9%A9%AC%E8%BF%90%E6%B2%B3.

（三）巴拿马运河的公共服务职能

1. 航运服务

（1）代理委托。船东或租船人至少应在船舶抵达前5天向法定过河代理提出委托，并提供详细的船舶资料。代理收到委托后，向运河当局进行申报登记，并提供有关过河费用的估算。

（2）过河限制。运河当局对过河船只有严格限制，一般最大船长不得超过289.6米，集装箱船和客船可放宽至294.13米，最大船宽不得超过32.31米，自水线算起的最大船高不得超过57.91米，最大吃水为12.04米。船舶首次通过运河后，运河当局将以书面形式通知该轮过河允许最大吃水。

（3）排队或预订过河。船舶过河可以选择正常排队过河或预订过河。运河每天通过的北上（太平洋至大西洋方向）和南下（大西洋至太平洋方向）的船舶总数为38～40艘，其中有23～24个船位是留给预订船舶的，其他船位供没有预订的船舶使用。每天早晨，运河调度会根据船舶预订和到达情况，制订当天和第二天的过河计划，并通过运河电子网络发布，同时也会通报各船。通常安排大船在凌晨和上午过河，小船在下午和晚上过河。客户可提前预订船舶的过河日期，但要缴纳约相当于过河费10%的预订费。

（4）安全检查。船舶过河前，运河官员会上船进行安全检查，一般在锚地进行。

（5）强制引航。所有过河船只在运河水域航行必须有运河当局安排的引航员登轮引航。被分派的引航员一般在大西洋入口防波堤内和太平洋入口锚地内登船。常规引航服务费已包含在过河费中。在持证的巴拿马运河管理局引航员严重短缺的情况下，运河管理局可以暂停强制引航的规定。

（6）船舶丈量。巴拿马运河管理局会对过河船舶进行丈量，确定船舶的总容积和净吨位，以计算运河通行费。运河当局所使用的丈量体系包括国际通用丈量体系（UMS）和巴拿马运河通用丈量体系（PC/UMS）。

（7）船舶供应。巴拿马可以提供一般的船舶供应服务，包括加油、一般物料、海图航海资料、食品、化学品、淡水等。[①]

2. 发电

巴拿马运河的发电主要依托于加通湖，受气候影响旱季降雨量无法满足巴拿马的用电需求。为此，运河管理局将继续采取临时节水措施，以保障运河的正常通行。这些措施包括暂停加通湖水电站发电。[②]

二、巴拿马运河治理案例分析

巴拿马运河被誉为世界第八大奇迹，其原因是显而易见的。作为人类有史以来完成的最浩大的工程之一，船队可取道长约 77 千米的巴拿马运河，避免绕道南美洲最南端，因而节省了大量的时间和费用。巴拿马运河在生物保护、社区管理等方面的成就也值得称赞。

（一）生态环境治理

环境尤其是森林对运河流域水径流系统至关重要。巴拿马市政府和运河管理委员会就运河流域生态的更新保护做出一系列的安排。

1. 设立土著护林员

森林的管理想要取得效果，必须以当地土著居民的生活现状为基础，制定相应的管理政策，将公众参与森林基础设施的建设纳入政府决策者的规划。这需要制度层面的改革。

《巴拿马运河治理规划》提出提高环保意识及相关工作，尽可能将流域内人口转化为森林的管理者。例如，20 世纪 70 年代末，当地农业部门邀请农民加入政府的自然资源管理行列。政府提供免费教育机会、身份认同与经济补

---

① 中华人民共和国商务部：《巴拿马运河——概况》，http://panama.mofcom.gov.cn/article/huiyuan/201410/20141000772913.shtml，访问时间：2021 年 5 月 11 日。

② 苏津：《巴拿马运河面临缺水挑战，将暂停加通湖水电站发电》，http://news.bjx.com.cn/html/20200107/1034590.shtml，访问时间：2021 年 5 月 11 日。

偿，使其承担起保卫森林的工作。[①]

2. 增强强制性管理

1984 年后巴拿马军队与森林警卫队开始联合巡查，对运河周边环境监督和管理的范围逐步增大，涉及水、空气、土壤、人口、森林等。新的森林法规定生长超过 5 年的树木即为森林，不得砍伐。[②]

3. 设置人工屏障

流经巴拿马城的河流每天将 480 吨垃圾废物带入海洋，于是建立起人工屏障作为海洋垃圾污染的解决方法。在很短的一段时间内，被其阻拦的各类漂浮废物重达数吨。[③]

4. 推出治理政策

《2015—2035 零垃圾计划》（*Basura Cero 2015—2035*）是巴拿马城政府最新推出的一项治理政策，其目的是改变郊区和低收入社区的脏乱环境。

5. 禁塑令

巴拿马是中美洲第一个禁止使用一次性塑料袋的国家。巴拿马境内所有超市、药店和零售店停止使用聚乙烯材质的塑料袋。

6. 健康水源项目

健康水源项目（Agua Salud Project）确定了因农用退化的巴拿马运河流域内有效恢复热带森林的方法。通过对水文学、碳储量以及这些热带森林提供的与生物多样性相关的物资和服务进行检测。

（二）运河的维护与改造

1. 扩建

为了让巴拿马运河在可见的未来继续保持在世界远洋运输中的竞争力，2006 年 4 月 24 日，巴拿马政府正式提出了运河扩建计划，总投资为 52.2 亿美元。同年巴拿马就运河扩建问题举行全民公投，超过 78% 的投票表示支持。

---

①② 马芳艳：《将自然作为河流生态治理的基础——基于巴拿马运河的分析》，载《西南科技大学学报》（哲学社会科学版），2019 年第 2 期，第 1~5 页。

③《巴拿马城每日 480 吨废物入海 环保组织设屏障阻挡》，http://m.cqn.com.cn/cj/content/2019-04/17/content_7018109.htm，访问时间：2021 年 5 月 11 日。

扩建工程主要包括：

（1）建设新的船闸。这是整个扩建工程的重点，占扩建工程全部工程量的一半以上。施工人员分别在太平洋和大西洋两端各建造一个新船闸，每个船闸拥有 3 个船闸室。新闸室长 427 米、宽 55 米、水深 18.3 米，允许通过的最大船闸吃水为 15.2 米。

（2）为新船闸开挖入闸道，从而让新船闸与现有航道相通。在大西洋一侧，开挖一条长 3.2 千米的入闸道，使新船闸与现有的运河入海口相连。在太平洋一侧，为使新船闸与现有运河航道相连，则要开挖两条入闸道，长度分别为 6 千米和 1.8 千米。新入闸道的水面宽度至少为 218 米。

（3）对现有运河入口和航道进行拓宽加深，并提升加通湖水位，以保证吃水为 15.2 米的船舶将来可以顺利通过运河。[①]

2. 节水技术运用

除了双线互灌互泄方式、纵向梯级灌泄方式、省水池灌泄方式，巴拿马运河船闸的建设中还运用了带中间渠道形式，如米拉弗洛雷斯船闸和佩德罗·米格尔船闸通过渠道连接。这种形式由于渠道上水头差较渠道长度小，相当于减少了船闸闸室面积，因此可以减少船闸用水，且渠道和相邻闸室中可同时有船舶，较连续多级船闸通航效率高。还有一些不是直接省水的措施，如利用泵将下游的水抽进闸室，适用于特别缺水地区。[②]

（三）多方参与共治

1. 多种社会组织参与治理

绿色浪潮组织（Marea Verde）。该组织是一个非营利性协会，自 2017 年以来不断采取行动提高了人们对减轻巴拿马河流及沿海地区固体废物污染的认识。

---

① 陈丹阳、程宗宇：《巴拿马运河历史与现状分析》，载吴欣主编：《中国大运河发展报告（2019）》，社会科学文献出版社 2019 年 6 月版。

② 季晓堂、苏静波等：《巴拿马运河船闸省水技术综述》，载《水运工程》，2021 年第 1 期，第 111~116 页。

2. 政府组织治理

（1）优化海上航线。2014 年起巴拿马运河开始推动过境隔离计划（TSS）和船舶减速计划，这些措施都有效降低了往来于航道的迁徙鲸鱼和船舶之间的碰撞风险，同时过往船只温室气体和污染物排放量也平均降低了 75%。①

（2）征收“巴拿马运河拥堵附加费”。船只每次通过运河，需要使用超过 19684 升水量，如何再利用这些流入大海的水量是个挑战。新措施的实施，将使巴拿马运河更好地预测通过运河的船舶数量和类型，从而相应地分配水资源。②

3. 发动居民自治

（1）土著护林员。与政府协商招募作为利益相关者的农民，他们发挥特长，加入森林管理者队伍，实现身份转换。

（2）库那自治区

库那族是巴拿马地区的土著民族。当地人规划了特殊的森林步道提供生态旅游、学术调查以及资源管理和监测之用，这些步道的设计巧妙地通过当地一些重要的文化遗址和民俗植物分布点，因而成为良好的户外教学场地，不仅能让走过的人学习当地的民族生态学知识，更有机会体验当地的文化和生活习俗。

三、巴拿马城市运河治理的进一步启示

（一）巴拿马运河治理中始终重视法律法规的约束作用

加强立法使运河的国际立法和国内立法紧密相关。一方面，许多运河列入《世界遗产名录》之中，必须受到联合国教科文组织《保护世界文化和自

---

①《巴拿马向国际海事组织（IMO）提交航运减排新提案》，http://www.tanpaifang.com/jienenjianpai/2020/0822/73470.html，访问时间：2021 年 5 月 11 日。

②《4 月 1 日起，马士基开始征收巴拿马运河拥堵附加费》，http://www.sofreight.com/news_42568.html，访问时间：2021 年 5 月 11 日。

然遗产公约》所衍生的条约法体系的约束。另一方面，一些运河所具有的战略地位也影响了国际关系，在一定意义上形成了众多规范运河航道运行的条约法体系。巴拿马运河立法层出不穷，既有美国国内立法，也有美国和巴拿马共和国之间的条约，前者如 1960 年 2 月 2 日美国第 86 届国会以 382 对 12 票通过的《重申保护美国在运河区主权的决议案》，后者则有最终解决争议问题的《巴拿马运河条约》和《巴拿马运河永久中立和营运条约》。[1]

（二）运河治理与城市可持续发展相促进

巴拿马城常年受到环境问题困扰。一是水污染问题严重，主要发生在河流、溪流、湖泊和海洋中。巴拿马湾数百年来一直接受污染的原水排放，水处理厂的短缺加剧了这种情况。二是固体废物管理绩效不佳。巴拿马城平均每人每天的垃圾制造量为 1.2 公斤，这意味着该城一年内产生的垃圾，能够掩埋巴拿马国内的任何一座摩天大楼。流经巴拿马城的河流每天会将 480 吨垃圾废物带入海洋。[2] 三是空气污染严重。巴拿马城车辆拥有量很高，而且汽车数量正在飙升，汽车污染占该市空气污染的 90%。同时巴拿马城缺乏执行现有空气质量标准的机构能力，以及对现有车辆的维护，导致空气状态无法得到扭转，巴拿马政府需将运河的收益留出一部分专门用于城市环境的治理与保护。

① 夏锦文、钱宁峰:《论大运河立法体系的构建》，载《江苏社会科学》，2020 年第 4 期，第 89~98 页。

②《巴拿马城每日 480 吨废物入海 环保组织设屏障阻挡》，http://m.cqn.com.cn/cj/content/2019-04/17/content_7018109.htm，访问时间：2021 年 5 月 11 日。

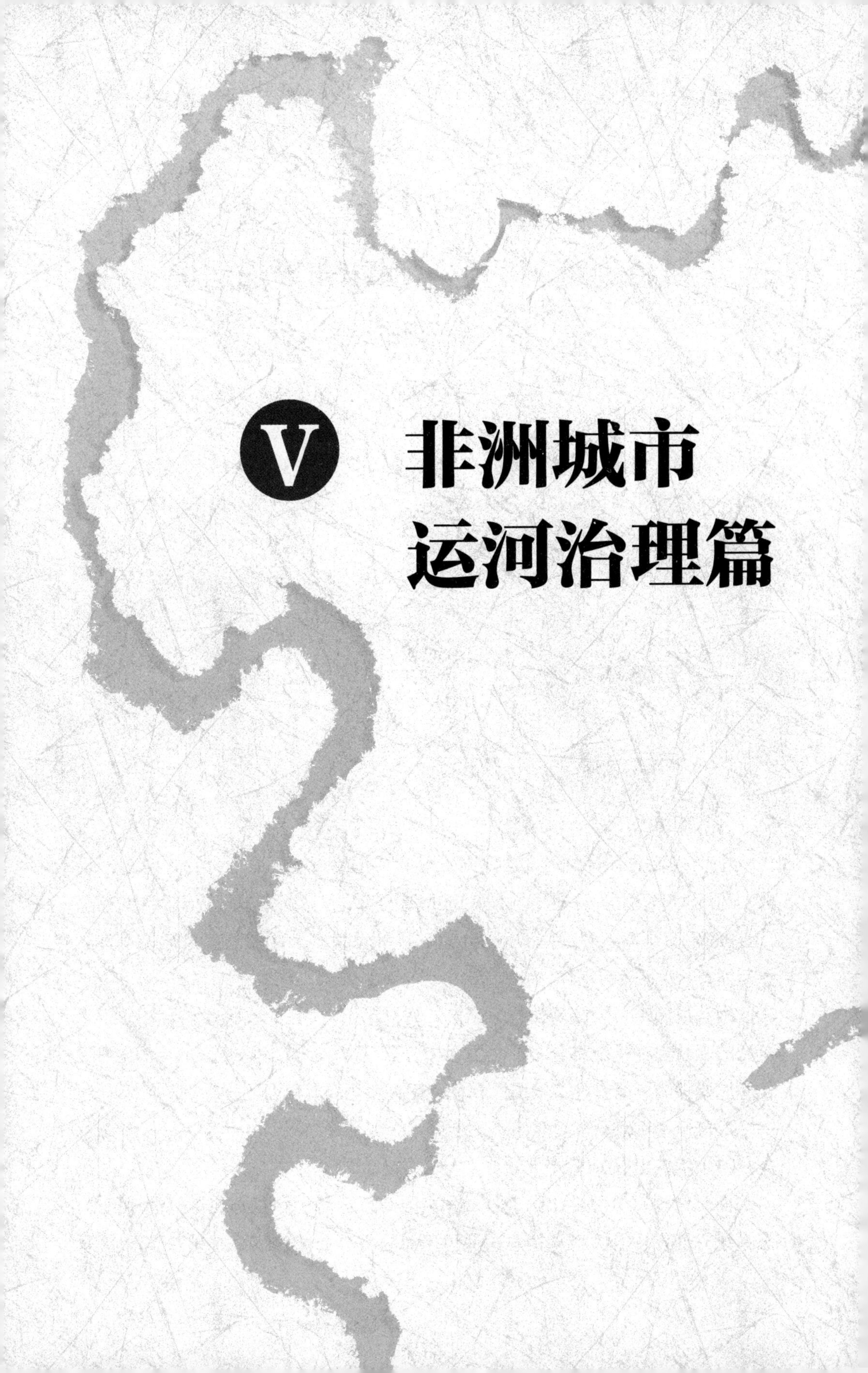

V 非洲城市运河治理篇

科特迪瓦阿萨尼运河和弗里迪运河

阿比让市是科特迪瓦最大的城市和港口，西非金融、贸易中心，风景优美，是非洲著名的游览城市，也是全国最大的旅游中心。阿比让市曾是科特迪瓦前首都，现在是科特迪瓦的经济首都。它是西非第二大城市，仅次于拉各斯，还是西非著名的良港。阿比让市位于几内亚湾沿岸（位于国境东南沿海岸埃布里耶潟湖北岸），由埃布里耶潟湖中的小巴萨姆岛及潟湖北岸组成，岛屿与大陆之间有铁路桥相连，阿萨尼运河和弗里迪运河流经于此。

一、运河基本情况

（一）阿萨尼运河

1. 基本情况

位于科特迪瓦阿比让的阿萨尼运河（canal dAzagny）于1923年修筑通航。位于埃布里耶潟湖（Lagune Ébrié）的西端，它可以导航至邦达马河（Bandama）、大拉乌潟湖（Grand-Lahou）和大西洋，穿越阿萨尼国家公园。该运河总长度为18千米。

阿萨尼国家公园的地形略为突出，海拔在40～100米之间，从大草原到茂密的森林在这里都有分布。主要森林形态包括保留在公园南部的沿海森林、作为原始林的旱地森林、吸湿性森林（在公园北部）以及沼泽森林。

2. 阿萨尼运河的重要作用

（1）维护生态系统

面对时常发生的洪水灾害，潟湖和阿萨尼运河的红树林在维持健康的生态系统方面发挥着关键作用。这些位于海陆交界处的红树林维护着生物多样性，使水质得到改善，并保护海岸线免受洪灾和侵蚀。其中可以通航的阿萨尼运河允许乘船游览，并配有观景台，可欣赏到周围的自然美景。

（2）减轻洪水灾害

沼泽洼地作为北部支流和一般降水的集水区，减轻了洪水和防洪的压力。潟湖（Tiagba，Mackey，Tadjo，Noumouzou）遍布沿海，并通过阿萨尼运河与埃布里潟湖相连，形成了红树林生态系统。这种典型的植被通过其高跷根（Rhizophora）和气肺（Avicennia）的作用，阻止了不同环境之间的水交换所携带的冲积物和碎片。最终，全季通航的班达马河流入大西洋，并在河流—潟湖—海上交界处形成大量泥炭藓（Sphagnum albicans），这种现象很少出现在热带非洲低地的亲水性林地区。

（二）弗里迪运河

1. 基本情况

弗里迪运河位于科特迪瓦的最大城市和港口阿比让。1950 年，科特迪瓦人切穿沙嘴，开凿了长 3.2 千米、宽 370 米、深 15 米的弗里迪运河，沟通了埃布里耶潟湖与几内亚湾，使远洋海轮直接进入潟湖。从此阿比让市迅速发展，成为西非法语区政治、经济中心。

弗里迪运河使阿比让港独具特色，万吨轮船通过一条 15 千米的运河可从大西洋直达阿比让市内。这条运河是科特迪瓦“真正的脐带”，成为科特迪瓦经济发展的关键。

2019 年 2 月 22 日，由中企承建的弗里迪运河扩宽加深工程竣工并投入使用。科特迪瓦总理库利巴利表示弗里迪运河拓宽加深工程将助力阿比让港早日成为西非第一大港，并有力推动科特迪瓦成为非洲地区的重要海运枢纽。

2. 运河具体参数

（1）河道里程：从弗里迪运河港口到阿比让港口总长 18 海里。

（2）水域参数：在工程开始之前，运河可容纳最长 250 米、吃水深度最深 12 米、最多拥有 3500 个集装箱的船只。现在，它可以容纳最多 10000 个集装箱的船只和常规集装箱船，吃水深度不超过 16 米。

二、阿比让市运河治理案例

（一）保护湿地设立国家公园保护环境

阿萨尼国家公园包含许多濒临灭绝的稀有和易受伤害的哺乳动物，这些物种或多或少得益于其湿润的质地所提供的自然防护，保护其免受农业侵略、偷猎、非法捕鱼的侵害。阿萨尼运河沿岸自 1983 年 4 月 2 日起设立国家公园，开始对在国家公园内进行旅游业、教育和文化职业研究活动进行授权。

（二）政府出台培训计划

为了使运河周围的居民参与到保护中，并降低公园偷猎的长期风险，地方政府机构和有关国际组织制订了各种培训计划。

（三）河道的扩宽与保护

为了解决港口的淤积问题，2019 年，弗里迪运河扩宽加深工程竣工并投入使用。拓宽和加深的弗里迪运河使得巩固非洲沿海港口枢纽的地位成为可能，并增强了科特迪瓦在该区域经济发展中的作用。运河拓宽后允许大型商船进入，并于 2020 年交付第二个集装箱码头。所有这些开发项目的总成本超过 1 万亿非洲金融共同体法郎（约合 10.5 亿欧元），其中 85% 由国家通过中国进出口银行的贷款提供，其余 15% 由私营部门提供。

（四）加强国际合作协同运河治理

科特迪瓦 2017 年加入西非海岸管理计划（WACA）。该计划是为生活在沿海地区并依靠其谋生，维护粮食安全和繁荣的西非人民合作制订的。该方案是各国为改善其沿海共同资源的管理，减少沿海社区所面临的自然和人为风险而做出的共同努力。

WACA 促进知识转让，鼓励国家之间进行政策对话，并动员公共和私人资金来对抗海岸侵蚀、洪水、污染和气候变化等。WACA 计划包括国家项目和区域整合活动。WACA 还设立了对话和资金机制，作为共同合作的平台。WACA 规定，未经主管部门批准，禁止在沿海地区倾倒任何种类的废物，采掘材料或疏浚，禁止破坏保护区，即含有当地物种的地区。由于湿地波及的海岸线是科特迪瓦的重要资产，因此对沿海环境进行可持续管理，不仅对阿萨尼运河，更是对科特迪瓦有至关重要的作用。

三、科特迪瓦阿萨尼运河与弗里迪运河治理的进一步启示

（一）运河治理进一步促进运河自身的功能完善

阿比让市于 1903 年作为铁路起点而兴建，是科特迪瓦最大的都市（港口）和经济首都，也是科特迪瓦实际上的行政中心（科特迪瓦名义上的首都是亚穆苏克罗）。阿比让市区坐落于大西洋畔埃布里耶潟湖上的几个岛屿及半岛上，相互之间以桥梁连接。这座城市一方面气候湿热，交通拥挤又满是小贩；另一方面，阿比让又有“西非小巴黎”之称，这得名于阿比让的公园、宽广的大道、大学、博物馆等设施以及它充满异国风味的情调。近年来，政府不断出台相关法律法规促进运河自身的更新保护和周边治安整治，促进运河与城市的良性发展。

（二）运河治理与经济发展相结合

阿比让港口是科特迪瓦阿比让南部特赖希维尔的转运枢纽。弗里迪运河使阿比让港口能够充分发挥其战略经济基础作用。现在，阿比让港口占科特迪瓦外贸的 85%，占海关收入的 75%。布基纳法索、马里、尼日尔、乍得等周边内陆国家 70% 的进出口贸易经由阿比让港实现。近年来，阿比让港也通过实施一系列改扩建工程不断优化港区基础设施。投入 180 亿西非法郎新建了占地面积 33 公顷的货运卡车停车场，实施渔港的现代化改造工程；与中国

进出口银行合作，投资 5000 亿西非法郎（约合 7.6 亿欧元），启动了弗里迪运河疏浚工程和第二集装箱码头建设工程。上述改扩建工程的实施，有助于阿比让港综合竞争力的进一步提升，使其有望跻身非洲一流港口之列，助力城市和国家经济贸易活动的进一步拓展。同时，运河沿线的经济商业项目也将进一步得以拓展。

马达加斯加潘加兰运河

马达加斯加的东海岸也被称作“旋风海岸”。19 世纪末，马达加斯加还处于法国殖民统治之下，法国殖民者在潘加兰地区开挖了一条 665 千米长的水路（潘加兰运河），由几条天然河流和数个人造湖泊构成。运河沿马达加斯加东海岸流经塔马塔夫和法拉凡加纳，其中马南扎里河以北的运河河段可通航，潘加兰运河的治理和修复是该地区乃至该国经济发展的一个重要环节。

一、潘加兰运河概况

马达加斯加共和国，简称马达加斯加，是位于印度洋西部的非洲岛国，隔莫桑比克海峡与非洲大陆相望。马达加斯加岛全岛由火山岩构成，作为非洲第一、世界第四大的岛屿，马达加斯加岛旅游资源丰富。20 世纪 90 年代以来，该国政府将旅游业列为重点发展行业，鼓励外商向旅游业投资。居民中 98% 是马达加斯加人。马达加斯加是世界最不发达国家之一，国民经济以农业为主，农业人口占全国总人口的 80% 以上，工业基础非常薄弱。为了解决马达加斯加的交通问题，潘加兰运河开始修建。

（一）潘加兰运河的来历

潘加兰运河的开凿可以追溯到 1896 年。法国的加利尼将军主持运河施工，其目的是加强对该地区的行政和军事控制。当时，法国殖民者的商船和军舰主要在马达加斯加东部海域航行，但这一海域的航行条件恶劣，还潜伏着许多威胁，如暗礁、巨浪、强水流、沉船、鲨鱼等。于是，殖民政府决定另辟一条水路来满足其安全航运需要。按照当时的计划，他们打算将陆上的湖泊、潟湖和可通航的河流，连成一条长距离的水上通道。1898 年，从伊翁德鲁河（Ivondro）到安代武兰图（Andevoranto）的河段开始开凿。从开工一直到 1901 年 9 月 1 日的正式通航，该河段的修建工程花费了将近四年的时间。运河的整体施工计划于 1925 年完成制订，殖民当局为该工程预留了一笔资金，并推进其中的一部分工程建设。至运河建成之日，其长度达到了 665 千米。

（二）潘加兰运河对经济发展至关重要

马达加斯加东部地区人口主要集中在费努阿里武和武希佩努（Vohipeno）两个城市圈，人口密度在 50 ～ 100 人 / 平方千米之间。当地的农业发展具有一定的多样性，包括规模化种植农业和基于水稻种植的自给农业。这一地区的种植农业以热带经济作物为主，如咖啡、香蕉、丁香、胡椒、香草、甘蔗和各种热带水果（柑橘类水果、荔枝、鳄梨等），占据马达加斯加的主导地位，也构成了当地农民的主要收入来源（占比在一半以上）。除了农业生产以外，该地区矿产资源丰富，主要有石墨、铬铁矿、云母、铝土矿，还有良好的钛铁矿和水泥石灰石矿床。另外，该地区的河流落差大、水力资源丰富。这些优势促进了小型农产品与食品工业的一体化发展。产业发展带来了出口的需要，然而现有的交通运输手段无法满足这些需要。在最偏远的地区，产品运输的费用可达 50 马达加斯加法郎 / 公斤。由于运输成本高昂，农民和企业主限制了产量，导致经济发展的停滞甚至是倒退。交通运输网络的建设对挽救当地的经济发展起到决定性作用。

（三）面临的挑战

由于马达加斯加国家治理体系和治理能力依然落后，基础设施等方面短板突出。1929 年建成的马达加斯加港口设施已经十分老旧。2007 年以来，马达加斯加港口以及有关监管部门还发起一些研究工作来推动港口相关基建改扩建工程的落实，这些项目对马达加斯加本国财政而言是一个巨大负担。但为了实现现代化，利用其印度洋沿岸的海上窗口，与中东、远东市场以及南部非洲发展好商贸联系，马达加斯加开启了对相关设施的改建工程。

二、潘加兰运河治理案例分析

交通不发达一直是马达加斯加一个棘手的问题。交通基础设施的建设不仅对出口货物有着重大意义，还是国民经济发展的必要条件。马达加斯加东部沿海人口稠密，且资源丰富、产业多样，是引进外资的最重要窗口。然而，由于常年可用的快速运输通道的缺失，该地区的发展遭受了极大制约。潘加兰运河的治理和修复就是改善该地区乃至该国经济发展的一个重要环节。

（一）运河的维护

20 世纪 50 年代，由于遭到忽视，该河段的淤泥堆积，航行条件大幅下降，40 吨级的驳船都难以顺利通行。疏浚河道成为解决问题的首要方式，然而所需的设备不足，已有的设备又老旧不堪，无法使用。对交通基础设施负责的路桥管理部门又把注意力集中在了对公路和其他道路的维护上，而不是对运河的维护。

其实，潘加兰运河在经过一些治理之后就可以保证更多的船只正常通行，然而随着泥沙的淤积和水生植物的入侵和泛滥，其通行量被迫下降。由于缺乏外运手段，每年都有大量的经济作物（咖啡、香草）就地烂掉。受此影响的一些地区呼吁重新将运河投入使用。

随后，政府对运河各个河段进行了修复。疏通之后，河段通过种植乔木和灌木的方式来稳固堤岸，并通过打桩机等设备进行人工加固。对整个河段进行路标标记（如分界点、公里数、信号标志灯），这样一些已有的水道得以利用，并延伸到内陆地区，不仅完善了运河交通网络的功能，而且也对现有运河中间设施起到补充作用。

（二）运河周边生态环境治理[①]

潘加兰运河的北端为图阿马西纳河港、南端为法拉凡加纳，两端距离将近660千米。运河沿岸的植物多样性非常丰富，包括大片的原生树林、众多的棕榈树以及其他植物。运河岸边的植物也相当多样，如马达加斯加猪笼草、水葫芦、睡莲、露兜树、红厚壳属植物等。

运河边的森林一年四季都很茂盛，环境潮湿，多种动物在森林里栖息，包括四种狐猴。运河两岸的湿地吸引了鸟类前来繁衍。这里约有50种鸟类，其中50%是地方性的。仅在沃希波拉（Vohibola）保护区内的森林中，就有38种两栖动物和爬行动物，其中36种是地方性的，包括青蛙、淡水龟和尼罗鳄。

（三）运河疏浚治理

"马达加斯加创新学院"（lInstitut Malgached Innovations，IMI）于1980年成立，其中有一个部门负责潘加兰运河专门事务并培训相关运河治理人员。"创新学院"多次组织潘加兰运河疏浚作业，并与该国的军方农业生产与改革办公室（lOffice Militaire Production et la Réforme Agraire，OMIPRA）制订了一个开发和疏浚潘加兰运河图阿马西纳（Joamasina）和马南扎旦（Mananjary）河段的工程计划。马达加斯加公共工程部（Ministère des Travaux Publics）指导潘加兰运河的施工工作。1990年成立"潘加兰运河航运公司"（la Société de Navigation du Canal des Pangalanes）、潘加兰运河开发公司（la Société dExploitation du Canal des Pangalanes）以及"潘加兰河港"管理机构。2003年9月，马达加斯加公共工程部向社会各界就"潘加兰运河疏浚工程"进行招标，并成立研究办公室，但此轮招标无果而终，潘加兰运河治理工作遭到搁置。

2000—2003年成立的马达加斯加"海河港务管理局"（lAgence Portuaire Maritime et Fluviale，APMF），隶属该国交通部。2005年10月海河港务管理局

---

① 法国生态旅游组织Echoway网站：https://www.echoway.org/，访问时间：2021年5月11日。

开展运河创新行动评估，并对这一河段的综合开发价值给予肯定。2007 年海河港务管理局与国家环境办公室（lOffice National pour l'Environnement）的代表对潘加兰运河进行视察，以寻求环境保护方面的解决方案。同年，海河港务管理局又发起了对于紧迫工程的招标工作。随后，多个围绕运河重新开放和航运条件改善的工程得以开启。

（四）运河治理的国际合作①

2016 年年底，摩洛哥国王穆罕默德六世对马达加斯加进行了国事访问，马达加斯加政府与摩洛哥达成协议，将在潘加兰运河的治理上展开合作。2017 年 3 月，摩洛哥土木工程公司 Marchica Med 代表团到达马达加斯加，对潘加兰运河进行了考察。Marchica Med 计划采用自身于摩洛哥东北部纳祖尔附近的潟湖治理经验来参与潘加兰运河的治理工作。

不过，这项计划并没有得到落实，据 2019 年 6 月马达加斯加海河港务管理局的一份资料披露，摩洛哥方面的方案并未得到采用。当前，这项国际合作项目的走向仍然不清晰。

（五）促进运河发展与旅游发展项目

2019 年马达加斯加总统办公室发布对潘加兰运河修复治理、促进当地可持续旅游业发展的官方文件②。文件显示，此次的修复工作旨在通过运河沿岸旅馆与旅游基础设施的修建促进当地旅游业的发展。该计划将使约 300 万运河沿岸居民受益。

潘加兰运河的旅游开发计划被定位为核心发展计划，目的是让沿岸居民能实实在在地从游客访问量的增加当中获益，并促进阿钦安阿纳（Atsinanana）地区的旅游业增长，增加旅游项目的多样性。该计划的指导委员会由国家旅游业总局、阿钦安阿纳地区、法国罗讷—阿尔卑斯大区、图阿马西纳地区旅

---

① Andry Rajoelina au Salon ITM,"Pangalanes Canal project reactivated", https://lexpress.mg/22/06/2019/navigation-le-projet-pangalanes-reactive/, 访问时间：2021 年 2 月 21 日。

② 马达加斯加总统办公室官网：http://www.presidence.gov.mg/, 访问时间：2021 年 5 月 11 日。

游业办公室、图阿马西纳六家旅行社以及非政府组织 Tetraktys 组成。项目实施则由图阿马西纳地区旅游办公室和一家非政府组织合作完成。

沿岸乡村地带的生态旅馆由村民合作社管理。每个居民在群众大会上都享有投票权。根据大会选举结果，当选的成员组成董事会，该董事会能够就生态旅馆的管理做出决定并审核经营账目。在上岗之前，董事会的成员会接受会计、管理和组织活动方面的培训。

此外，村民还组成了一个管理团队，管理生态旅馆的日常事务。其岗前培训内容包括法语、游客接待、管理和会计方面的知识技能。

三、马达加斯加潘加兰运河治理的进一步启示

（一）运河治理服务于国内市场

马达加斯加港口将发展邮轮和轮渡业务，以足够的海运设备来服务其国内市场。为实现该目标，马达加斯加建设了相应的基础设施来连接港口与内地。在“塔那那利佛－图阿马西纳－马达加斯加”城市化项目框架下，一些关于马达加斯加市环城高速公路的建设、连接首都塔那那利佛与马达加斯加市的 2 号国家公路的修整与拓宽计划已经展开。马达加斯加市希望依靠洲际运输的发展，满足亚洲和非洲之间航运的中转需要。其中潘加兰运河在马达加斯加交通运输中发挥了重要作用，因此，历次运河的治理都与国内经济发展计划息息相关。

（二）运河治理助推旅游业发展

2009 年以前，马达加斯加经济发展良好，连续多年经济增长率保持在 6% 左右，社会治安总体不错，国际援助力度较大。2009—2013 年政治危机期间，除人道主义援助外，国际社会中断或减少了对马达加斯加的经济援助，致使该国财政极度萎缩，社会经济停滞不前，社会治安形势严峻，投资环境不断恶化，外国对马达加斯加直接投资骤减。2014 年国家回归宪政、结束政治危

机后，经济社会发展逐步回到正轨，投资环境有所改善，但人均国民总收入仍属低水平。马达加斯加竞争优势主要体现在：自然资源丰富；工资成本低；政策法规相对健全；创立公司手续简便。马达加斯加大选后国内政治局势趋于稳定，新一届政府将“释放旅游业发展潜力和经济效用”列入施政纲领，力争实现每年 50 万名外国游客到访马达加斯加。在该政策指引下，政府将加大对潘加兰运河的治理，以促进当地旅游业的可持续发展。

埃及苏伊士运河

埃及是世界上最重要的文明古国之一，地处亚欧非三大洲交界处，扼守“21世纪海上丝绸之路”的战略要冲，苏伊士运河走廊（Suez Canal）是一条海平面的水道，在埃及贯通苏伊士地峡，沟通地中海与红海，提供从欧洲至印度洋和西太平洋附近土地的最近航线。它是世界上使用最频繁的航线之一，也是亚洲与非洲的交界线，是亚洲与非洲、欧洲人员贸易来往的主要通道。苏伊士运河更是埃及经济的“生命线”和“摇钱树”。

一、苏伊士运河概况

苏伊士运河北起塞得港，南至苏伊士城，在塞得港北面掘道入地中海至苏伊士的南面。苏伊士运河的建成使得非洲大半岛变成非洲大陆，埃及横跨亚非，西南亚、东北非以及南欧的贸易更加繁忙。2015年7月29日，新苏伊士运河疏浚工作已正式完成，2015年8月6日正式开通。

（一）概况

地理区位：苏伊士运河是亚洲与非洲之间的分界线，同时也是亚非与欧洲间最直接的水上通道。运河西面是尼罗河低洼三角洲，东面较高，是高低不平且干旱的西奈半岛。在运河建造之前，毗邻的唯一重要聚居区只有苏伊士城；沿岸的其他城镇基本在运河建成后才逐渐发展起来。

地形分布：苏伊士的地形并不相同，有三个充满水的凹洼：曼札拉湖、提姆萨赫湖和苦湖。苏伊士运河穿过苏伊士地峡，沟通地中海和红海、印度洋。地峡是由海洋沉积物、粗沙和在早先降雨时期积存的沙砾、尼罗河的冲积土

（尤其在北部）和风吹来的沙等构成的。在地峡处开凿运河节约海上航程。

明渠路线：苏伊士运河是条无闸明渠，其全线基本为直道，但也有 8 个主要弯道。运河自北向南贯穿 4 个湖泊：曼札拉湖（Lake Manzala）、提姆萨赫湖（Lake Timsah）、大苦湖（Great Bitter Lake）、小苦湖（Little Bitter Lake）。两端分别连接北部地中海畔的塞得港和南部红海边的苏伊士城。

河道里程：从航路浮标至塞得港灯塔：19.5 千米；从等候区域到南入口：8.5 千米；从塞得港到伊斯梅利亚：78.5 千米；从伊斯梅利亚到陶菲克港：83.75 千米；提速区的长度：78.00 千米。

水域参数：水面宽度（北 / 南）：345 ～ 280 米；浮标之间的宽度（北 / 南）：215 ～ 195 米；运河深度：22.5 米；最大船舶吃水允许值：18.8976 米；交叉区域：4800 ～ 4350 平方米；最大吨位：21 万吨；满载油轮的限速：13 千米 / 时；货舱船限速：14 千米 / 时。

（二）运河使用

苏伊士运河于 1870 年开始使用。最初，双向通行时必须有一船进入通行湾停靠，但是 1947 年后采用了护航体制。起初通行时间平均 40 小时，到了 1949 年已减少到 13 小时，随着 1942 年后运输量增加，至 1967 年又升到 15 小时，有护航也是如此，这反映了当时油船运输量的增加。护航队每天都出发护航，两队向南，一队向北。南行的护航队在塞得港、拜拉赫（Al-Ballah）、提姆萨赫湖和卡布里特（Al-Kabrit）停靠，北行这些地方都有旁道，护航队可在这里继续前进无须停留。随着总的运输量减少和运河相应扩大，自 1975 年以来，通行时间缩短为 14 小时。

自 1945 年创纪录地运输了 984000 名乘客后，由于航空业的竞争，客运量急骤减少。不过，从俄罗斯、南欧和阿尔及利亚的炼油厂主要运往印度的运输任务还在继续；干货的运输包括谷物、矿石和金属也有所增加。

苏伊士运河并非总是畅通无阻，尤其值得注意的是战争期间苏伊士运河的通畅情况，在国家利益和意识形态的驱动下苏伊士运河常常成为战争和地缘政治博弈的工具。例如，1898 年美西战争期间不准西班牙战舰通过；1905 年日俄战争期间不准俄罗斯海军舰队通过。原则上说，第一次和第二次世界大战期间，运河向所有交战国开放，但是同盟国军事上的优势使德国及其盟友不能有效地使用运河。1949 年以色列与阿拉伯国家的战争停战后，埃及不准以色列使用运河，也不准所有与以色列有贸易往来的船只通过。1956—1957 年苏伊士危机期间，在以色列攻击了埃及军队，法国和英国军队占领部分运河地区之后，苏伊士运河关闭；第二次关闭是 1967 年 6 月以阿战争后，在战争期间和战后，运河成为埃及和以色列许多战斗的战场，有好几年甚至变成了这两国敌对军队的前线。随着 1975 年 6 月运河的重新开放和 1979 年埃及和以色列和平条约的签署，所有船只（包括在以色列注册的）又重新得以进入这条水道。

（三）苏伊士运河的重要意义

100 多年前，马克思就把苏伊士运河称为“东方伟大的航道”。苏伊士运河建成后，大大缩短了从亚洲各港口到欧洲区的航程，可缩短 8000 ～ 10000 千米以上。它沟通了红海与地中海，使大西洋经地中海和苏伊士运河与印度洋和太平洋连接起来，是一条具有重要经济意义和战略意义的国际航运水道。据统计，世界海运贸易额的 7% 都源于苏伊士运河，其中 35% 的份额是红海和波斯湾沿岸港口、20% 是印度和东南亚港口、39% 是远东。中东地区出口到西欧的石油，70% 经由苏伊士运河运送，每年经苏伊士运河运输的货物占世界海运贸易的 14%，在世界上适于海运的人工运河中，其使用国家之众、过往船只之多、货运量之大，苏伊士运河名列前茅。

苏伊士运河在埃及本国经济发展中具有极大的价值。苏伊士运河是埃及经济的“生命线”和“摇钱树”。过往船只通行费多年来一直与侨汇、旅游、石油一道成为埃及外汇收入的四大支柱。

（四）面临的挑战

环境污染成为苏伊士运河以及苏伊士市最严重的挑战之一。苏伊士的海洋污染问题日趋严重，其中最重要的就是在苏伊士市出现了 13 个海洋污染集中点，各方已经共同制定了治理这种污染的方法，并指出应该加强合作以应对污染问题，并成立了一个专门委员会来处理苏伊士运河的垃圾问题。

二、苏伊士运河治理案例

（一）充分发挥公共服务职能

1. **人力资源开发**

苏伊士运河管理局的培训项目主要以三种形式进行，分别是在该机构所属培训中心进行培训、在埃及国内进行培训以及国外培训。该机构所属培训中心主要包括两个职业培训中心（分别位于塞得港和苏伊士）、三个航海学校（分别位于伊斯玛利亚、塞得港和苏伊士）以及一个外语培训中心和一个电脑培训中心。职业培训中心的培训内容涉及电力、车间、船舶机械、造船和工程制图；航海学校培训内容涉及海洋科技、工业安全、遏制海洋污染、船舶驾驶等；而外语和计算机培训中心旨在为该机构的工作人员提供英语和Windows 系统的培训服务。在埃及国内的培训服务主要有：为该机构的各级工作人员进行培训，提高其工作效率；为各分支机构开设面向工程师、医生、会计、律师和技术员的专门课程；为埃及共和国各工科院校的学生开设专门课程并提供暑期培训。此外，该机构还提供资金支持鼓励相关领域的专家参加国际会议和项目。[①]

2. **电子服务**

苏伊士运河管理局通过其官方网站向大众提供过境请求、退税申请、船舶维护、招标投标和用水补给等服务。

3. **经贸合作发挥重要积极作用**

（1）中埃苏伊士经贸合作区

中埃苏伊士经贸合作区位于苏伊士湾西北经济区内，地处亚非欧三大洲的金三角地带。1997 年，中埃两国政府签署谅解备忘录，中国同意为埃及在苏伊士西北经济区内建设一个自由区提供建设经验，并鼓励中方企业参与自

① 苏伊士运河管理局官网：https://www.suezcanal.gov.eg/Arabic/Resources/Pages/TrainingServices.aspx，访问时间：2021 年 5 月 11 日。

由区的项目建设。经过多年努力，2008年，天津泰达成功中标，开始建设中埃苏伊士经贸合作区。

中埃苏伊士经贸合作区位于埃及苏伊士湾西北经济区内，距开罗120千米，距苏伊士城40千米，近期规划面积7平方千米，远期规划面积20平方千米。截至2015年年底，苏伊士经贸合作区已经累计投资超过1亿美元，起步区1.34平方千米已经基本建成。

园区除为入区企业提供保洁、保安、绿化、维修等基本物业服务外，还提供包括法律咨询、证件代办、招聘代理等软性服务。目前，园区内共有中、外方的配套服务机构35家，其中包括苏伊士运河银行、法国兴业银行、中海运公司、韩进物流、阳明海运、苏伊士运河保险公司、广告公司等机构；园区内还设有中餐厅、面包房，并修建了体育馆、健身房、员工俱乐部和图书馆等设施，丰富了入驻企业员工的业余文化生活。由此，包括核心商务区、工业区、仓储物流区、生活区，且集生产和生活于一体、经济价值聚集、供应链完备、可持续发展的高标准现代工业新城区初步形成。目前合作区已成为一个以工业项目为主，涵盖加工制造、物流、保税、技术开发、商贸和现代服务等主要产业，融各功能区为一体的国际化产业基地和现代化新城。

自2008年成立到2016年年底，合作区共吸引企业近70家，协议投资额近10亿美元，年销售额1.8亿美元，进出口额2.4亿美元。截至2017年，泰达合作区共吸引中外企业68家，实际投资额超10亿美元，已初步形成了新型建材、石油装备、高低压设备、机械制造四大主导产业。合作区年总产值约8.6亿美元，销售额约10亿美元，上缴埃及税收10亿埃镑（1美元约合17.84埃镑），直接解决就业3500余人，产业带动就业约3万人，已经成为“一带一路”倡议下中埃合作的标志性项目，对中东、北非甚至整个地区均具有巨大的影响力和示范作用。

2016年，习近平主席访问埃及期间，与塞西总统一起为中埃苏伊士经贸合作区二期揭牌。2018年8月，中国巨石埃及公司在苏伊士经济区举办20万吨玻璃纤维生产基地投产典礼。该项目是我国在埃制造业领域投资规模最大的项目，也是我国在海外最大的玻纤生产基地。同时，该项目是非洲唯一的玻纤生产基地，不仅填补了非洲玻纤制造业空白，也使埃及一跃成为世界第五大玻纤生产国。

2019 年 1 月 21 日，由中埃两国元首共同揭牌的该区拓展区项目喜迎三周年。中埃苏伊士经贸合作区不仅助益埃及经济发展，也成为中国对外投资的经典案例。

（2）苏伊士运河走廊经济带

2014 年，埃及总统塞西提出“苏伊士走廊经济带”开发战略，计划用 10 年至 20 年时间在苏伊士运河沿岸地区打造出集制造业、物流和商贸等经济活动于一体的集群，形成苏伊士运河经济区，显著提升苏伊士运河地区在国际贸易链条上的地位，并积极对接“一带一路”倡议，加强中埃两国经济合作。

总长约 190 千米的苏伊士运河地处欧亚非交界地带，每年有占全球贸易总量 8% 的货物都要经此地运输，埃方计划在这里发展制造业和物流基地，建设包含货运、工业装配、造船等领域的多个工业园区，同时发展多个高科技工程项目。[①]

2015 年 6 月 13 日，埃及苏伊士运河管理局主席穆哈卜 · 马米什对外宣布，长达 72 千米的新苏伊士运河将于 8 月 6 日正式开通。新运河开通后，船只通过运河的时间有望从现在的 22 小时减少到 11 小时，埃及运河年收入有望在 2023 年达到 150 亿美元左右。埃及政府还计划未来沿苏伊士运河建设“苏伊士运河走廊经济带”，包括修建公路、机场、港口等基础设施，预计经济带全部建成后每年将为埃及创造高达 1000 亿美元的收入，约占该国经济总量的三分之一。[②]

（二）运河的更新与保护

1. 新苏伊士运河的开通

2014 年 8 月 5 日，埃及政府宣布，将在苏伊士运河东侧开凿一条新运河，

---

① 曲翔宇：《苏伊士运河畔奏响中埃合作乐章》，载《环球日报》，2019 年 11 月。

②《新苏伊士运河将开通 计划建成走廊经济带》，https://m.nbd.com.cn/articles/ 2015-06-15/923164.html，访问时间：2021 年 7 月 11 日。

工程包括35千米的新开凿河道以及37千米拓宽和加深的旧河道。2015年8月6日，新苏伊士运河正式开通。新苏伊士运河工程总量长72千米，此外，该项目还包括新修6条连接运河两岸的隧道。全部工程耗资约80亿美元。按照设计，新开挖的河道深度为24米、宽度超过300米，可实现双向通航。在时任总统塞西的监督下，原计划3年完成的项目被压缩到1年内完成。43000人参与了该项工程。建成后，船只通过时间由22小时缩至11小时，从而使其成为世界上通过时间最短的运河。

据埃及官方预计，到2023年，两条运河日均船只的通过数量将从目前的49艘提高到97艘，运河的年收入将从2015年的53亿美元增加到134亿美元。同时，新运河项目还将创造上百万个就业机会。据媒体报道，运河周边7.6万平方千米的区域将被开发。

埃及把新运河项目视为“国家工程”，旨在通过增加运河通航能力、提高通航效率，达到增加收入、推动经济发展和拉动就业的多重目标。据埃及驻华大使马吉德介绍，这项“国家工程”的宣布激起了埃及人民建设国家经济的热情和决心。新苏伊士运河项目宣布后不到8天，就通过埃及民众购买债券的方式筹得约80亿美元。

新苏伊士运河也和我国“一带一路”倡议有效对接。根据三部委联合发布的《推动共建丝绸之路经济带和21世纪海上丝绸之路的愿景与行动》，“一带一路”倡议中的“21世纪海上丝绸之路”“重点方向是从我国沿海港口过南海到印度洋延伸至欧洲；从我国沿海港口过南海到南太平洋”。其中，我国沿海港口过南海到印度洋延伸至欧洲的路线是指经过红海、苏伊士运河、地中海到达欧洲。未来海上丝绸之路沿线国家要加强经贸联系，航运能力是其基础，对海运航线起到限制作用的重要路段之一就是苏伊士运河。可以说，埃及政府提升苏伊士运河通航能力的工程和我国“21世纪海上丝绸之路”的倡议不谋而合。

2. 在争议中前行

近年来，埃及国内围绕新运河工程和运河经济特区建设的讨论一直不绝于耳，拥护者与支持者有之，怀疑、批评与观望者同样不乏其人。

埃及政府无疑是新运河工程的主要倡导者和推动者。在伊斯梅利亚举行的新运河通航仪式上，塞西曾宣称：能够在如此短的时间里完成这项工程，足以令埃及人感到自豪，“除了经济和战略收益，新苏伊士运河还给了埃及人信心”。事实上，对塞西政府来说，新苏伊士运河的意义无论怎样评价都不为过。在政治上，以军事手段推翻穆尔西政权的塞西始终面临外界对于其合法性的质疑，通过实施运河项目不仅可以在国内凝聚人心，还能向反对派和国际社会展示新政府稳定局势的能力，这恐怕也是塞西要求将工期从 3 年压缩到 1 年的重要原因。在经济上，埃及自“阿拉伯之春”以来一直面临着外汇枯竭、外资出逃、失业严重、通货膨胀居高不下、财政赤字连连攀升等严峻问题，而新运河工程既可以增加政府财政收入，还可以推动就业、改善民生，提振人们对于埃及经济的信心，进而扩大执政的社会基础。许多埃及学者和主流媒体也对新苏伊士运河给予了高度赞扬。

在来自国内外的质疑和批评之声中，较有代表性的观点有以下几种：一是埃及的财政状况难以承受。二是政府对于新运河收入的预期过于乐观。有不少经济学家认为，在目前全球经济增长乏力的情况下，这一目标是“不现实的”。三是新运河的经济价值非常有限。一些经济学家认为，扩建后的新运河虽然能够实现双向通航，却根本无法实现为埃及经济“解围”的目标。四是修建新运河的根本动机值得怀疑。比如，英国《经济学家》杂志的评论文章认为，新运河是一个“非常大的政治噱头”，是塞西用“不断萎缩的政治自由换取社会稳定与进步”。一些埃及人则指出，新苏伊士运河引发争论的核心并非是否浪费钱财，而是民众有权知道它是否只是塞西的一个“政绩工程”。五是新运河建设忽视或低估了对于生态环境的消极影响。早在 2014 年，就有 18 名科学家在学术杂志上撰文，就新运河工程对地中海生态系统的负面影响表示了担忧，呼吁埃及政府就新运河可能造成的环境后果进行评估。

3. *政府重视苏伊士运河的建设*

事实上，为了解决苏伊士运河日益拥堵的问题，埃及政府早在 1955 年和 1980 年就已经开凿出 4 条新的河道。近 10 年来，苏伊士运河不断拓宽和加深，以适应远洋航运的发展需求。如今，全世界 22% 的集装箱从苏伊士运河通过，约占全球贸易的 10%。埃及如此重视苏伊士运河的建设，主要有以下三点原因。

第一，运河收入是埃及稳定的外汇来源。据埃及官方数据，2015 年 4 月埃及外汇储备为 205 亿美元，外债却高达 402 亿美元。2014 年，苏伊士运河实现净收益 54.5 亿美元。由此可见，运河收入对于维持埃及外汇市场稳定具有重要意义。埃及政府预计，到 2023 年，新运河通航数量将从目前的日均 49 艘提高到 97 艘，实现收入 134 亿美元。届时，埃及有望实现“脱贫致富”。

第二，新运河将吸引更多的外国投资。虽然埃及新运河项目由于涉及主权问题没有向外资开放，但对于外国投资者，埃及政府提出一项更宏伟的“苏伊士运河走廊经济带”的发展计划，借助新运河的区位优势带动包括汽车组装、高新电子、石油炼化、水产养殖、船舶制造、轻纺织品等产业的发展，将埃及打造成世界级的经贸和物流中心。

第三，新运河有助于带来政治稳定。新运河项目设计工期为 3 年，塞西就任总统后将期限缩短至 1 年。压缩工期导致建设成本提升，新运河项目的总投资高达 82 亿美元。分析人士认为，埃及经历了多年的动荡之后，亟须凝聚人心和发展经济。新运河的建成开通将极大地激发埃及民众的爱国热情和对塞西政府的支持，有助于实现社会稳定。从这个角度看，新运河项目的政治意义远大于经济意义。

（三）生态环境保护

1. 承诺履行环境公约

目前，埃及政府承诺履行的环境公约包括《生物多样性公约》（*Convention on Biological Diversity*）、《巴塞罗那公约》（*Barcelona Convention*）、《联合国海洋法公约》（*United Nations Convention on the Law of the Sea*）。其中《巴塞罗那公约》明确指出要对可能对海洋环境造成重大不利影响并经国家主管当局批准而提议的活动进行环境影响评估，并强调促进各国在环境影响评估程序方面的合作。目前，埃及当局也正在根据《联合国海洋法公约》其中第 196 条指出的对引进技术或外来物种所采取的必要措施进行政策制定。

2. 环境评估与法规制定

2014 年 7 月，苏伊士运河管理局（SCA）在启动新的苏伊士运河扩建项目之前，向埃及环境事务局（EEAA）提交了环境影响评估报告。报告包括对苏伊士运河现状进行了文献综述、对东地中海和苏伊士运河生态系统中的外来物种进行了评估，并提出了多种解决方案和缓解措施。EEAA 要求 SCA 启动战略环境影响评估（SEIA），包括苏伊士运河扩建项目和苏伊士运河开发项目。EEAA 还要求 SCA 针对 SEIA 中的外来物种制订管理计划，并评估苏伊士运河扩建工程可能对环境产生的影响。

3. **机构与机制建设**

与此同时，埃及成立了一个联合委员会，包括来自 EEAA、SCA、苏伊士运河大学（SCU）、开罗大学（CU）、国家海洋和渔业研究所（NIOF）以及其他机构的专家，以跟踪建设过程，监测空气、水、土壤和生物群，并在必要时建议干预措施。SCU 和 NIOF 分别在伊斯梅利亚和开罗举办了几次研讨会，均有著名专家和知名媒体出席会议，向公众介绍了苏伊士运河扩建工程的现状、对生物群可能产生的影响以及处理有毒海蜇和鱼类等的措施。此外，埃及还在 SCA 总部伊斯梅利亚举行了公开听证会，讨论了该项目，并批准了符合 SEIA 要求的措施。

苏伊士运河新航线开通后，埃及继续努力解决与苏伊士运河扩建项目相关的所有环境问题和苏伊士运河开发项目的其他问题。其中包括根据埃及环境保护法（4/194，2009 年 9 月第 9 号法律修订）控制农业排水和其他流入苦水湖的淡水来源；并考虑将苦湖列为零排放区。

目前，生物多样性公约（CBD）的战略计划（2010—2020）的第 9 项目标（入侵物种）已被列入埃及的国家生物多样性战略和行动计划（NBSAP），涉及内容包括入侵外来物种（IAS）的识别和优先排序、确定控制或消灭的物种的途径和优先次序、防止外来物种入境。此外，关于 CBD 中外来入侵物种条款的规定内容都将得到执行并报告给 CBD 秘书处。同时，来自埃及和有关组织的专家正在考虑，通过增加苦湖的盐度使其成为阻挡外来物种的天然屏障。

苏伊士运河当局和相关部门将实施关于压载水和污垢的严格措施，结果将定期向国际海事组织秘书处报告。此外，埃及将继续执行提高对外来入侵物种认识的方案，并将向有关机构和组织（如《巴塞罗那公约》、《生物多样性公约》、海事组织）报告反馈结果。埃及有关当局将评估入侵物种的现有法律和监管框架，并进行调整。[①]

（四）社区共治

1. 人文关怀

苏伊士运河所在的伊斯梅利亚省是最重视保障少数群体的省份之一。当地政府部门规定，5%的工作机会必须给予特殊人群。苏伊士运河管理局根据总统的指示，在苏伊士运河的海滩俱乐部为残疾人士安排了专门的体育和娱乐日，建立残疾人运动俱乐部，涌现了多名"残奥会"优秀运动员。

此外，省政府发起了许多倡议，包括针对有特殊需要和残障人士的"用心听我说"倡议，该倡议由埃及万岁基金会、伊斯梅利亚 Al-Azamah 俱乐部与知识教育协会和努尔盲人协会合作建立，并得到了北西奈青年协会和苏伊士运河管理局特殊需求者中心的支持。该倡议也得到埃及总统塞西的大力支持。[②]

2. 环境保护

作为"和谐"项目活动的一项，PÊL- Civil Waves（民间组织名称）于2020年3月16日在卡米什洛市苏伊士运河附近进行了植树造林活动。该活动旨在种植柏树，以保护环境，增加城市东部的绿化面积，减少污染并为该地区增添美感。值得注意的是，该项目旨在以互动的参与心态培养杰出的青年，发展他们的技能，并在社区价值观的指导下完善他们的行为，培养青年人的社会责任感，并鼓励他们参与决策讨论。[③]

---

① 《苏伊士运河扩建项目》，https://chm.cbd.int/api/v2013/documents/4A27922D-31BC-EEFF-7940-DB40D6DB706B/attachments/May%202015%20Invasive.pdf, 访问时间：2021年7月11日。

② ذوي الاحتياجات الخاصة.. أبطال «العزيمة» على أولويات محافظة الإسماعيلية https://m.akhbarelyom.com/news/newdetails/2625202/1/ذوي-الاحتياجات-الخاصة..-أبطال--العزيمة--على-أولويات-محافظة-الإسماعيلية, 访问时间：2021年6月12日。

③ PÊL- Civil Waves 脸书主页：https://www.facebook.com/215395448515449/posts/2838659382855696/, 访问时间：2021年5月11日。

（五）政府职能

苏伊士运河管理局（Suez Canal Authority，SCA）成立于 1956 年 7 月 26 日，是具有法人资格的独立公共机构，直接对埃及总理负责。它拥有运营运河所需的所有权限，不受法律和政府制度的限制。SCA 主要负责苏伊士运河的管理、运营、使用、维护和修缮，以保障运河得以正常运转。该机构旨在为穿越苏伊士运河的船只提供优质且不间断的服务、在船舶过境期间实现最高安全级别的服务，使苏伊士运河成为运输公司、班轮公司和船舶航运的首选，提高苏伊士运河在世界海上贸易中的份额。SCA 在必要时可以建立、鼓励或参与建立与运河有关的项目，可以出租其土地或不动产，也可以出租他人的土地或不动产，以达到维护运河发展、为员工谋取福利、建立与运河有关的项目和公用设施等目标。①

三、苏伊士运河治理的进一步启示

（一）始终秉持环境可持续发展

结合联合国 2030 年可持续发展议程和非盟《2063 年议程》，埃及政府于 2016 年 2 月发布了《可持续发展战略（SDS）：埃及愿景 2030》（*Sustainable Development Strategy: Egypt Vision* 2030，以下简 称《埃及愿景 2030》），主要聚焦经济、社会、环境三个维度，涉及经济发展、能源利用、科研与创新、政府效率与透明化、社会公平、健康、教育与培训、文化、环境、城市化发展等板块。旨在推动埃及经济发展，重振埃及地区领导者地位，实现人民过上尊严体面生活的梦想。埃及政府对苏伊士运河地区制订的发展规划如下：

1. 愿景：成为世界领先的经济中心和首选的投资目的地。

2. 使命：苏伊士运河区将汇集来自该地区各地的企业，巩固其国际地位，

① 苏伊士运河管理局官网：https://www.suezcanal.gov.eg/English/About/SuezCanalAuthority/Pages/SCAOverview.aspx, 访问时间：2021 年 5 月 11 日。

同时为进入该地区的企业和人才提供便利。它将为客户提供世界级的增值供应链活动，并提高未来工业园区的标准。

3. 可持续性：对清洁地球和可持续发展的承诺是苏伊士运河地区的核心工作。为满足区域及国际伙伴的期望，埃及提出的政策包括：环境可持续性；最大化能源、水和废水效率；促进生物多样性等。

将经济增长和就业创造与确保生产性社区持续繁荣和恢复能力的实践相结合。[①]

（二）始终注重与可持续经济发展的相互促进

苏伊士运河是埃及重要的经济支柱。经济合作与发展组织（OECD）于2017年2月启动了一项支持苏伊士运河经济区发展的项目，评估该地区现有能力并提供详细的行动计划，以建立稳健的政策框架，促进该地区经济和可持续发展，该项目的三个优先目标为：

1. 支持苏伊士运河管理局通过高质量的法规创建对商业有利的法规环境；

2. 通过确保对基础设施的长期融资和有效治理，建立可持续的基础设施发展模式；

3. 改善苏伊士经济区的基础设施并促进其与国内其他地区以及全球经济的互动和互补。[②]

同时，打造苏伊士运河经济区更是埃及政府的主要目标之一。运河管理局提出“运河的角色不仅仅是服务世界贸易，更要服务运河周边的社区及埃及更多的省份”的可持续发展定位。在具体实践中，苏伊士运河不仅服务好运河的通行，确保运输服务的安全、稳定和可靠。在此基础上管理好运河对生态环境的影响，以此创造更多的综合价值，实现运河与可持续经济发展的相互促进。

---

① International Quality and Productivity Centre, “The infinite possibilities of the Suez Canal”, https://www.porttechnology.org/wp-content/uploads/2019/05/IQPC-6.pdf, 访问时间：2021年4月18日。

② “Supporting the development of the Suez Canal Economic Zone”, https://www.oecd.org/mena/competitiveness/suez-canal-economic-zone.htm, 访问时间：2021年7月11日。

四、“长赐号”搁浅造成“苏伊士危机”的启示

“长赐号”巨型货轮于2021年3月21日在埃及苏伊士运河搁浅，横卡河道阻断了往来交通，经各方努力，3月29日脱离嵌入的堤岸恢复自由，将被引至运河外做进一步的检查。这是苏伊士运河历史上最严重的货轮搁浅阻断航道事故之一，有媒体称之为又一次“苏伊士危机”，货轮航程延误造成的直接和间接经济损失估计每小时数亿美元。运河堵塞一周后，大约370艘油轮、货轮和其他船只滞留运河两端，包括至少41艘集装箱货轮和24艘油轮。即使4月1日苏伊士运河恢复通航后，对于困在河道中的数百艘船只来说，要想疏通这场近年来全球航运业最大的交通堵塞，它们将面临长时间的等待和对于泊位和航道的争夺。

随着船舶变得越来越大、越来越复杂，这些早年建造的运输路线正变得越来越危险。航道封锁可能不会对世界经济造成重大影响，却可能是压倒骆驼的最后一根稻草。不能排除此类事件也可以被恶意触发，从而对全球或本地贸易造成巨大影响。对于运河管理而言，这次危机表明确保运河有序通航是运河管理关键和重要的一环。本次危机后，苏伊士管理局采取了一系列措施，以避免此类事件再次发生。

一是维护运河航道的安全性。苏伊士管理局宣布除加深和维护原有的泊位，还需建立一系列巨型泊位以增加运河的容量，应对潜在的紧急情况。

二是制订应急预案。苏伊士管理局除了在运河上的三座城市发展建立导航控制中心外，还沿航道建立了16个导航控制站，并且提供海上急救服务。

三是加强海上救援能力。苏伊士运河管理局的目标是在未来一段时间内提高海上救援能力，包括引进大量具有强大牵引力的巨型拖船，以适应海上运输领域的最新发展和全球造船厂建造巨型货轮的发展趋势。

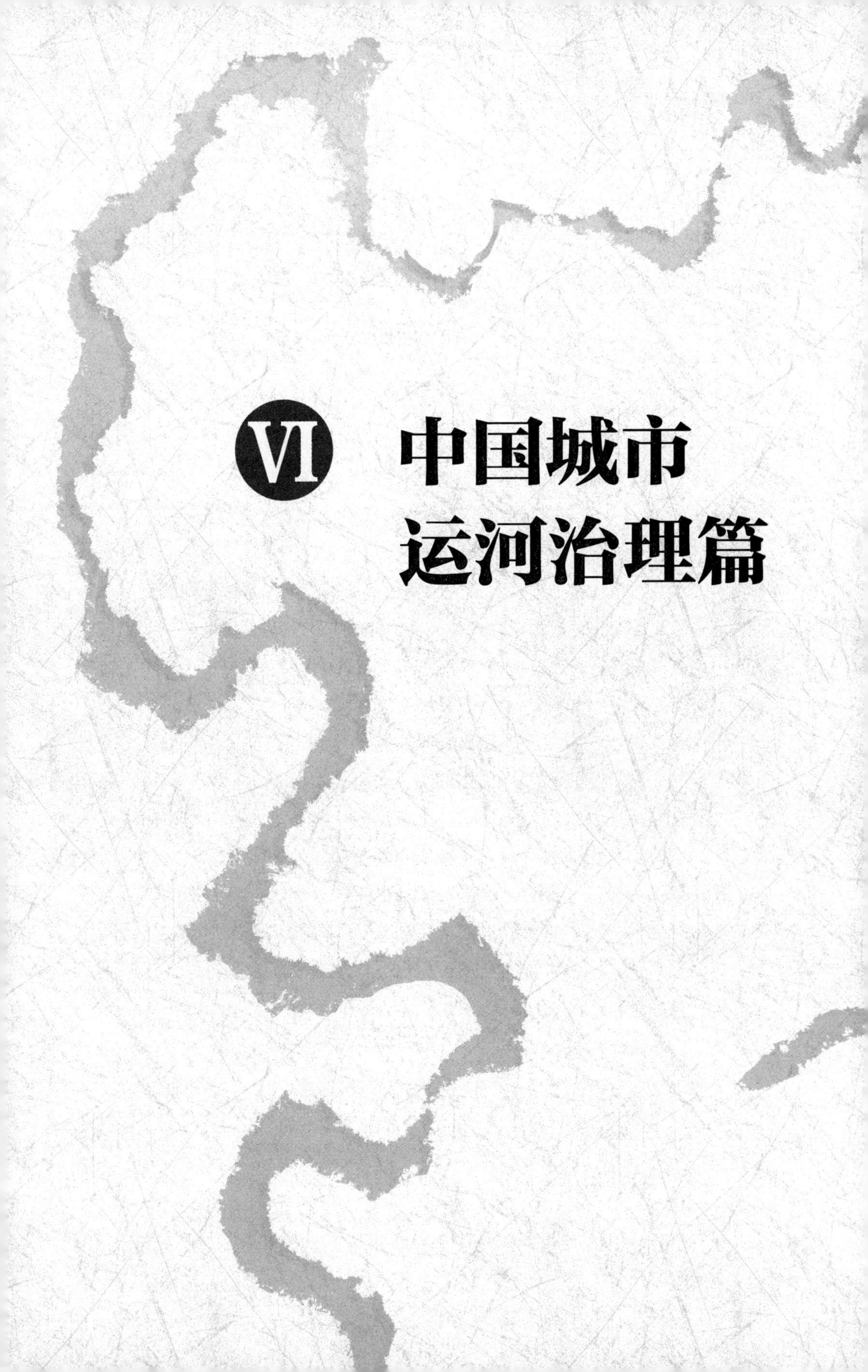

Ⅵ 中国城市运河治理篇

京杭大运河——北京段

中国的运河开凿始于春秋时期，在隋朝时期初步完成，唐宋时期达到兴盛，元代时将运河走向取直，明清时期又对水道进行过多次疏通。漫长的岁月里，经历三次较大的兴修过程，直到最后一次的兴修完成才称作"京杭运河"。运河全长约 1794 千米，南起余杭（今杭州），北达涿郡（今北京市境），途经今浙江、江苏、山东、河北四省及天津市，贯通海河、黄河、淮河、长江、钱塘江五大水系，是世界上工程量最大、里程最长的运河。京杭运河的开凿与使用，奠定了北京千年古都的历史地位，尤其永济渠的开凿直接造就了北京城的兴盛。近代以来，随着火车轨道的铺设，京杭运河北京段部分水道失去了航运的主要功能，转变为城市排水河道，污染后又重新治理实现了通航。

京杭运河的成功开凿，彰显出我国古代的水利工程技术领先世界，并且在不断开拓下孕育了许多璀璨繁华的名城古镇，留下了大量珍贵的历史文化古迹，积淀了历史悠久的文化古蕴。京杭运河不仅是古代北京漕粮的重要通道之一，同时也是沟通融合南北文化的重要桥梁，对中国南北地区之间的经济、文化发展与交流，特别是促进沿线地区工农业经济的发展发挥了巨大作用。在上千年的历史中，京杭运河北京段经历了辉煌、平淡与落寞，随着中国大运河项目成功入选世界文化遗产名录，运河重新焕发生机，在未来将与这座千年古都一起，在新时代谱写出人与自然和谐共生的美好篇章。

一、历史概况

（一）京杭运河历史概况

元代的运河，开始以北京为中心，从浙江的杭州起，越过长江、淮河、黄河向北，一直通到元代的首都——大都（今北京）。隋朝时期虽然开凿了通济渠和永济渠，但运河的主要方向依旧是由东南指向西北，唐宋两代也都是如此。到了元朝，因为建都北京，才最终改定运河的方向为由南向北，并且奠定了京杭运河如今的水道基础。

120年元世祖忽必烈即位后，十分注重水利及灌溉，同时大力发展航运。他重用水利专家郭守敬、王允中等，规划疆域内的水利建设。纵观元代的水利建设，先由北方入手，率先打通了北京附近的运河体系；在统一了全国以后，才开凿到南方；最后打通南方和北方，开凿了会通河，自此贯通了南北长约3000里的运河。据史料记载京杭运河完成的步骤，大致经过以下10个阶段[①]：

1. 开辟广济渠。元世祖忽必烈中统元年（1260）命令官员引山西沁水至黄河。这一条河道长约677里，本是自然河流。元朝官员将它加宽加深，发挥灌溉作用。它经过济源、河内、河阳、温县、武陟各县，可为3000多顷农田提供灌溉，因此叫作广济渠。广济渠与运河本身没有直接关系，但可以看作开辟运河的前奏。

2. 修复金代中都汩漕河。元中统二年（1261），水利专家郭守敬建议修复金代中都汩漕河。

3. 引卢沟之水以通北京。郭守敬当时主张引永定河（卢沟）的河水到达北京，并且预开溢洪道，以节制水流，使当时基础设施较为落后的地区即使出现山洪暴发也不致泛滥成灾。永定河水的引流实际上对于贯通北京运河水系起到了一定的促进作用。

4. 水陆两运的不便。元朝统一全国以后，逐渐开始建设南方的漕运。当时的漕运一般从杭州开始，经江南运河，在京口（镇江）过长江；再由扬州运河，在淮安北面入黄河（当时黄河夺淮入海），逆流而上，行船到达中泺地区后再改用陆运，到淇门地区后（今河南新乡）再入御河，使用船运，一直到达北京。当初水陆两运是不得已的办法，物资由南方进入都城的过程存在诸多不便。

---

①（元）宋濂：《元史》卷一六四《郭守敬传》，中华书局1976年版。

5. 开通济州河。不久，因为江淮之间水运不能畅通，而北面一段还必须陆运约 180 里，十分不便。元朝遂派李处巽引汶水、泗水从济州（今山东济宁）西北到须城安山（今山东东平），开凿一条长约 50 里的运河，名为济州河。每年的漕运，由淮河入泗水（现在的中运河），再通过济州河，北达安山，出大清河（当时黄河夺淮入海，大清河即今黄河下游，在山东境内一段），过东阿、利津，以入于海；后再由海运入大沽口，最后到达北京。后来又因为海口淤沙壅积，海运不畅，又改由东阿陆运到临清，以入御河。元代的运河演进到这个阶段，南北航运几乎已经打通，不通畅的地方也只剩下从东阿到临清之间的一二百里。

6. 开凿胶莱新河。1282 年，元朝统治者决心将从南方运往大都的物资全部改用海运，保证运转通畅并降低运输成本，下令建造平底海船，从平江（今苏州）刘家河（今太仓浏河）入海，绕过山东半岛，再从大沽进口，每年运粮 46000 余石。同时因山东半岛东南部分分割了渤海与黄海，要绕过它需要一定的时间，遂采用山东人姚演的建议，开胶莱新河，从胶西县陈村海口，西北达于胶河，再从莱州湾的海仓口出海，以缩短航运时间。当时虽然进行了大规模海运，但同时仍利用大清河经利津入海的航道和经东阿到临清入御河水陆两运的办法，各方面齐头并进，以利漕运。

7. 开辟会通河。元代运河发展的最后一个阶段，便是完全打通南北两边的航运，开辟会通河，使北方的御河和南方的扬州运河及江南运河通过会通河、济州河连接成一片。

至元二十六年（1289），元朝采用了寿张县尹韩仲晖的建议，动员民工约 3 万人，开凿会通河。这一条运河，从东平路须城（今山东东平）安山的西南地区起，分梁山泺的水源，使它向北流，经过寿张（今山东寿张县）西北到东昌，又西北到临清，与御河合于一处。至此从北京到杭州，南北运河航道全线打通。而黄河自从 1194 年夺淮入海以后，北面的一条故道功能减弱，现在会通河开通以后，黄河的一部分水流便可由会通河流入御河，北流入海，于是御河便有了"北黄河"之称。

8. 加强运河的管理。整个运河既已完成，加强运河的管理便成为首要的任务。至元二十七年（1290），元朝都漕运副使马之贞建议统一管理，并设节制闸以调节水位。这是提高航运效率的一项重要举措。从此以后，整个运河航道有了统一的管理，各段的水位也有节制闸加以调节，大大提高了航运的便捷程度。

9. 开辟通惠河。至元二十八年（1291），元朝再次延长运河的北端，开通惠河，直接开通运河到北京城内的积水潭。

当时的水利专家郭守敬针对北京的水文情况提出了多条建议，其中之一便是开辟大都运粮河。元世祖忽必烈接受了这个建议，令郭守敬做都水监，并命令自丞相以下都要亲自参加河工。至元三十年（1293），河工告成。运河里的粮船可以一直开进北京城。恰好元世祖从上都（今内蒙古自治区多伦诺尔）回到大都，经过积水潭，看见舳舻蔽水，非常高兴，即命名叫“通惠河”。元朝初年，南方的运粮船可以直接开进大都，通到积水潭，它的航运比明、清两代还要畅通得多。

10. 整治通州运粮河。因为通州运粮河所处位置异常重要，它上接通惠河，下通大沽河，再往南去，一方面可从大沽口入海，一方面可西接御河、会通河，远达江淮一带，是南北航运的要道，所以后世又多次对运粮河道进行过疏浚和整治。

以上就是元代初次正式打通京杭运河以及北京段的大概情形和它所经过的 10 个阶段。总而言之，元代的运河南起杭州，北至大都，全长 3000 多里。第一段，通惠河，从北京到通州；第二段，通州运粮河，从通州南下入大沽河，西接御河；第三段，御河，从天津南至临清，接会通河；第四段，会通河从临清至东平路须城的安山，接济州河；第五段，济州河，从须城的安山到济州，接泗水，入黄河；第六段，扬州运河，从黄河到扬州，入于长江；第七段，江南运河，从镇江经常州、苏州、嘉兴，直达杭州。这样一条南北长 3000 多里的大动脉，奠定了现今运河的基础。

（二）京杭运河——通州段

京杭运河通州段又称通惠河，全长约 82 千米，以昌平区的白浮泉为起点，流经海淀、西城、东城、朝阳以及通州等六个区域。目前北京通州段的运河已经不再具备漕运功能，大多数是景观与排水河道。通州以通得名、因河而兴，平日素有“一京、二卫、三通州”之美誉，堪称“京师屏障”。

在元代时因为运河全线开通，通州成了皇城东部交通的要道。“漕运昼夜不停，运河号子连天”是当年京杭运河通州段鼎盛时期的常态。据《元史》的相关资料记载，通惠河的开凿时间为至元二十九年，由于都城的发展，元世祖决定开凿通惠河解决元大都的物资运输问题。当时参加开凿的有两万多人，由于工程量大、修建的时间长，要综合考虑的因素多，忽必烈就命令著名水利专家郭守敬全权负责开凿运河的事宜。在一年的时间里，郭守敬在80多千米长的通惠河上建了11处、24座桥闸，在至元三十年才得以完成。新的规划扩建了积水潭作为京杭运河的终点码头，来自江南的漕船可直接驶入元大都城内，京杭运河全线通航。

直到明清两代，通惠河始终作为北京的重要水路运输线路。清朝时，河面渐趋狭窄，容量有限。光绪年间，海运和铁路的兴起代替了河运，至此通惠河700多年的漕运使命宣告结束。当前，河道主要用于北京的市政排水，已不能通航。1956年，流经城内的部分运河线路全部改为暗沟，水质明显变差。20世纪后期，水质达到历史最差。后续在玉河下水道的南河沿大街南口建截流井，把污水及菖蒲河的水排放到高碑店污水处理厂，通惠河的水质才开始改善。2014年6月22日，“中国运河”成功申遗。现存通惠河通州段及通惠河北京旧城段（玉河故道及澄清上、下闸遗址和什刹海，现在均已不被称为通惠河的组成部分）为世界文化遗产运河的保护范围。

而今通州作为北京城市副中心，其战略地位不输当年，在如此优越的地理位置下，2019年2月，中共中央办公厅、国务院办公厅印发了《运河文化保护传承利用规划纲要》，对通州区运河的发展进行了有序的规划和发展，相信在不久的将来，通州便是集商务功能、消费功能、国际和文化功能于一体的核心城区，继续传承和发展流传千年的古韵文化。

二、京杭运河北京段运河治理案例分析

（一）古代运河对北京文化带的影响

1. 影响城市水道格局，调节水文环境

京杭运河为北京输送漕运物资，也改变了北京的城市水道脉络。运河曾一度流至北京城很多区域，形成城内外新的水道线路，既滋润了流经的区域，也满足了一定的城市用水需求、调节了北京的水环境。

金代，闸河以高梁河为水源，以白莲潭（今积水潭）为调节水库，由中都北城壕直至通州。这样一来，就能够引水南下进入中都的北护城河，为北京城注入新的水源，而且运河从中都城护城河的流经，既有利于都城用水的供应，也有利于调节护城河旁的水环境，支撑北京城的发展。元代，通惠河从大都城穿流，形成都城内部引人注目的新水脉景观。据《元史》中《郭守敬传》记载[①]：通惠河是在至元二十九年（1292）由郭守敬亲自主持、循金代闸河故道开挖的，历时一年多。源头主要是白浮泉，途中汇合了一亩泉、马眼泉，建造了白浮堤，然后穿玉泉山流入昆明湖，再东出长河（玉河），从和义门（西直门）北侧进入大都城。流入城内后，水道在今德胜门小关转向东南，注入积水潭和太液池（今北海、中南海），从前海向东南流出，经今地安门外东不压桥、地安门大街转向南流，经今南河沿大街、北河沿大街出南水关流入护城河；然后出皇城过北御河桥（北京饭店西侧），经台基厂二条、船板胡同、泡子河再向东流向通县、高丽庄，和白河连接起来，全长约82千米。通惠河在大都城内流经了和义门、德胜门、积水潭、地安门大街、河沿大街、南水关、护城河等地，流域广阔、水道漫长，形成了都城内的壮丽水景，改变了旧时的水道格局。

元末明初，通惠河因上游河道堵塞，水流不畅，导致河中不能行船。多

---

①（元）宋濂：《元史》卷一六四《郭守敬传》，中华书局1976年版。

次修疏收效不大，积水潭码头逐渐废去，漕运船只被迫改在大通桥下停泊。虽然运河不再连通北京城，但由于距离都城很近，仍然可以一定程度地调节城市的水环境。而且，漕运河道虽不通城内，但是元代形成的运河水道线路没有完全消失，如什刹海水域仍是北京城内的主要繁华水域。清代与运河有关的城市河道发生了一些变化。

京城河道西自玉泉山发源，以东为长河，经高梁河至城西北分为两条，一条循城北经地安门、朝阳门东进入通州；另一条由小关进入内城。进入内城的河道也分为两支，一支自地安桥以东经东步桥进入皇城的东北隅，另一支自西步梁桥进入皇城的西北隅，然后合流出玉河桥，成为紫禁城的护城河。玉河桥之水以南由内水关流出，汇于正阳门护城河，环绕九门，是为内城的濠河，又自高梁桥分流经西角楼以南，历经右安门，东流至东角楼，折向北至北便门外，与内城濠河合流，汇于大通桥，是为外城濠河。

运河除了漕运作用，还改变了北京城的水环境，一方面在城市供水方面发挥了重要作用，另一方面美化了城市的水面景观。运河的水连接起北京城内众多的河湖水域，滋润着两岸，簇拥着金碧辉煌的宫廷建筑群，碧水清波，回环流动，给北京城带来了无限活力与灵气。

2. 重组北京商业区布局

京杭大运河北京段不仅发挥了重要的漕运作用，而且促进了北京码头商业区的发展。除了通州外，北京城内外有几处重要的码头商业区。

（1）积水潭码头商业区

积水潭是京杭运河的北端码头，通惠河修通之后，江南漕船可以直达积水潭，促使这一区域商务、客运发展较快。元代的积水潭潭中水光波影、游船画舫、商旅云集，构成了一幅水乡图。当时潭旁的万宁桥，位于大都城中心，桥上地安门大街南北贯穿，桥下通惠河东西流过，可以说水陆交汇，成为京城的交通枢纽，有舟济、陆运之利。桥旁酒楼林立，人来人往，热闹非凡。从南方沿运河北上进京的人，要在万宁桥畔下船登陆；离京南下的客人，也多在此登舟，顺通惠河转运河南下。杨载的诗《送人二首・其二》就描绘出了当时的情景：“金沟河上始通流，海子桥边系客舟。却到江南春水涨，拍天波浪泛轻鸥。”

（2）大通桥至二闸码头商业区

明代以后，由于通惠河起点改在了东便门外的大通桥，大通桥至二闸一带成为码头，往来船只不断，岁运繁忙，漕粮高达 640 万余石。从明朝至民国，这里是北京著名的风景点之一。由于货物装卸、亲朋送别多在这里，二闸一带逐渐繁华起来，成了重要的码头商业区。

（3）高碑店闸坝码头商业区

高碑店古村的历史久远，在元大都和通惠河以前就已经出现了，其后由于通惠河的建设又有了新的发展。元代通惠河修建之时，为调节水位便于通漕，自瓮山泊至通州修建了 24 座水闸，每处皆设置上下双闸，其中有两处是三闸。高碑店村以东为一处三闸，称平津上闸、平津中闸、平津下闸。高碑店是古运河流经的重要区域，由于运河漕运、商业贸易、人流的推动，逐渐成了一处码头商业区。现在的通惠河，经过 20 世纪末的疏挖建设，重新流经高碑店，恢复了历史的面貌。水从颐和园下来，通惠河流经玉渊潭、木樨地、西便门、南外二环、东便门，至高碑店后向东到通州北关闸，然后进入北运河，完成了通惠河与运河的连通。

（二）京杭运河北京段与城市文化带的交相辉映

《北京城市总体规划（2016—2035）》提出了“一核一主一副、两轴多点一区”的空间结构定位，还提出了推进三条文化带的整体保护利用，着力保护和建设运河文化带、长城文化带、西山永定河文化带。三个文化带的规划建设、保护发展，对北京实现中央确定的城市战略定位，特别是建设全国文化中心和世界文化名城有着全面、系统的支撑作用。运河和北京的关系仍然紧密，影响着历史文化名城和生态景观等的结构布局，因此运河文化带成了北京目前重点建设的三大文化带之一。《北京城市副中心控制性详细规划（街区层面）（2016—2035）》则提出城市副中心建设应该顺应自然、尊重规律，遵循中华营城理念、北京建城传统、通州地域文脉，构建蓝绿交织、清新明亮、水城共融、多组团集约紧凑发展的生态城市布局，形成“一带、一轴、多组团”的空间结构。这就要求城市副中心生态建设更加关注水脉网络与景观的规划建设，对运河文化带的建设规划和发展具有重要作用和意义。

当前京杭运河北京段文化带的保护建设具有丰富的运河资源优势和良好的文化基础，是运河对北京仍然持续影响的重要体现。目前京杭运河北京段从空间角度来看途经昌平、海淀、西城、东城、朝阳和通州六区，文化遗产丰富。根据2014年的规划统计，包括河道、湖泊、闸、桥梁、码头、仓储、古建筑等类40处，物质文化遗产以及地名、传说、风俗等多类44项非物质文化遗产。其中高梁闸、什刹海等10处点段被列为全国重点文物保护单位，两处河道、两处遗产点入选世界遗产名单，分别是通惠河北京旧城段（包括什刹海和玉河故道）和通惠河通州段，以及西城区澄清上闸（万宁桥）和东城区澄清中闸（东不压桥）。

北京的运河文化资源空间分布广，分布在核心区、中心城以及城市副中心等区，呈线状分布。运河文化带融合了文化风貌和生态环境两方面，分布着诸多遗产和生态景观。有些遗产属于世界遗产，有些则为国家、市级或者区级文保单位，历史文化价值突出；一些河道景观为遗址类，有待挖掘，一些河道则较为完整，可以规划建设成为环境优美的景观廊道。运河文化带上的非物质文化遗产也很丰富，是区域文化的重要载体，有助于提升区域的文化魅力和品质。这些资源和所在区域发生了一定的互动关系，是区域文保资源、公园、旅游地、水面、水道等的组成部分，尤其城市副中心的运河相关资源成了区域经济、文化发展的重要凭借；而各区对于这些资源的规划和利用，也会有助于更好地保护这些资源，如果能从市级层面、京津冀或国家层面整合建设运河文化带相关资源，将可以提升运河文化带的整体保护质量，系统提升其经济、文化发展的质量与水平。

三、京杭运河北京段运河治理的进一步启示

2019年2月，中共中央办公厅、国务院办公厅印发了《大运河文化保护传承利用规划纲要》，明确要按照"河为线，城为珠，线串珠，珠带面"的思路，凸显文化引领、多点联动形成发展合力的空间格局框架，充分保护和发扬运河文化带。

（一）深入挖掘运河文化带历史文化价值，形成运河文化认同

北京的运河文化带保护和建设应该和国家运河文化保护建设结合起来，一方面国家需要挖掘运河历史文化的价值和内涵，增强运河文化的认同；另一方面北京也应该在配合国家运河文化保护和建设的同时深入挖掘区域内的运河文化带文化价值，探索运河文化带的区域特色，增强民众的文化自觉意识以及对国家文化的自豪感。

（二）系统开展运河文化遗产保护

完善运河沿线文化遗产保护清单，系统开展运河历史文化遗址遗迹保护工作。合理保存优秀传统文化生态，逐步疏导不符合规划要求的设施、项目，统筹做好沿线古桥、古闸、古码头、古仓库等建筑遗迹和文物的保护修缮，聚焦重要物质文化遗产，扩大文物展览开放空间。加强路县故城遗址和通州古城整体保护利用，在活态保护中留住漕运古城风貌。推进重点片区的疏解搬迁与整治提升，规划建设运河源头遗址公园，有效恢复历史景观格局。

（三）营造蓝绿交织生态文化景观

聚焦北运河、通惠河、萧太后河等运河重要水系，开展综合治理，全面改善运河生态环境，实现沿线污水全处理、河道水体全面还清。加强老城内历史水系保护，研究制订古河道恢复和景观设计方案，串联沿线闸桥古迹，增加人文景观和配套设施，展现古桥纵横、古屋比邻、商铺连绵、水穿街巷的亲水休闲历史风貌。制订北京城市副中心运河两岸景观整体规划，精心打理水系，贯通亲水步道，打造高品质生态景观廊道。在运河沿线构建大尺度绿色开放空间，更好地服务群众休闲游憩。

（四）打造文化旅游魅力走廊

做好“三庙一塔”周边风貌管控，优化提升旅游配套设施和服务品质，积极创建集休闲、度假、体验于一体的北京（通州）运河国家5A景区。整合

运河水系、城市森林、文化遗产等资源，2021 年实现北运河北京段通航，远期推进与天津、河北段通航，打造运河水上旅游精品线路。统筹运河文化带保护利用，保护张家湾古镇、漷县古镇，精心打造昌平白浮村、朝阳高碑店村、通州皇木厂村等传承运河历史文化的特色古村落，促进遗产保护与区域发展的协调统一。利用在北京城市副中心规划的重大公共文化设施，展示好运河文化、讲好运河故事。

（五）编织协同发展文化纽带

加大与天津、河北的工作对接力度，共同加强运河京津冀段遗产保护，加快梳理运河历史文脉。协同开发利用区域文化资源，促进文化产业和旅游休闲产业协同发展。按照统一标准，加强运河水环境保护，整体塑造运河沿线风貌，带动运河周边区域发展。用好运河文化带京杭对话等合作机制，联合运河沿线八省市共同推动运河文化的传播推广。

新时代下，社会物质水平不断上升，人们在满足物质生活需求的同时，也需要精神文化的熏陶。今天的京杭运河北京段，也成了值得游玩的景点之一。京杭运河从产生到不断地发展，遗存文物众多。游走在两岸，与古镇擦身而过，无不透露出一股沧桑感。北京运河所流传下来的建筑地名、饮食文化、民间的工艺文化，以及钟灵毓秀、人杰地灵、物华天宝的地方孕育、会聚了众多历代名人，这些都是现代人珍贵的“精神财富”，终将被一代又一代的人继续传承与发展。

京杭大运河——杭州段

隋唐以来，京杭运河作为南北交通大动脉，在社会的经济发展以及文化交流等方面都发挥过重要作用。2014 年中国运河成功入选世界文化遗产目录，作为世界文化遗产和国家文化符号，要求我们对其更好地保护、传承和利用。2017 年习近平总书记对运河历史文化资源保护传承、运河文化带建设做出重要指示，运河沿线各省市迅速开始行动，制订运河文化带发展规划。杭州是运河综合保护的先行者，在运河的保护、传承与利用方面已取得初步成效，而京杭运河杭州段是运河文化带的重要组成部分，探究杭州运河治理和运河文化带建设的经验有助于打造运河文化带，并为运河沿线各省市运河治理和建设运河文化带提供经验。

一、杭州运河文化带的价值与建设定位

2014 年，中国运河成功申遗，国家层面主导建设运河文化带；党的十八大以来，文化强国战略正式上升为国家战略，增强文化自信成为全社会的共识。随着文化浙江建设的加快推进，G20 以及亚运会的成功举办加速了杭州的国际化进程，杭州运河文化带在这“三大机遇”下应运而生。京杭运河杭州段是杭州的文化宝库，文化带建设有利于促进运河沿线各区“产城人文景”协调发展，坚定文化自信，激发杭州发展的新动能，助力文化浙江的建设，塑造文化保护与开发建设互融互促的中国样板，加速杭州国际化进程。

1. 京杭运河杭州段的当代价值

京杭运河杭州段位于京杭运河南端的起讫点，自春秋战国开挖以来，就在地区之间的交通、交流方面发挥了重要作用，之后隋朝南北运河全线贯通，

元代京杭运河的开通使得杭州段在维护国家的统一、保证南北漕粮的运输、南北经济的发展以及文化的交流等方面都发挥了极其关键的作用。在这数千年的历史长河中，杭州运河一直发挥着多方面的功能。

首先，京杭运河杭州段具备重要的文化价值。自吴王夫差开凿邗沟始，至今已逾两千年，运河作为我国重要的大型线性文化遗产，沿线历史遗存丰富，文化底蕴深厚，至今仍存在旺盛的生命力，是"活着"的文化遗产。而京杭运河杭州段作为运河重要的组成部分，自开凿起，运河沿岸就形成了丰富的物质和非物质文化遗存，这些遗产是杭州历代劳动人民智慧的结晶，存留了丰富的历史信息，有助于我们研究杭州城市的发展与变迁，具有很高的历史文化价值。

运河流经地域广阔，沟通了南北交通，除了带来货物的流通外，更带来了思想、风俗、生活方式的交流，为杭州运河文化提供了新的养分。运河文化是开放的、流动的文化，杭州以包容的姿态，在中原传统的文化与本地独特的江南水乡文化碰撞、融合的基础上，形成了具有鲜明特色的"刚柔并济，和谐共生"的运河文化。同时，在一定的历史时期内，杭州一直是国际化大都市，在很多国外的旅行家的游记或书籍中都能看到关于杭州的相关描述，外来文化的传入使得杭州运河文化还具有"东方韵味与国际化共生"的特点。在这样的背景下形成的独具杭州特色的民俗风情、饮食文化、诗文小说以及音乐戏曲等，真实地反映了过去杭州人民的生活状态，成为杭州人民活态的文化基因，是现代人们保持和延续地方精神活力的纽带，具有极高的文化价值。杭州运河文化带的建设要重视杭州运河的文化价值，传承和保护杭州运河文化遗产，唤醒人们的集体记忆，让"物"的运河和主体的"人"的边界逐渐消失，通过对运河文化进行传承，使之能够得到更好的延续。

其次，京杭运河杭州段具备重要的经济价值。京杭运河杭州段的经济价值是从运河的历史文化价值中衍生出来的，杭州运河文化功能的开发有助于带动第三产业的发展，如加快运河旅游及商贸经济的繁荣、促进文化创意产业的发展，同时还能提高运河沿线土地的价值。随着人们经济生活水平的提高，物质产品日益丰富，人们从追求物质生活转向追求精神生活，旅游成为现代人们追求美好生活的一种重要方式，杭州借助运河发展旅游业具有良好的前景，在带来经济效益的同时也能体现一定的社会效益。

杭州运河的文化功能为旅游商贸功能的开发提供了绝佳的优势，运河的旅游休闲功能的开发为提升杭州城市形象以及带动周边其他产业的发展起到了很好的促进作用。杭州运河沿线分布着众多工业遗产，在近代工业发展的进程中，杭州运河边建立了很多厂房，随着河道的变迁和政府推行“退二进三”的政策，很多污染较重的企业搬迁，在运河边留下了很多废弃的厂房，这些遗留下来的工业遗存成为杭州文化创意产业等各种新兴产业发展的新天地，使废弃的厂房焕发出新的生机。运河旅游业和文化创意产业在新时代的今天具有极高的经济价值，是拉动杭州经济发展和巩固杭州历史文化名城地位的重要途径之一。

最后，京杭运河杭州段具备重要的生态价值。运河在杭州从北向南贯穿了余杭、拱墅、下城、江干四个区域，同时贯通市区内众多河道。在古代，运河最重要的功能是交通运输，京杭运河杭州段作为重要枢纽河段，漕运、民运十分繁忙，随着现代化交通工具的发展，运河航道受到桥梁高度、文物保护等多种限制因素的影响，运河的水运功能明显下降，但是运河的生态功能日益凸显。杭州运河与市内其他河道形成的巨大水系，在对杭州气候的调节、保证生物多样性以及维护城市景观等生态环境方面发挥着重要作用。过去工业没有得到快速发展、人口密度相对较小，运河的生态环境功能能够得到正常有效的发挥。但是，随着近代工业化进程的加快，运河沿线由于交通的优势出现了大量的企业，工业废水大量排入运河，工业的快速发展带来了人口的快速增长，排入运河的生活污水也大大增加，最后导致运河的生态遭到巨大破坏，严重影响了城市的生产和生活。后来运河综合整治和保护开发的实施，使运河的水质得到很大的改善，沿岸的绿化也增加了很多，形成一个以运河为中心的生态带，生态功能得以恢复。在如今生态文明建设与经济、政治、文化以及社会建设同样重要的总体布局下，在浙江省“五水共治”的水治理大环境下，杭州运河文化带的建设必须重视其生态价值。

2. 杭州运河文化带的建设定位

习近平总书记对大运河历史文化遗产提出了“保护好、传承好、利用好”的总要求，为杭州运河文化带的建设指明了方向。2017 年 6 月浙江省委召开第十四次党代会，提出要"积极谋划我省大运河文化带建设，把大运河文化保护好、传承好、利用好"。2017 年 8 月召开全省文化产业工作会议，要积极谋划运河文化带建设，将运河打造成"文化长河"与"产业长河"。

第一，杭州运河文化带的建设要"保护好运河"，加强运河生态保护与文化遗产保护。京杭运河杭州段列入文化遗产的有 5 段河道和 6 个遗产点。建设杭州运河文化带，首先就要将运河文化遗产保护好，履行好对国际社会的承诺，严格按照《世界遗产公约的标准》[①]，对从京杭运河杭州段现有遗产点（拱宸桥、广济桥等）、段（杭州中河—龙山河等）进行保护，同时将保护范围扩充到线状乃至面状进行保护，不仅要保护有形的、看得见的历史文化遗产，更要保护运河得以存在的生态环境，打造一个文化遗产保护与生态保护相结合的生态廊道。同时，坚持还河于民的发展战略，实施运河沿岸生态景观工程，提升城市居住环境的品质，激发运河沿岸的经济活力，真正做到以人为本、以市民为本、以中外游客为本，构建"碧水缠绕、文化流动"的运河景观带，在保护运河文化遗产的基础上，营造人与自然相谐、人与城相融、人与河相依的生态环境。

第二，杭州运河文化带的建设要"传承好运河"，打造特色文化廊道，展示地域特色文化精华，传承运河文化精神。所谓传承好，就是要让运河所蕴含的文化内核在当代重放光彩。运河是流动的、活态的历史文化遗产，建设运河文化带不能局限于恢复和重建运河的历史价值，更要顺应现有城市肌理，发挥其在现代社会中的功用。杭州建设运河文化带就要组织社会力量，对因运河而生的文化、精神、艺术、故事等非物质文化遗产进行系统的挖掘、整理。同时利用现代化的科技手段、传媒手段来弘扬运河优秀的传统文化，提炼具有时代价值的运河精神，增强我们的民族自信心，使运河文化成为杭州文化软实力的重要组成部分。近年来，杭州运河综合保护工程成效显著，运河文化带的打造，让人们更深入地了解运河文化，从而增强了民众的运河保护意识。每年举办的运河文化节、运河庙会等活动，使运河不仅仅是"躺"

① 姜师立：《论运河文化带建设的意义、构想与路径》，载《中国名城》，2017 年第 10 期，第 92—96 页。

着的千年古河，而是“活”起来的、与人们生活融为一体的现代的河。通过对运河历史文化资源进行创新性开发，结合现代元素，提升运河文化与当代杭州文化以及市民间的关联度，从而唤醒市民保护以及传承运河文化的自觉，使其成为杭州沿河城区经济社会发展的硬资源、软实力。

第三，杭州运河文化带的建设要“利用好运河”，建成文化创意、旅游休闲等产业集聚发展的文化产业长河。在当代，运河的运输功能已经逐渐让位于文化功能，杭州利用好运河不是借助其航运功能大力发展运输业，而是利用运河独特的生态、文化优势，打造运河旅游休闲长廊，将文化和旅游结合起来，让运河带来经济效益的同时，传播运河文化、输出文化产品，打好“运河牌”，将京杭运河杭州段打造成与西湖、西溪湿地齐名的“世界级”旅游产品，助力杭州“东方休闲之都”的打造。同时，以运河文化为“芯片”，植入相关产业，促进产业经济转型升级，大力发展文化创意产业，培育产业经济的地域气质，建设京杭运河杭州段文化创意产业带。

二、京杭运河杭州段运河治理案例分析

（一）杭州运河的生态整治历程

杭州段运河北起塘栖，南迄三堡，全长 39 千米，是京杭运河南端的终点、浙东运河的起点。在漫长的历史中，运河对杭州的发展产生了重大的影响。杭州，依河而建，由河而生，杭州的兴起、发展直至繁荣都与运河有着密切的关系，京杭运河是哺育杭州成长的“母亲河”。自隋代南北运河的开通，杭州凭借京杭运河南端的绝佳地理优势，在南北经济文化交往中快速发展，在相当长的一段历史时期内，一直是江南地区的中心之一。

1. 污染的杭州运河

杭州自北宋起就富甲天下，是因为杭州是运河漕粮、物资以及各种商品运转的重要城市，南方的粮食由此输送到北方，同时北方的商品、文化也随着这条河流到了南方。到了民国时期，民族工业快速兴起，杭州运河边拱宸

桥畔兴起了一大批工厂，成为杭州近代工业发展的摇篮。漕运废止，近代的海运以及铁路运输业迅速发展，京杭运河的交通地位不断下降，杭州段运河也逐渐遭受冷落，变得萧条。由于运输功能的减弱，对运河的疏浚不再重视，河道淤塞窄化，有些区段已经断航，在城市的发展中，相当一部分河道被填成马路。中华人民共和国成立后工业迅速发展，运河两岸工厂规模迅速发展扩大，拱宸桥一带建立了杭一棉、杭丝联、小河造船厂、长征化工厂、华丰造纸厂等国营化工厂，成为杭州的主要工业区。经济的发展给运河带来了污染，由于运河两岸企业排污设施不完善，将污水直接排进运河；同时，因工业发展而急剧增多的人口将生活废水直接排进运河，日积月累，导致运河水体变质，在很长一段时间处于"河水臭，到杭州"的境地。

2. 杭州运河的生态整治

河水变脏变臭，使得大家引以为傲的运河"奄奄一息"。历史上运河沿岸存在的古街古巷、文物古迹、民俗民风正在慢慢消失。中华人民共和国成立之后，党中央、国务院就对运河的治理工作十分重视，尤其改革开放后，保护和利用运河被提上了议事日程，杭州市委、市政府开始对杭州运河进行大规模的综合治理和保护开发。

为了实现城市发展与环境保护的协调发展，提高城市品质，提升居民生活质量，改善城市环境，2000 年，杭州《关于加快运河综合整治决议》中提出了"截污、清淤、驳磡、配水、绿化、保护、造景、管理"八位一体的改造治理方针；2002 年，京杭运河（杭州段）综合整治与开发工程在杭州市第九次党代会上，被列为杭州城市建设的"十大工程"之一。为了更好地对杭州运河进行综合治理，更快地改善运河沿岸的环境，2003 年，杭州市委、市政府组织成立京杭运河（杭州段）综合整治与保护开发指挥部，对运河综保工作进行统筹管理，同时，运河沿线各城区建立了分部，便于杭州运河实施整体化和区域化的综合整治和保护开发。经过多年的努力，一期工程顺利竣工，从石祥路到秋涛路，全长10余千米，重点形成了"一馆""两场""三园""两带""六埠""十五桥"的新景。京杭运河杭州段的综合整治在八位一体改造治理方针的指导下，增强了运河的生态功能、文化功能、旅游休闲功能、商贸功能以及居住功能，真正实现了"水清可游、景美可赏、岸绿可憩、文润可品”。

3. 江河连通与截污工程

虽然运河贯通了五大水系，但是在历史上运河并没有直接通到钱塘江，因为杭州南北相差较大的地势特点，江与河的水位问题无法解决，历来运河和钱塘江的贯通是依靠唐代开凿的贯穿杭州市区的两条古河道中河和东河来进行的，且自明末以来，运河入钱塘江口改闸为坝，江河自此阻隔。为了使运河重新担负起水运的功能，真正成为连接南北、浙东、浙西的水上枢纽，杭州市委、市政府于 1983 年启动了运河和钱塘江的沟通工程。最后选定从卖鱼桥经过艮山港，最后到三堡与钱塘江进行沟通，该航线全长 11 千米，不再沿用中河、东河，从东部的艮山门外到三堡新开航道 6.2 千米。该工程于 1988 年 12 月 31 日竣工，新建的三堡大型船闸，完美解决了运河与钱塘江之间的水位落差，实现了运河和钱塘江的沟通，同时使得京杭运河与浙东运河、甬江、曹娥江连接起来，真正实现了江、河、海的贯通。

中河、东河治理工程疏浚了运河主体河道和沿岸驳磡，拆迁了沿岸的众多单位和民居，埋设了大量污水管道以截断排入运河的污水，开辟绿地提升了运河沿岸环境，新建和拓宽了许多路桥等。1993 年，为了完善截污纳管处理工程，改善杭州运河水质，政府主导成立了运河（杭州段）截污处理工程建设指挥部。该工程于 1993 年开始，历时 8 年，铺设了 6 万余米的排污管道；新建和扩建了沿线的10座污水提升泵站；同时，对四堡污水处理厂进行扩建，形成了杭州城市的第三条污水处理系统。从此，城市的污水不再直接排入运河，运河水的质量得到了很大的提高。

（二）杭州运河文化遗产保护发展

1. 加大保护力度

近年来，杭州市启动了运河二期综合整治开发工程，以历史街区的保护、城中村的改造、城市居民生活水平的提高为重点，推出“一廊二带三居四园五河六址七路八桥”工程，加大对运河特别是运河文化遗产的保护力度，还河于民，助力运河申报世界文化遗产。首先，着手修复历史文化街区，修缮了拥有大量居民活态文化遗产的小河直街、桥西以及大兜路三大历史文化街区，向人们展示了几千年来运河与杭州交融的历史风貌，留住了京杭运河杭州段的多元文化记忆。其次，建造了大量博物馆群，在综保一期建设的中国京杭运河博物馆的基础上，借助拱墅区丰富的运河文化遗产资源，建造了中国扇博物馆、刀剪剑博物馆、伞博物馆、工艺美术博物馆以及手工艺活态馆五大博物馆，集中展示了杭州运河文化遗产，凸显杭州特色。同时，选取了桑庐、富义仓、广济桥、乾隆御碑以及长征化工厂等重要遗产点，采取"最小干预"以及"修旧如旧"的原则，在尽量保证文化遗产原真性的基础上，用以世遗申报。运河二期综合整治项目的实施，在运河两岸形成了以自然风景为轴线，以历史文化街区以及历史文化保护区为核心，以沿河众多历史遗存、历史建筑为重要节点的运河文化长廊，展示了京杭运河杭州段沿线传统的生活风貌，在保护运河文化遗产的同时，为杭州打造了新的城市名片。

2. 设立专门组织、依法保护

京杭运河杭州段的保护和开发涉及多个产权单位和管理部门，且经过四个不同的行政区域，条块分割较为严重，难以形成合力。20世纪初为整治运河成立的京杭运河（杭州段）综合整治与保护开发指挥部，在对杭州运河的综保工作中发挥了重要的统筹协调作用，为运河的申遗工作做出了突出贡献。

后申遗时代，要想运河得到合理保护，不被随意开发，就必须在立法上下功夫。我国在文化遗产保护方面，主要依据的是多年前就颁布施行的《中华人民共和国文物保护法》，但这一法律更多适用于单个历史遗迹，运河作为一个综合性强，囊括各类型的大型线性文化遗产，该法律不能将其完全覆盖。2012年国家颁布施行的《运河遗产保护管理办法》，是针对运河制定的专项保护措施，它规定的内容对运河沿线的8省35市具有普遍适用性，在一定程度上为各省市的保护工作提供了参考依据。但是，运河流经地域的广泛，决定了各地区遗产类型、遗产现状、适用的遗产保护方法各不相同。

2017年浙江省批准实施的《杭州市运河遗产保护条例》与《杭州市运河世界文化遗产保护规划》，是运河沿线城市中较早制定的地方保护条例，界定了杭州运河遗产的构成、保护标准、保护重点；限定了京杭运河杭州段的开发工程；规范了各部门以及个人应尽的义务；明确了遗产区的禁止活动等；同时对运河保护涉及的文物、交通运输、城市管理、水行政、环境保护、国土资源、建设、规划、绿化、旅游、农业、气象等部门与运河遗产综合保护部门明确划分了管理区域、明确了权责，避免了无部门管、多部门管等混杂现象；确定了遗产区、缓冲区的范围，限定遗产区以及缓冲区土地的利用强度和建设规模，为京杭运河杭州段的保护提供了制度保障。2018 年 12 月杭州市发布实施了《中国运河（杭州段）世界文化遗产要素分类、代码与图式》与《中国运河（杭州段）世界文化遗产监测工作规范》两项市级标准，为京杭运河杭州段文化遗产信息的采集、管理、应用提供了规范。以法律法规的形式对运河保护进行界定，使得京杭运河杭州段的文化遗产以及遗产依托的生态环境得到更科学、合理的保护，杭州在运河保护方面走在全国前列。

京杭运河杭州段经过十多年的综合整治与保护开发，现已初步形成了一条以自然生态景观为核心主轴，以遗产遗迹、历史文化街区、博物馆群以及文创园区为重要节点的文化休闲与经济长廊。运河两岸的生态环境得到了改善，生态系统得到了恢复，水质得到了改善，空气更加清新，构建了良好的人居环境；运河沿线一些重要的遗产点得到了有效的保护，延续了杭州运河的历史文脉，提升了杭州城市的品质，同时增强了杭州城市的综合竞争力，为杭州建设运河文化带打下了坚实的基础。

三、京杭运河杭州段运河治理的进一步启示

京杭运河杭州段文化带建设的首要前提就是要保护好运河，将运河文化遗产保护以及运河生态环境保护放在首要位置，打造一条贯通的生态遗产廊道，实现运河文化遗产的全面保护。

（一）统筹协调，联合发力

京杭运河杭州段遗产保护和生态治理分属不同行政区域、不同职能部门，条块分割严重，存在多龙治水的现象，各区域综合保护工作起步和所处阶段各不相同，市区两级存在利益诉求差异，导致保护开发模式参差不齐，开发模式、主体、理念均存在较大差别，没有形成一股合力，不利于杭州运河文

化带的打造。要统筹市区两级积极性，求同存异，需要京杭运河（杭州段）综合保护委员会发挥其统筹职能，打破区域、权属之间的藩篱，加强各区域、各部门的协调，统合交叉部门的职能，优化管理机制，制定科学合理全面的日常运作机制，保证综合治理的效果。同时，余杭、拱墅、下城、江干四区应设管理运河事务的专门机构，与运河综保中心保持联动，形成综保中心统筹协调、事务中心落地管理的双层机制，共同管理。

此外，大部分民众都意识到了运河文化的重要性，也愿意了解运河文化，只是了解渠道不够完善。而职业不同、居住地不同的民众对宣传运河文化的主体认定存在一定差异，这是由他们接触信息方式的不同决定的。对于外地游客来说，他们了解运河文化的主要渠道在于旅游机构的宣传；对于居住在离运河较远的杭州市民来说，他们了解运河文化的方式在于政府的宣传；对于居住在运河边的居民来说，老一辈的运河人凭借自己的人生阅历拥有丰富的运河记忆，新一代的运河人或是从老一辈的运河人那里听说，或是通过政府的宣传来了解运河文化；对于学生这一特殊的群体，教育机构的宣传对他们了解运河文化发挥着至关重要的作用。因此，宣传运河文化不是某一主体的事情，应该从政府到个人，协同各方力量，联合发力。

（二）拓展保护对象

运河作为大型线性文化遗产，遗产构成十分复杂，根据《运河遗产保护管理办法》，运河遗产包括"隋唐运河、京杭运河、浙东运河的水工遗存，各类伴生历史遗存，历史街区村镇，以及相关联的环境遗产"。《杭州市运河遗产保护条例》中重点保护的京杭运河（杭州段）遗产点保护对象主要是列入世界文化遗产名录的6个遗产点，包括河道上的水闸、码头、古桥梁等运河水工遗产，以及因运河而生的历史街区等物质文化遗存。这些遗产多是以点、段为单位进行申报的，而不是从整体上进行申报的，在建设运河文化带的过程中如果只是对世界文化遗产点段进行保护，将不利于运河文化遗产的整体保护。在建设运河文化带的进程中，我们要形成全面的遗产保护体系，从遗产的点状保护向线状直至面状迈进。

此外，杭州市在运河流淌的历史时期发挥过重要作用的水利工程遗产，或是因流动的运河水带来的交流而产生建造的历史建筑，具有很强的运河文化气息以及杭州特色，将它们纳入保护范围有助于增强市民的运河文化记忆。建设京杭运河杭州段文化带应将这些建筑、遗址、史迹也纳入保护范围；同时注重运河历史环境的整体保护，保证运河遗产的核心区以及缓冲区的有效性，实现运河遗产的保护从点、段的保护扩充到点、线、面的保护。

（三）传承和发扬运河文化

京杭运河杭州段文化带的建设要传承好运河文化，就要深入挖掘运河文化内核，探索运河文化的当代意义，提炼当代运河文化精神，将运河文化与人们日常生活以及精神文化联系起来，活化非物质文化遗产、打造运河文化长廊、举办人们喜闻乐见的运河文化活动、发动全社会力量弘扬和传承运河文化，更好地服务于当代杭州的社会建设和文明建设。

1. 活化运河非物质文化遗产

京杭运河杭州段沿岸保存着极其丰富的非物质文化遗产资源，如杭州运河船民的习俗、木船的制造技艺以及建造石桥的技艺和民俗；极负盛名的杭罗、杭绸、杭缎、杭纺、杭州织锦等制造工艺；传统节日、运河水乡婚礼、河神信仰等民俗；张小泉剪刀、王星记扇、杭州伞、杭州竹篮与天竺筷、振兴祥中式服装等手工技艺；在茶馆里听小热昏、评话、评词等生活方式；揹路子、余杭滚灯等表演样式；珠儿潭、小康王逃难等运河传说故事；踢毽子、跳绳、放风筝、斗蟋蟀等儿戏，都是杭州运河历史文化的见证。有些与当今人们的日常生活已相去甚远，如木船的制造技艺等；有些仍与人们的生活有着紧密联系，如传统节日民俗、听小热昏的生活方式等。我们要保护和传承好杭州运河非物质文化遗产，首先就要对运河沿岸的民俗风情、文学艺术、名人逸事、手工技术、表演样式等非物质遗产进行系统的挖掘、研究、整理；同时，可以借助现代科学技术、现代创意手段、现代传媒手段，多维度呈现运河记忆，将无形的运河文化遗产有形化，实施“文献化保护”，讲好运河故事，打造运河文化 IP。

杭州运河非物质文化遗产数量庞大、类型丰富。时代在变化，文化也要随之发展，要想文化得以传承，就不能脱离时代，在保证文化内核的基础上，与时俱进，适当注入新元素，避免非物质文化遗产沦为文化符号。“非遗”项目要做到形式多样化，内容通俗化，吸引人们关注，同时运河相关博物馆发挥好自己的功能，丰富人们的体验项目，唤醒大家对过去的记忆以及对未来的向往。因此，在建设运河文化带的过程中，对其的保护开发，要在保证其文化内核的基础上，做到传统观照现实，让遗产实现“活”的运用。

2. 建设运河文化长廊

文化长廊分布在城市的各个地带，它用文字、图片、绘画等大众喜闻乐见的形式传播文化，覆盖区域广，具有良好的宣传效果。杭州运河文化带的建设要充分发挥运河文化的作用，坚持以文化人，充分发挥文化的黏合催化功能与引领带动作用，让传统和当代运河文化成为提升市民素质的重要推手。

结合拱墅区的运河文化广场、下城区的西湖文化广场以及江干区规划建设的“江河汇文化广场”（渔人码头文化公园），共同打造杭州城市水文化的著名地标。以现有艮山公园、青莎公园、北星公园、闸弄口公园、濮家运河公园、渔人码头生态公园和尚在规划建设中的运河中央公园、运河创新公园、运河亚运公园，以及沿运河打造的运河生态廊道为依托，充分利用滨河的块面空间，以图文、书画、匾额、动漫、吉祥物、屏幅等多种艺术形式，灵活展现运河沿线城镇村庄的历史发展记忆，传承良好的运河民风民俗，在运河沿岸打造30千米“运河文化长廊”。

3. 发挥科技手段宣传运河文化

宣传运河文化应形成全民宣传的社会氛围，不同主体利用好自己的优势，助力运河文化传承。政府作为宣传运河文化的主体，应利用自身优势，在全杭乃至全国范围内对运河文化进行推广。杭州可以借鉴北京推出的《小普带你看运河文化带》系列动漫短片的模式，采用通俗易懂、生动形象的手法拍摄运河旅游宣传片、运河民间小故事合集、运河手工艺展示短片在公交、地铁电视显示屏、广场电子显示屏播放；号召企业、个人参与在运河举办的活动，与通信公司合作，采用短信推送的方式，确保大部分受众知晓这一信息。旅游机构作为向前往运河观光休闲的游客宣传运河文化的主要力量，首先要对运河发展的历史有一个基本的梳理，保证从业人员对运河文化做到充分掌握，选取具有代表性的且具有吸引力的知识点进行讲解介绍；完善各大博物馆的宣传册，将运河文化内容较为完整地包含在一小本宣传册中；同时，为运河沿线的重要历史建筑（不仅限于列入世界遗产保护目录的建筑）设立介绍牌，介绍其历史沿革以及历史小故事。教育机构如学校应在日常教学中传授运河文化的相关知识，引导学生参与运河相关调查、研究项目，积极参与运河各大博物馆举办的活动，带领学生体验"一日河长""一日运河志愿者"等，同时也可将运河作为小学春游的备选地点，加深学生对运河文化的了解。除了政府，旅游机构、一般企业与个人在宣传运河文化方面也能发挥自己的作用，如在运河附近进行企业团建，个人向亲朋好友推荐到运河边游玩、参观博物馆、体验手工艺制作等都有利于宣传运河文化。

当代人们主要通过电视、网络等新媒体来了解运河文化，我们要利用好这些媒介。设立京杭运河（杭州段）公众号和新浪微博号，将运河历史介绍、遗产概况、运河民间故事、运河手工艺介绍、博物馆展示信息、手工艺课程信息、运河所筹备的活动、旅游攻略等信息分区进行统一展示，方便受众了解其想要的信息。目前，京杭运河杭州段拥有"京杭运河旅游""杭州京杭运河博物馆""京杭运河杭州景区""京杭运河杭州段""杭州运河世界文化遗产"多个公众号，有些公众号信息存在重合，而有些运河文化的信息鲜有介绍，应该对其进行整合，建立包含所有信息的"京杭运河（杭州段）"公众号，选取专业人士对不同板块进行打理，各个部门信息互通，方便受众信息获取。

最后，随着中共中央、国务院《运河文化保护传承利用规划纲要》的出台，运河文化带建设迎来新的发展时期。京杭运河杭州段文化带的建设将围绕中央、省、市相关规划要求，进一步加强协调联动，彰显文化特色，将京杭运河杭州段建成地域特色文化精华全景展示、文化遗产有效保护传承的"文化长河"，成为展现东方韵味的杭州文化新地标和城市发展增长极，也为中国和世界的运河文化带建设贡献自己的独特价值。

京杭大运河——扬州段

扬州自古就是著名的运河城市，“故人西辞黄鹤楼，烟花三月下扬州”，京杭运河扬州段的开凿在推动扬州以及全国经济发展、培育人文精神、交通南北等方面做出了巨大的贡献。运河既是这座城市的灵魂，也承载了这座城市近乎千年的历史。2020 年 11 月 13 日习近平总书记在扬州市考察调研，他先后来到运河三湾生态文化公园、江都水利枢纽，了解大运河沿线环境整治和文化保护传承利用、南水北调东线工程规划建设和江都水利枢纽运行等情况。围绕着京杭运河扬州段的治理和城市发展，扬州形成了独特的治理经验和管理方式，值得借鉴。

一、历史概况

京杭运河是世界上最早开凿的一条人工河流，全长约 1794 千米，哺育了数十座城市，被称为中国古代的伟大奇迹工程之一。其中京杭运河扬州段，又分为古运河和运河。古运河既是整个运河中最古老的一段，也是京杭运河的开端，开启了开凿人工运河的先河。古运河从瓜洲至宝应，全长 125 千米。其间，古运河城区段北出扬州闸，南经瓜洲闸与长江连通，全长约 28.44 千米。它自文峰塔向南，呈横着的“几”字形，河道曲折、水面宽阔，是该市实现江淮水源并济、防洪排涝、交通航运的重要通道。同时，运河沿线历史遗迹与人文景观众多，形成了著名的“扬州三湾”运河风景区。而运河则特指新中国成立后新扩建的京杭运河。

(一)历史回顾

京杭运河扬州段历史悠久，早在公元前486年，吴王夫差就已在扬州开邗沟，这是世界上最早的运河，也是此后运河的起始河段。扬州因此也奠定了它的中枢地位，成为中国唯一一个与运河共生共长的“运河城”。现今所称的“运河扬州段”虽然并非开挖和真正形成于当时，但此后的运河基本以扬州为中心点，在邗沟的基础上挖掘完成的。两千年来，京杭运河扬州段河道虽然多次迁徙，但扬州的地位却牢固如初。从历史层面来说，扬州城的命运与运河的命运密不可分，运河的兴衰史就是扬州城的兴衰史。运河已经成为扬州的重要名片，而扬州也成了运河的代名词。

扬州城自古就是漕运和盐运的重要枢纽，水运占有重要的地位，因此历朝历代都颇为重视对运河的挖掘。京杭运河扬州段也正是在历经多个朝代更迭、航道改道之后连通其他运河、水系，最终挖掘成形。从运河的开凿和发展来看，京杭运河扬州段的挖掘大致经历了隋、唐、宋、元、明、清等朝代。公元前486年，吴王为北上伐齐开凿邗沟，连通长江和淮河，从此奠定了扬州的运河起源和水运基础。[①] 值得一提的是，此处的邗沟并非现今的京杭运河扬州段。运河扬州段的正式开凿要追溯到隋唐时期，唐代以前的运河流向与现今的运河流向基本不同。[②] 隋朝时期，隋炀帝先后开凿永济渠和通济渠，重新规整了运河线路，并在此基础上重新开通邗沟，连接了淮河与长江；此后，隋炀帝又开通全长约800里的江南河，贯通了京口（今镇江）与余杭（今杭州）。[③] 京杭运河扬州段粗具雏形，扬州城也于此时正式奠定了其水运枢纽的地位，成为漕运的中心和南北方物资中转的集散地。

唐朝基本延续隋朝时期开凿的漕运路线，但由于长江北岸泥沙淤积，瓜洲扩大，唐玄宗时期，漕运路线开始略做调整，决定将漕运船只经过仪征或者瓜洲进入运河，然后再由邗沟、淮河等地最终运往长安，但扬州处于漕运

① 朱偰:《中国运河史料选辑》，中华书局1962年版，第3~5页。

② 李宝惠:《曲江水工程》，江苏广陵书社有限公司2010年版，第152~153页。

③ 朱偰:《中国运河史料选辑》，中华书局1962年版，第15~20页。

的中心地位并未因此改变。[①] 直至唐代末年，由于藩镇割据，南北方联系阻断，原来开凿的运河逐渐淤塞，扬州城的繁荣也因此而逐渐衰败。[②] 宋元时期，漕运重新得到朝廷的重视，扬州再次成为南北物资中转的重要集散地，恢复了往日的繁荣景象，今天意义上的京杭运河初步形成。此后数百年，运河成为南北交通的重要通道。

明代以后，由于王朝逐渐开始实行闭关锁国的政策，海运停滞，运河变得愈加重要。明万历年间，古邗沟（运河淮南段）开始成为一条南北直通的运道，脱离了高邮、宝应等湖群。清政府基本延续明制，投入了大量的人力、物力加强对运河的开凿和管理。扬州也正是在这个基础上，牢牢把控着漕运和盐运中转的重要地位。直至晚清、民国时期，由于铁路的开通，运河的交通地位大为下降，扬州因此也日渐凋敝。但此时运河的功能也不再局限于运输，其灌溉、航运、排涝、防洪等功能也逐渐被开发利用。

中华人民共和国成立后，政府对运河重新进行整治，主要是清淤、修建船闸和重新规整河道，京杭运河在1958—1961年间得到扩建，扬州段的航道也在此时得到拓宽，同时改道城市东侧与长江直接相连。至此，我们现今所称的京杭运河扬州段正式成形。

（二）功能与价值变迁

京杭运河扬州段自邗沟发端以来，其功能不断地得到开发和利用，同时也经历了一个变迁的过程。历史上，运河在军事、漕运、盐运、货运、巡视方面发挥着重要的作用。邗沟最初是一个军事工程，邗沟的开凿就是为了服务于吴王夫差北上伐齐、借河输送军队和物资的军事目的，此后相当长一段时间其都以军事功能为主。到隋唐时期，京杭运河扬州段已初具规模，除军用功能以外，其经济、政治功能也得到了开发，开始用于货运、漕运、盐运以及大臣巡视等。[③] 宋代以后，随着运河的经济功能越来越突出，其河道也

① 朱偰：《中国运河史料选辑》，中华书局1962年版，第23~31页。

② 潘镛：《隋唐时期的运河和漕运》，三秦出版社1987年版，第49~50页。

③ 郑民德：《中国运河的历史变迁、功能及价值》，载《西部学刊》，2014年第9期，第23~26页。

不断地得到整治和管理。运河逐渐开始在防洪、排涝、灌溉等方面发挥着较为稳定的作用。近代以来，由于铁路、公路等兴起，运河的经济、军事功能逐渐衰弱，尤其是中华人民共和国成立后，运河在运输上已经不再具有优势，其运输功能虽然依旧保持着，但军事功能已经消亡。

随着改革开放和中国工业化进程的加快，京杭运河扬州段在之前的基础上开发了新的功能。长期以来，运河是扬州城及周边地区的废水排放地，运河的自净能力使得其可以容纳一定的污水而不至于破坏水质。但随着工业化进程加速，京杭运河扬州段两岸出现了一大批工业企业，其工业废水直接排入运河，使得运河水质、生物多样性都遭到了严重的破坏，这极大地影响了扬州市的城市形象和居民生活。人们开始意识到生态环境的重要性，运河的生态环境功能也越来越得到重视。

此外，由于京杭运河扬州段的形成经历了漫长的历史发展，因此其本身就具有较大价值的史学意义。同时，在发展的过程中，运河沿线也形成了诸多有历史、文化意义的建筑和景观。如今，运河的文化、历史价值也越来越得到重视，其旅游、文化等功能也得到了进一步的开发。

总之，回顾扬州古运河的功能变迁，可以发现运河的功能总是随着时代的需要和人类的进步而不断地得到开发和利用。但无论哪种功能开发或者消亡，我们从中可以预见的是，城市的发展和水无法分割。无论是开发或者维护某种功能，维持古运河的稳定、保护古运河的河流对扬州乃至全中国来说既是必要的也是必需的。

（三）沿岸景观与运河文化

京杭运河扬州段沿途自然风光与文化遗迹众多，是景观最为丰富的运河河段之一，共有几十个景点、十个遗产点和六条河道。运河沿岸风景优美，连接着众多的湖泊、码头、古镇、园林、驿站、寺庙等，形成了著名的“扬州三湾”水利风景区。有著名的瘦西湖风景区（包括蜀冈），沿岸“十里楼台”“数百园林”，还有将大明寺、观音山、城隍庙等遗迹囊括在内的古遗址群；有浓厚历史气息的老城区，包括传统的建筑群在内，如绵延千里的盐商住宅群和汪氏小苑；有世界著名的四大宗教活动场所琼花观（西汉时期修建的道教主要活动场所）、高旻寺（隋朝时期修建的佛教主要活动场所）、普哈丁墓园（宋朝时期修建的伊斯兰教主要活动场所）和天主教堂（清朝时期修建的天主教主要活动场所）；有象征扬州古巷以及城池建筑的重要遗迹水斗门、龙首关（钞关）、东关古渡（双瓮城）和古湾头闸；有充满诗歌风情的瓜洲古渡锦春园、行宫御苑和龙衣庵；还有唐代鉴真东渡日本的出发地文峰塔。除了这些已经形成风景和遗迹的地区，还有一些正在开发或者将要开发的风景区和旅游胜地，如瓜洲古渡风景区、茱萸湾、凤凰岛以及邵伯湖等，这些都是极具潜力的风景开发区。

运河在孕育了扬州城这些大量的物质文化遗产的同时，也催生了灿烂的非物质文化遗产，有象征中国民族鲜明特征和传统技艺的雕版印刷技艺；有工艺绚丽、格调新奇的漆器髹饰；有精妙绝伦的扬州玉雕、扬州剪纸和扬州盆景；有历史悠久的扬剧、扬州评话、班徽和民歌；有将运河作为重要传播渠道的宗教文化；还有历朝历代因吟诵运河而创作的诗词歌赋，如杜牧的"春风十里扬州路，卷上珠帘总不如"、徐凝的"天下三分明月夜，二分无赖是扬州"等，这些名句诗篇都描绘了因运河而繁华的扬州城，也为扬州和中国留下了辉煌灿烂的"运河文学"。

总之，京杭运河扬州段作为扬州的"母亲河"和重要资源，无论是从旅游、生态还是弘扬优秀传统文化方面都具有十分重要的价值。因此，加强对京杭运河扬州段的管理和维护，对弘扬优秀传统文化、促进扬州的经济发展具有重要的作用。

二、京杭运河扬州段运河治理案例分析

中华人民共和国成立以来，由于工业化快速发展，运河过度使用，京杭运河扬州段出现了诸多的问题。在运河整治之前，每逢汛期遭遇暴雨，沿岸的洼地、工矿企业、住宅等就经常受淹。同时，河道两岸码头林立，公用企业废水排放、河边乱倒垃圾、岸边违章搭建现象严重。这不仅严重影响了居民的正常生产、生活秩序，还影响破坏了扬州的城市形象。为了维护古运河

的生态环境、恢复古运河原有净水、防洪排涝及通航等能力，彻底改变河道面貌、促进扬州经济发展，扬州市政府从生态、河道、景观等多个方面出发对古运河进行了多次整治。

（一）京杭运河扬州段河道综合治理

1. 古运河河道综合整治前航道概况

根据江苏省政府苏政复〔1994〕12号文件，京杭运河扬州段在整治前，第一次航道定级被定为6级，航道全程29.3千米。但由于多年来瓜洲长江口门坍塌严重，航道里程有所缩短。到2003年第二次航道普查时，古运河航道里程为28.44千米，航道等级依旧为6级，最高通航水位6.0米，最低通航水位3.5米，航道水深2.5米。全程河底标高+1.5米以上的约2千米，+1.0～1.5米的约3千米。当水位为3.5米时，航道水深小于2.5米的约有5千米，大于2.5米的约有9.3千米。其中航道宽度小于18米的有3处，里程3千米。当水位为4.5米时，有3处河面宽仅有32～34米。古运河的起点和终点各有一座船闸，其中扬州闸为复线船闸，城区段航道沿线有10座桥梁，在这当中，便门桥、解放桥、徐凝门桥、渡江桥、通扬桥5座桥梁，按照最高通航水位6.0米计算，桥梁的净空高度只有3.5米。[①] 但是根据《内河通航标准》要求6级航道净空高度不得低于4.5米，这给船舶航行带来了一定的危险。

同时由于历史原因，京杭运河扬州段数年来疏于治理，导致河床淤浅、岸堤被破坏。而且为推进工业化，运河城区段水质恶化严重、多有违章建筑，加上地势低的原因，雨季时，洪水泛滥成灾，两岸的居民深受其害，严重影响了正常的生产、生活秩序。为了改善运河沿岸人民的生活状况，恢复运河防洪、排涝的功能，推动扬州市经济发展，扬州市政府决定对运河进行整治。

2. 扬州市政府对京杭运河扬州段河道的整治

1997年，扬州市政府做出了整治扬州古运河的重要决策，并决定以驳岸为先导工程项目对运河城区段河道进行综合整治。1998年4月6日，扬州市

① 中华人民共和国交通部：《第二次全国行道普查主要数据公报》，https://xxgk.mot.gov.cn/2020/jigou/zhghs/202006/t20200630_3320368.html，访问时间：2021年5月16日。

政府根据扬政发〔1998〕83号文件决定成立扬州市区古运河综合整治指挥部。1999年9月13日，根据苏建重〔1999〕369号文件《关于古运河扬州城区段综合整治工程初步设计的批复》，正式开始对扬州的运河进行整治。该工程投入2.39亿元，从扬州闸至三湾全长13.5千米。到2002年工程结束之时，通过沿岸房屋拆迁、疏通航道、河堤护理、绿化河滨、增加植被等工程，运河沿岸已经形成了长达13.5千米的城区段古运河风光带，提高了运河的航运能力和防洪排涝的功能，改善了居民的居住环境。2003年开始，扬州市政府又投入20亿元，对古运河东岸进行整治，在沿河宽30米、全长7千米的范围内，开发了绿化风景带，设立了一些亭台楼阁，并围绕运河进行了一些综合开发。

此后数年，扬州市政府都不间断地对运河的局部河段进行整治。2012年2月，扬州古运河东部水系沟通工程正式启动，并于同年12月建成投用。该工程总投资约5300万元，主要建设内容有：新建曲江双向闸站；闸站西侧新开河道顶管穿过运河南路沟通京杭大运河与曲江公园；新建文昌国际广场；整治丁家河；新建箱涵和节制闸沟通京杭大运河。2013年，根据扬水发〔2013〕334号文件，扬州市政府再次对扬州古运河进行综合整治。同时自2013年开始，中小河流域也越来越得到扬州市政府的重视，多次下发了整治瓜洲段中小河流域的文件。

古运河、仪扬河流域，既是扬州市经济社会最为发达的区域，也是扬州市沿江开发、跨江融合发展的重点地区。然而该区域东有淮河洪水、西北有丘陵高水、南有长江来水、中为平原圩地，防汛形势十分严峻。鉴于该地十分重要的地理位置，2016年为解决主城区涝水外排出路问题，彻底消除洪水安全隐患，扬州市政府决定优先实施瓜洲泵站工程。瓜洲泵站工程位于古运河、仪扬河流域东南，古运河入长江口门瓜洲闸的东侧。主要内容为建设泵站一座，设计流量为170立方米/秒；开挖上、下游引河共约1230米。该工程为扬州市的防洪工作做出了重大的贡献。

2016—2021年间，为加固扬州古运河防洪、排涝的功能，扬州市政府也多次对运河河道进行了细微的调节和整治，在重视河道安全、防洪的基础上，更加注重对古运河生态环境的治理。

（二）扬州古运河生态环境治理

1. 古运河生态环境状况

首先，由于古运河河道以及市内多数河道都受闸坝控制，因此河流的流量低、流速慢，水体本身的自净能力有限，水污染比较突出。在 2005 年全市 46 条河流水质测试时，全年水质达标的河流只有芒稻河、新通扬运河、三阳河等河流。

其次，中华人民共和国成立以来，随着工业化进程的加快，为了保持经济社会的高速发展，原材料和基础工业在扬州得到了迅速的发展，扬州市逐渐形成了以化学纤维制造业、电气机械及器材制造业、纺织工业、通用设备制造业、化学原料及化学制品业等为重点行业的工业体系。这些行业污染负荷达到 80% 以上，而且大多数的工业企业都分布在古运河沿岸，如宝应工业集中区、江阳工业集中区等，工业废水过度排入运河使得古运河水质遭到了急剧破坏，沿岸的生态环境也逐渐恶化。同时，由于城市化进程的加速，城市人口不断聚集，生活污染物的排放也在逐年增加。这使得扬州市的二氧化硫排放量也逐年增加，酸雨频发，这给扬州古运河造成了很大的压力。

最后，由于古运河流域湿地广布，随着经济的发展，农田、湿地面积不断减少，以及水资源过度开发利用、农作物循环利用水平低等都对古运河的生态环境造成了一定的影响。河道、湖泊的生物多样性都遭到了破坏。

近年来，随着生态环境的破坏、经济发展与环境保护的不平衡，居民的生活也日益受到影响，生态环境的重要性越发凸显。而且，随着南水北调工程的进展，京杭运河扬州段承担着向北方调水的重要任务，需要向北方输送达标、优质的水源。在此基础上，扬州市政府开始加大力度维护和改善运河的环境。

2. 扬州古运河的生态环境治理

2000 年，为改善扬州古运河的生态环境，扬州市政府启动了瘦西湖水环境整治工程。瘦西湖，位于扬州市西北部，是京杭运河扬州段沿线重要景观之一，因湖面瘦长，称“瘦西湖”。清朝时，康熙、乾隆二帝曾数次南巡扬州，因此当地的富绅都争相在此处建立居所，扬州也遂得“园林之盛，甲于天下”

之说法。瘦西湖水环境整治工程，总投资约1.97亿元，其内容主要包括引水入湖、污水截流、河道整治、闸站工程、河湖监控系统五个部分；其方法主要是通过引入邵伯湖水并经保障湖蓄水、净水之后，对瘦西湖进行注水和冲洗。在对瘦西湖实施污水截流、根除湖体污染源后，通过建设闸站调控瘦西湖及内河水位来使河湖相通，从而实现瘦西湖主要观光水域"死水变活，湖（河）水变清"的目标。至2002年，瘦西湖活水工程竣工，全面完成周边生活污水的截流及河道的整治清淤。新建瘦西湖引水泵站引运河和邵伯湖水注入瘦西湖，以源头活水不断推动湖水更新，对保障湖、瘦西湖、二道河、漕河、北城河、安墩河、玉带河、小秦淮河、念泗河"两湖七河"（计11.5千米长）进行清淤、护岸和绿化等综合整治。铺设邗沟河两侧、漕河北侧、玉带河两侧、北城河北侧、高桥南北街、瘦西湖两侧、念泗路—二道河污水管道共计17.6千米，对瘦西湖地区实施污水截流，根除湖体污染源。对便益门闸、高桥闸、钞关闸、二道沟闸和响水河闸五座闸站进行翻建，用以调控瘦西湖及内河水位，使河湖相通、自流，以实现瘦西湖污水自净的能力。

2003年，扬州市政府又投资30万元对古运河东岸进行综合整治，其中一个非常重要的内容就是在运河沿线增加绿化，以改善运河沿线的环境。此后近十年时间里扬州市政府秉持着推进生态文明建设的目标，大力推进经济发展方式转变、不断加强运河沿岸的绿化覆盖率，同时还出台了多项保护水资源和生物多样性的政策、规划，对违反生态环境的行为进行惩治和监督，如《扬州市"十二五"环境保护和生态建设规划》等。

2012年2月，扬州市政府正式启动了古运河东部水系沟通工程，对曲江公园湖、沙施河鸿泰家园支流等水体实施水质改善工程，通过清淤、污水截流、新建初期雨水污染削减装置、曝气装置、生物浮岛、浮床和铺设生物沸石等措施，增强水体的自净能力，实现水质改善效果的持久性。

2014年，扬州市政府又启动了"清水活水"城市建设，并出台《扬州市城市"清水活水"综合整治三年行动方案》，计划用3年时间先行实施市区8条黑臭河道的综合整治（新城河、沙施河、七里河、四望亭河、引潮河、幸福河、童套河、念泗河）、6条河道的清淤整治（瘦西湖、邗沟河、漕河、古运河、宝带河、安墩河）及5个沟通活水节点工程（平山堂站、黄金坝闸站、古运河瓜洲外排泵站、扬州闸拆建、象鼻桥泵站）。这是实现运河水体自净、维护水质和生物多样性的重要工程。2016 年，扬州市政府又对宝应县、高邮段运河水环境进行了综合整治。2016—2020 年间，为维护京杭运河扬州段的生态环境，扬州市政府也多次对市内运河发展做出了具体的规划。同时，在坚持中央政府、江苏省政府生态文明建设的指导下，加大了对运河的维护及监督。

2020 年 11 月 3 日习近平总书记在扬州考察调研，总书记肯定了扬州市运河治理的成就，并对扬州大运河文化遗产保护和沿岸生态环境的治理做出进一步指示，要求共同保护好大运河、使运河永远造福人民。2021 年 2 月，为进一步推动运河治理，平衡经济发展和保护环境之间的关系，扬州市政府出台了《扬州市关于推进生态环境治理体系和治理能力现代化的实施方案》，方案表示将从健全领导责任体系、企业主体责任体系、全民行动体系、环境治理监督体系、环境治理市场体系、环境治理信用体系、环境治理法规政策体系等方面做出规定，以加强生态环境治理体系的建设。该方案要求，要明确将污染防治结果作为干部实绩考核的重要依据。同时提出，要加强排污许可证管理，推进环境信息公开、建立动态管理机制及健全价格收费机制、强化企业单位信用建设、开展第三方监督、加强司法联动，坚持突击检查、专项检查、交叉检查、联合检查四个“常态化”。

（三）京杭运河扬州段文化遗产的保护

1. 京杭运河扬州段文化遗产利用现状及存在问题

京杭运河扬州段在长期发展的过程中形成了诸多的历史遗迹、留下了众多的文化遗产，包括物质文化遗产和非物质文化遗产在内。按照世界遗产划分标准，京杭运河扬州段现存的遗产主要有三大类型，即水工遗存、附属遗存、相关遗产。从水工遗存来说，京杭运河扬州段的主要遗产有瘦西湖、运河河道等，展示了扬州城内水系与古运河的紧密关联，同时带有着浓厚、深刻的历史气息；从附属遗存来说，主要有高邮盂城驿站、航运、水利的设施遗存等，如中闸、坝、堤、码头等，体现了中国运河开凿的不同阶段、技术发展的重大突破以及运河功能、动态发展变迁过程；从相关遗产来看，以个园为代表的扬州盐业历史遗迹等反映了扬州因运河而产生的盐业运输拥有的繁荣和独特的政治地位。自中华人民共和国成立以来，扬州就始终坚守着"城市建设服从古城保护，古城保护服从遗产保护"的原则，同时，在此基础上扬州也逐渐开始审慎地展示和利用古运河遗产，但在运河遗产的保护和利用中依旧存在着一些问题。而且随着城市化进程的快速发展，城市过度扩张导致遗产的背景环境也发生了变化。

首先，从遗产的开发和利用方面看，有一些河段遗产开发较为成熟，如瘦西湖地区，但有一些还未被充分开发和利用，还有一些由于相关部门认为利用遗产是推动经济发展的便捷途径，存在着过度开发的情况。

其次，从遗产标志和展馆上看，虽然其标识系统较早建立，但从整体来看缺乏连贯性；关于遗产的专业展馆较多，但综合性、囊括性的运河博物馆没有。早在运河申遗之初，扬州就已经在16个遗产点都设立了中英文对照的遗产标志牌和300个遗产区的界桩。运河申遗成功后，扬州又围绕世界遗产这一主题，设立了诸多的标志碑，以向全中国和世界各地的游客展示扬州古运河遗产。但问题是虽然这些遗产标志数量和种类很多，但每个遗产点都划给了不同单位，独立负责内容与展示。这就使得遗产展示时缺乏整体串联，不能真正展现遗产的价值。2010年，扬州开设了关于京杭运河扬州段发展历史的展馆，通俗地介绍运河的历史由来。运河申遗迎接国际专家考察之前，扬州又将运河水文化展馆改造成扬州运河文化展示馆，将扬州古运河的遗产放在世界遗产的角度下进行解读。但到目前为止，扬州缺乏整体性、综合性的以运河文化为主题、系统展示古运河的博物馆或者展馆。同时在展示手法上也比较老旧、缺乏创新，多媒体、数字动漫等手段未能充分运用在古运河遗产的展示上。[①]

再次，对古运河遗产的研究不足。到目前为止扬州古运河还有一些河段没有被勘察，有一些运口和周围地带的遗存现状仍不清晰，因此也无法依据实物遗存进行证实，没办法被保护和利用。

最后，就目前来看，当前人们对文物遗产的保护意识还不是很强，对运

---

① 姜师立、文啸：《运河扬州段遗产展示利用的实践与思考》，载《中国文物报》，2015年9月18日。

河的历史价值也没有一个较为清晰的认知。

2. 京杭运河扬州段文化遗产开发和保护

扬州是运河联合申遗的牵头城市，又是运河联合申遗办公室的所在地。在保护京杭运河扬州段文化遗产方面，扬州市政府做出了诸多的努力，并在如何管理和保护运河遗产方面建立了两个机制。

第一，扬州市建立了遗产保护的考核机制。市政府每年都对申遗工作制定目标责任，并进行分解落实。市政府一直将申遗工作纳入对相关部门的年度考核，各相关县（市、区）和部门都有相应的任务，如达不到95分，单位不得参加评先评优。市领导多次在会议上提出："城市建设服务古城改造，古城改造服从申遗工作。"市政府还规定涉及运河遗产的建设项目在办理相关行政许可前，必须书面征询市申遗办的意见，在规划层面首先为扬州市运河遗产保护保驾护航，先后叫停了高邮明清运河故道房地产项目等一批有可能对运河遗产造成破坏的建设项目。

第二，扬州市建立了协调机制。申遗工作启动以来，扬州市政府成立了以市长为组长，市委、市政府分管领导为副组长的申报世界文化遗产工作领导小组，市发改委、国土、水利、交通、规划、文物、申遗、建设、环保、旅游、园林、气象等相关部门作为成员单位。这个小组每年会定期召开会议，一方面落实国家文物局和省文物局提出的相关要求；另一方面主要处理在申遗工作中遇到的重大问题。通过这种方式，扬州市在有关遗产保护的问题上形成了有效的沟通协调机制，全力推进运河遗产保护与申遗工作。2012年水利部门编制的瓜洲运河综合整治方案就是一个例子，通过及时向市申遗办征求意见，并根据市申遗办提出的修改建议，降低了瓜洲运河堤岸直立式挡墙的高度，以生态式护坡为主，减少了对瓜洲运河风貌的影响；同时修改了原来的水下清淤、驳岸工程，扩充为水下与沿岸环境保护工程，保护并提升了瓜洲运河的环境风貌。

与此同时，扬州还积极发挥在遗产保护方面的示范引领作用。2009年9月，扬州在申遗联盟各城市中第一家公布实施市段保护规划——《运河（扬州段）遗产保护规划》；2012年10月1日，在全线35个城市中，扬州市人民政府第一个公布实施《扬州市运河遗产保护办法》；2012年3月，第一家建成运河遗产监测管理平台——运河扬州段监测预警平台，并在此基础上建成运河遗产监测预警通用平台，复制到沿线31个遗产区；2013年3月，在沿线城市中第一家成立运河保护志愿者总队。同时，积极编制遗产保护和环境整治方案，并从国家和省文物局争取了近三个亿的重点文物保护专项经费，实施了邵伯明清运河故道及周边运河遗产保护展示工程、宝应明代刘堡减水闸保护展示工程、高邮明清运河故道保护工程、扬州盐业历史遗迹保护工程等一批工程，使扬州的运河遗产价值得到了很好的提升。也正是因为扬州市政府在保护古运河遗产方面的有效工作使得运河遗产保护状况良好，共有10个遗产点和6段河道列入首批申遗点段，扬州也因此成为运河全线列入遗产最多的遗产区。

（四）京杭运河扬州段旅游风景区的开发与保护

京杭运河扬州段在长期的历史发展过程中形成了诸多风景优美的自然风景区和遗迹。从自然景观来看，有曲折迂回的扬州三湾、风景宜人的瓜洲古渡，还有邵伯湖、凤凰岛等湖光景色；从历史遗迹来看，有别致的园林景观、有浓厚历史气息的宗教活动场所和帝王遗迹、有记录着水利工程发展的工程遗迹（如邵伯码头、刘堡减水闸等），还有承载着运河发展和辉煌的运河文化。

近年来，随着旅游产业的兴起，其逐渐成为推动当地经济发展的重要动力。古运河沿岸作为旅游资源最为丰富的地区，扬州市政府对其进行了充分的开发与利用。但同时，为了追求经济利益，在古运河沿线也存在着许多过度开发破坏生态环境的情况。毫无疑问，平衡开发旅游资源和保护环境之间的关系依旧是扬州市政府必须放在首位考虑的问题。

在旅游资源的开发和保护上，扬州市政府始终坚持在不破坏现有生态环境的情况下实现最大效用开发利用。对此，2013年，根据扬城防〔2013〕28号文件，扬州市政府成立了古运河水利风景区管理委员会，负责对风景区进行规划和管理。2016年根据扬水发〔2016〕201号文件，扬州市政府决定成立扬州市古运河水利风景区管理办公室等，以协调各方对古运河风景区的开发利用和保护。在开发方式上，扬州市政府采取了因地开发、具体景观有针对性地开发。对遗留的老式街区、古城等，扬州市政府采取保护式开发的方式。根据《扬州历史文化名城保护规划（2015—2030）》，扬州市政府确定了东关街、仁丰里等四大历史文化街区，并决定以运河为中心，形成“一带”（运河扬州段）、“四片”（扬州、高邮、仪征、宝应）、“多点”（重要历史文物与建筑等）节假日营销旅游模式，通过对旅游文化资源整合促进旅游业发展；引入“智慧”系统，发布旅游信息和数据，为游客提供咨询，方便游客游览。

三、京杭运河扬州段运河治理的进一步启示

扬州市在运河治理的过程中，逐渐实现了遗产、景观开发以及经济发展与生态环境保持平衡的状态。原有的污染突出的河道也得到了治理，水质也有好转。如今，虽然扬州在运河治理、城市治理上还存在着诸多问题，但毫无疑问，它已经形成的一套较为完善的治理体系和方式值得借鉴。

（一）坚持贯彻习近平生态文明建设的重要指导思想

党的十八大将生态文明建设与政治建设、经济建设、文化建设、社会建设共同纳入了中国特色社会主义事业的总体布局当中，明确地提出了生态文明建设的必要性与紧迫性，将可持续发展提升到了绿色发展的高度。同时，习近平总书记提出了新时代生态文明建设的六条具体原则：“一是坚持人与自然和谐共生。……坚持节约优先、保护优先、自然恢复为主的方针……还自然以宁静、和谐、美丽；二是绿水青山就是金山银山。……必须贯彻创新、协调、绿色、开放、共享的发展理念，加快形成节约资源和保护环境的空间格局、产业结构、生产方式、生活方式……给自然生态留下休养生息的时间和空间；三是良好生态环境是最普惠的民生福祉。……坚持生态惠民、生态利民、生态为民，重点解决损害群众健康的突出环境问题……不断满足人民日益增长的优美生态环境需要；四是山水林田湖草是生命共同体。……必须统筹兼顾、整体施策、多措并举，全方位、全地域、全过程开展生态文明建设；五是用最严格制度、最严密法治保护生态环境。……要加快制度创新，增加制度供给，完善制度配套，强化制度执行，让制度成为刚性的约束和不

可触碰的高压线；六是共谋全球生态文明建设。”①

一个正确的、指引方向的指导思想是发展一切建设的前提，习近平总书记的生态文明建设指导思想和原则为全国各地、各个领域的生态文明建设都提供了准则和指引，城市建设和运河治理也不例外。运河的生态环境关系着扬州市的发展命运，文明建设关系着人民的福祉和民族的未来。生态文明的重要性如此突出，乃至于任何一个城市或地区在发展的过程中都无法忽略。因此，无论是在运河、城市发展，还是在运河治理的过程中都应该牢牢坚持习近平总书记的生态文明建设的指导思想，实现人与自然的和谐相处，为人民创造美好的生活环境。

（二）完善生态文明制度及相关法律法规建设

扬州市政府在治理运河时形成了一整套的相关保护规划和监督规范，制度、规范以及法规等的完善和实施在保护运河环境、完善扬州运河生态保护等方面发挥着重要的作用。因此，必须加强法律法规等的建立和完善，切实把生态保护纳入城市建设、运河治理的轨道上来。要明确不同的部门和主体分别负有的责任和义务，政府的相关部门在运河治理和城市建设的问题上要互相协调，形成制度化的工作小组和监督小组，提高工作效率，更有针对性地工作；企业等相关单位要时刻遵守生态环境保护的相关规定和法律规范等，实行外部抽查和内部自查，企业之间实行互相审查，企业内部进行自行检测。一旦发现对生态环境造成重大破坏的行径，立即严惩；同时，政府相关部门也要加大对企业等相关主体的抽查力度，建立信息公开的门户，将企业的环保工作透明化，鼓励人民群众及时监督、举报；将企业的信誉与环境保护的完成度挂钩，设置企业信用名单，一旦有损环境，就将其纳入黑名单，不能再参与政府相关方面的工程和招标。

（三）提高群众保护意识

就目前来看，广大人民群众对环境保护其实并没有一个明确的概念。在

① 习近平：《推动我国生态文明建设迈上新台阶》，载《求是》，2019年第3期。

经济迅速发展、人口增加的今天，生活垃圾也对城市的生态环境、运河治理以及市容市貌产生着巨大的影响。生态建设不能仅仅依靠某一部分或者某些单位参加，更重要的是依靠大部分人的自觉和努力。只有生态文明的概念深入人心，保护环境才能成为每一个公民的自觉行动。这也是最终解决或者实现生态文明最为根本的保证。因此，必须在全社会加强对环境保护概念的宣传，使人们意识到生态环境关乎每一个人的切身利益。

在宣传的方法上，可以采取多种方式。首先在当地广泛地开展环保教育以及座谈会等；其次可以制作环境保护宣传片以及环境保护的公益广告，通过电视、网络视频等方式投放，加强宣传力度；还可以利用新媒体，如“抖音”“快手”等拍摄相关的环保小视频进行宣传和互动；号召人们使用环保产品，政府在提倡使用环保产品方面要起到带头作用，在可能的情况下设立奖惩制度，对垃圾分类、环保工作得当的地区和个人进行奖励，对乱丢垃圾、卫生差的地区和个人提出批评并进行惩罚，与个人信誉挂钩，加深环保在居民心里的重要程度；开展与环保相关的志愿活动，积极鼓励群众参加。

（四）优化产业结构、发展循环经济

中华人民共和国成立以来，扬州市为了保持经济社会的高速发展，重点发展了原材料和基础工业，扬州市逐渐形成了以化学纤维制造业、电气机械及器材制造业、纺织工业、通用设备制造业、化学原料及化学制品业等为重点行业的工业体系。这些行业污染负荷达到 80% 以上，这种产业结构和工业体系无疑对扬州市以及扬州运河的生态环境造成了极大的压力。因此，想要从根本上改变生态环境状况，就必须从生产结构和产业结构上对现有的工业体系进行调整。

如今随着时代的发展，经济方面的竞争已经不再局限于自然资源方面，而开始逐步转移到知识、信息、清洁能源等的竞争上。扬州城市建设和运河治理应该牢牢掌握时代的发展趋势，传统的经济结构已经无法适应当前的竞争格局，牺牲环境来获得经济利益的时代已经过去。对此，扬州应该在此基础上重新调整自己的产业结构，大力发展环保工业、清洁能源以及知识经济与循环经济，与中央提出的“双循环”接轨。在合理和有效利用资源的同时，

加大对生态环境的保护，大力发展环保产业，积极发展生态产业群以及第三产业，为实现经济的可持续发展做出贡献。同时，开发扬州古运河新的经济功能，并加大对运河生态环境保护的投入，努力实现技术创新，以更好地实现城市治理和适应未来竞争。

（五）平衡好"开发利用"与"生态保护"之间的关系

在运河开发利用的过程中，要始终明确保护是开发的前提。运河的开发必须在不破坏现有的运河生态环境的情况下进行。以损害生态环境为代价开发和利用运河资源，获得的利益将是短期的，过于追求短期利益势必会导致长远利益受损、缺失。对于扬州市而言，一方面要通过开发运河资源，包括遗迹、景观等来推动经济的增长，另一方面这种运河开发追求经济的行为反过来会对生态环境产生不良影响。因此，扬州在运河以及城市治理上存在着一个两难的境地，即经济发展与生态环境恶化的分别拉扯。但从长远来看，只有扬州以及市内运河拥有一个良好的生态环境，扬州的运河资源才能得到可持续的开发，进而推进经济的可持续发展。因此，从京杭运河扬州段城市治理现状中可以得出的非常重要的启示就是在今后的运河城市建设和运河治理中应该更加注意实现"金山银山"与"绿水青山"之间的动态平衡，尽可能创造有利于保护的环境条件。同时严格遵守国家公布的相关法律，要始终把保护运河风光、遗产以及生态多样性等放在首要位置。

（六）运河治理、开发要因地制宜，与现代城市的发展、治理融合在一起

运河治理要与现代城市的发展紧密地结合在一起，因此针对运河的开发和生态环境的整治必须做到因地制宜，要有针对性地对运河及其生态环境进行治理。

其一，随着人工智能等技术的发展，运河河道的治理也要及时投入智慧系统或者智能系统，现代信息技术的更新也要及时运用到运河治理当中去，及时与现代化城市的发展相匹配。这样可以更加及时、科学地预知水位情况，控制大坝以及闸口，有效地预知灾害或者事件，还能及时对河道进行检修，防止突发事件造成的不良后果。

其二，在文物遗产以及名胜古迹的利用和展示中，要遵循科学规划的原则，在尊重规律的基础上进行开发和利用。同时，也要结合扬州市现在的发展氛围，将古今建筑、风景等完美地融合连接在一起。古运河景区作为一个长廊式的景区带，对于建设者而言，既要拥有行政领导者的全局眼光，也要拥有企业家的胆略。既要使自然环境和社会环境相和谐、经济效益和社会效益相统一，还要实现开发建设效益与投资回报效率相融合。而且伴随着国内外经济环境的变化，扬州旅游业也需要调整原有的结构，推进产品的升级换代。在对原有的运河遗产和遗迹维修和保护的同时，也要尽量保持与城市发展的氛围相一致，在尊重和保护原有遗迹的基础上进行合理规划，实现因地制宜。古运河沿线因各个流域的资源特征、文化特色、环境条件的差异，形成了风格不同的区域板块特色。“扬州古运河作为城区核心段，应本着应保尽保的态度，力做‘减法’，对该段内影响文化保护和景观效果的建筑要不惜一切代价地予以拆除；对于南北两端以休闲为主的旅游配套区，慎做‘加法’，既满足现代人的旅游需求，又能与城区核心地段和谐相处；对于运河两岸边缘地段，由于运河景点的修复、休闲功能的配套，其沿岸两侧势必成为开发热土，政府应适时地将这些地域进行有效整合、精心包装、全力推介，深度开发，大做‘乘法’，由此产生的效益反哺于沿岸‘核心区’的保护和建设。”[①]

其三，在运河风景区的开发和运河生态环境保护层面任何参与其中的建设主体都必须明确并且遵守国家关于景区建设和保护的相关法律法规，努力做到“景区建设、环境保护、经济发展‘三同步’，环境效益、社会效益、经济效益‘三统一’，历史遗存、当代风貌、未来发展‘三和谐’，生态基础、文化特色、休闲功能‘三融合’”[②]，真正体现“科学保护、有效整合、合理开发、永续利用”的景区建设指导思想。首先，在保护和改善水生态方面，要“结合江淮生态大走廊建设，实施‘一湖一策’保护计划，全面实施‘三退三还’”[③]。要加大对湿地的保护力度，积极恢复推进湿地公园和保护区，

---

①② 王克胜：《弘扬扬州运河文化 打造扬州“运河之旅”》，载《旅游学研究》，2007年第2期，第187~190页。

③ 姜师立：《弘扬运河文化 建设美丽扬州》，载《扬州日报》，2020年9月4日。

同时按照“山水林田湖草”系统保护要求，加强自然保护区和生态系统养护，以保护和恢复河道水生态环境为核心，实施区域主要河道岸线改造工程，构建河道生态廊道、景观绿化带。[①] 其次，在运河岸线资源利用问题上，市政府要对岸线功能进行合理的划分，以加强岸线综合管理，从而推动沿河两岸产能改造的提升和有序转移。在此基础之上，为扬州城市发展腾出发展高端产业和生态建设的空间，使运河永葆生机活力。与此同时，要优化运河水资源配置，统筹推进水资源全面管理，切实发挥京杭运河扬州段在南水北调、农业灌溉、防洪排涝、航运等领域的功能。最重要的是运河两岸以及全市人民形成绿色发展方式和绿色生活方式，从而将京杭运河扬州段打造成河湖岸线功能有序、生态空间山清水秀、农业空间绿色宜居、城镇空间特色突出、山水林田湖草生命共同体相得益彰的“美丽运河”。[②]

（七）真正服务于人民，真心实意共同维护运河生态环境

无论是对运河治理、开发，还是对运河景观和生态环境的保护，甚至包括整个扬州城的治理，其最终目的都是要服务于人民。因此无论是城市治理还是运河治理，其最终都应该做到以人为本。运河无论是其遗产、河道还是自然风光都与民众的现实生活紧密相连。人民既是运河的开发者和建设者，也是运河的受益者。因此在对运河进行治理时，必须真正让运河成果惠及民众，民众才会衷心拥护、积极参与运河遗产、环境的保护，运河遗产才能真正发挥其文化运河的作用。

①② 姜师立：《弘扬运河文化 建设美丽扬州》，载《扬州日报》，2020 年 9 月 4 日。

隋唐大运河——洛阳段

隋唐运河开凿于隋朝，以洛阳为中心，南起杭州，北到北京，全长2700千米，跨越地球十多个纬度，纵贯中国最富饶的东南沿海和华北大平原，经过今浙江、江苏、安徽、河南、山东、河北、北京7个省市，通达黄河、淮河、长江、钱塘江、海河五大水系，是中国古代南北交通的大动脉，在中国的历史上产生过巨大的作用，是中国古代劳动人民创造的一项伟大的水利建筑工程，也是世界上开凿最早、规模最大的运河。后经元朝取直疏浚，成为现今全长1794千米的京杭运河。沧海桑田，历史不会忘记运河，在2014年6月22日举行的第38届世界遗产大会上，包括隋唐运河在内的“中国运河”项目成功入选世界文化遗产名录，成为中国第46个世界遗产项目，古老的运河“遗珠”重新焕发活力，成为历史文化“明珠”。作为隋唐运河中心的洛阳，在漫长的历史长河中与运河共存共生，其形成的独特的运河治理经验值得我们去归纳借鉴。

一、历史概况与价值

（一）历史概况

1. 洛阳城

洛阳作为华夏文明发源地之一、中国四大古都之一、隋唐运河中心城市、世界文化名城和国务院首批历史文化名城，是中国建都时间最长、建都朝代最多的千年古都，是陆上丝绸之路和隋唐运河唯一的交汇点，素有“千年帝都，牡丹花城，丝路起点，山水洛阳”之说。

洛阳能够有此辉煌历史，与其独特的地理区位分不开的。从全国的地理分布来说，洛阳以其四面环山、八关都邑的地理优势，成为历代帝王青睐之所；也因其承东启西、连接南北的居中位置，成为古往今来的水陆交通要地。具体到洛阳境内及周边，洛阳山川纵横，河渠密布，东西长约 179 千米，南北宽约 168 千米。其四面环山，有伊、洛两条大河穿过，横跨黄河中游南北两岸，东邻郑州，西接三门峡，北跨黄河与焦作接壤，南与平顶山、南阳相连。地势西高东低，境内山川丘陵交错，地形复杂多样，古代有"四面环山、六水并流、八关都邑、十省通衢"之称。

2. 隋唐运河

（1）广通渠段

581 年，隋文帝杨坚代周建立隋朝。隋代的政治和军事中心位于目前的中国渭河平原，开皇三年（583）隋文帝迁入新都大兴城（今长安）。随着人口的增长，关中平原所产的粮食已经不能满足国都的需求，隋炀帝决心开通都城和关东经济区相联系的运河，于开皇四年（584）"引渭水，自大兴城东至潼关，三百余里，名曰广通渠"[①]。这条潜渠因为经过华州广通仓下面而得名。隋文帝在开凿广通渠后，为南下伐陈实现帝国的统一又初步开凿了山阳渎。《隋书·高祖纪上》载开皇七年四月，"于扬州开山阳渎，以通运漕"。由于隋文帝的"自强不息，朝夕孜孜"[②]，隋朝经济得到较大发展，出现繁盛局面，且江南地区经济迅速发展成为富庶之地。隋炀帝即位后，为了便于加强关中和江淮经济区的联系，开始营建东都洛阳，同时全面开凿隋唐运河。

（2）通济渠段

隋炀帝即位后，开始营建东都洛阳和开凿南北运河。大业元年（605），隋炀帝"发河南诸郡男女百余万，开通济渠，自西苑引谷、洛水达于河，自板诸引河通于淮"[③]。据此，隋炀帝开凿的通济渠分为东西两段。

通济渠的西段自东都洛阳西苑起由此引洛水和谷水，穿洛阳城南，东经偃师至巩县洛口入河。据乾隆《洛阳县志》载："南有通济渠，故阳渠也，隋

①（唐）魏征等：《隋书》卷二四《食货志》，中华书局 1973 年版。
②（唐）魏征等：《隋书》卷二《高祖纪下》，中华书局 1973 年版。
③（唐）魏征等：《隋书》卷三《炀帝纪上》，中华书局 1973 年版。

时尝修导之，名曰通济。”[①] 由此可见，这条渠道是利用旧有阳渠修浚而成的。这就是通济渠的西段，解决了由黄河至洛阳城下的水运问题。

通济渠的东段自板渚引河水入汴达于淮，板渚在今河南荥阳市汜水镇东北，由此引黄河水东流，逶迤入淮。它撇开了由汴入淮的故道，而是直接入淮。隋通济渠避开了“悬水十三初，流沫九十里”的这条故道，不仅缩短了运河的航程，又避开了徐州洪、吕梁洪之险，使之畅通无阻。通济渠是洛阳通向江淮的水运纽带，这段工程从大业元年三月动工，至八月结束，历时不足半年，工程规模之大、进度之快，堪称奇迹。

（3）邗沟段

通济渠仅止于淮，要想沟通与东南富庶经济区的联系，还必须重开邗沟，即山阳渎。大业元年，隋炀帝“又发淮南民十余万开邗沟，自山阳至扬子入江”[②]。隋炀帝开凿邗沟时，重点治理南口。由于沙洲淤张并岸，江岸南移，舟行不便，隋炀帝重修邗沟，使河道南口折向西南，改由古扬子津入江。同时，隋炀帝也对原邗沟故道进行了全面疏浚整理，予以加宽加深。重修以后的山阳渎，全长三百余里，水面阔四十步。从位置上来说，“炀帝整理过的邗沟……较之吴王夫差的遗迹，又要偏西一点”[③]。邗沟重修后，自洛阳入通济渠，达泗州入淮，浮淮至山阴，顺流而下，又由扬子入江，成为沟通江淮南北交通的枢纽。

（4）永济渠段

隋炀帝大业四年春，“正月乙巳，诏发河北诸郡男女百余万开通济渠，引沁水南达于河，北通涿郡”[④]。永济渠的开凿与隋炀帝攻打辽东有直接关系，主要是为了方便往前线运送辎重、粮食物资等，但同时也有经济方面的原因。早在北魏时期，河北地区就逐渐发展成为另一个新的经济区。隋炀帝开凿永济渠直接将河北地区与洛阳、长安连接起来，加强了关中与河北地区的联系，整个北方地区经由永济渠连成一片。

---

①（唐）李吉甫：《元和郡县图志》卷五《河南道·河南府·河南县》，中华书局1983年版。
②（宋）司马光：《资治通鉴》卷一八《大业元年三月》，中华书局1956年版。
③ 史念海：《中国的运河》，陕西人民出版社1988年版，第170页。
④（唐）魏征等：《隋书》卷三《扬帝纪上》，中华书局1973年版。

（5）江南河段

隋炀帝大业六年重新开凿江南河段运河。江南地区河网密布，各种水系发达相连，但是自然生成的河网大都狭窄且浅，隋炀帝对于江南段运河的开凿是在原水道的基础上加宽加深。坊间相传，隋炀帝开凿江南段运河的原因是此地河道过浅难行龙舟，这个传说的原型大概也在此处。江南段运河起自江苏镇江，经常州市绕道太湖东岸达苏州市止于杭州，是连接三吴[①]的干道。江南段运河开通后，通过通济渠、山阳渎和江南河将洛阳与江南的膏腴之地直接连接起来。

至此，一条以洛阳为中心，由永济渠、通济渠、邗沟和江南运河连接而成，西接大兴、南通余杭、北通涿郡的运河终于落成。这条严重透支隋朝国力的运河终于开通，滚滚而去的运河与隋朝一起远去，隋朝因开凿运河使用民力过甚，最终在农民起义的打击下瓦解，但隋唐运河直至今天依旧发挥着自身的巨大价值，用事实证明着隋炀帝的战略眼光。正如唐末著名文学家皮日休在《汴河铭》中评价通济渠的作用时所说：“隋之疏淇汴、凿太行，在隋之民不胜其害也；在唐之民不胜其利也。”[②]唐末之后隋唐运河部分河段失修，被元世祖忽必烈所修的京杭运河（仅古邗沟、江南运河等河段与隋唐运河有重合）取代。

（二）历史上隋唐运河的影响与价值

1. 运河与隋唐洛阳城的布局

对于城址的选择和变迁，始终伴随着人们对水环境的不断认识、改造和利用。洛阳城的城址形状及城市布局深受其周围水环境的影响，在对水环境的适应与改造中确定自身的格局。

在洛河两岸不足 30 千米的范围内，分布着夏都斟鄩、商都西亳、东周王城、汉雒阳城和隋唐洛阳城五大都城遗址，洛阳地区五大城址的选择，大都沿洛河的北岸布置。五大城址的变迁方向是沿洛河东西移动，且东西不足 100

---

① 郦道元以吴郡、吴兴、会稽为三吴，杜佑则以吴郡、吴兴、丹阳为三吴。

②（唐）皮日休：《皮子文薮》卷四《汴河铭》，上海古籍出版社 1981 年版。

里，为背邙面洛，这充分说明洛阳地区城址的变迁受山河所制约。

隋唐运河的开凿使得洛阳城布局呈现以洛水为中轴线，皇城居于西北一隅的特点。隋朝建立之初，将洛阳城作为商业城市的意图非常明显。不同于大兴（今西安）的结构严谨与规划整齐，取而代之的是以洛河为城市的功能性轴线，商业区及粮仓、码头、手工业区等沿洛水南北分布，来往的船只货物可以直达洛阳城内。这种以洛水为城市中轴线的布局，无疑是为了彰显其商业功能。而考古发掘也证实，隋唐洛阳城平面略呈方形，南宽北窄，其中“皇城、宫城在郭城西北隅，城址略近方形，南北较短，东西稍宽……整个城址位于皇城北部”①。

2. 运河与洛阳城的腾飞

隋唐运河因洛阳而开，奠定了洛阳运河中心地位。而隋唐运河身处中国腹地，运河的开通加强了河洛地区与东南沿海、京津冀地区的联系，成为一条沟通中华腹地与南北的大动脉、一条流动的经济长廊和文化长廊，更成为隋唐王朝的生命线。古都洛阳也迎来了隋唐两代的鼎盛和辉煌，洛阳城的发展与这条古老的运河彻底联系在一起，一荣俱荣。

自隋炀帝开凿运河始，隋朝的政治经济中心逐渐东移至洛阳，洛阳迎来了它的时代，一度成为中国乃至整个亚欧大陆的中心。紧随而来的隋末农民起义使得洛阳城遭受浩劫，洛阳城经过隋末战争的破坏，在唐初一度经济萧条，“茫茫千里，火烟断绝，鸡犬不闻，道路萧条，进退难阻”，②但得益于运河的影响，这条北达涿郡（北京）、南达余杭（杭州）、西到长安、东至海的便利交通网，使洛阳在唐代成为全国商品的汇聚地和国内外贸易的大市场。

首先，隋唐运河的开凿使得东都城的水道、渠自然相通交织如网，处处通漕。整个漕运系统以洛水为纽带，南北两岸遍布河渠：北岸有漕渠、瀍水、泄城渠，南岸有通济渠、运渠。沿洛水南北相继出现的丰都、通远、大同三市均具有一定的规模，且市场由专门机构和严格的制度加以管理，商品经济

① 中国社科院考古研究所洛阳工作队：《隋唐东都城址的勘察和发掘》，载《考古》，1978 年第 6 期，第 361~381 页。

②（北宋）王溥：《唐会要》卷七补《封禅》，上海古籍出版社 1991 年版。

高度发达。[①]

其次，得益于运河的开通，隋唐时期洛阳成为全国的经济和货物集散中心。封建社会最为重要的物资当属粮食，开凿运河最主要的一个目的就在于解决粮食布帛在地域上分布不均的问题，鱼米之乡江淮的稻米通过运河运往洛阳贮藏，以供京师和各地不时之需，从储存这些粮食的巨型粮仓就可以看出当年洛阳粮市的繁华。据记载，洛阳城周之含嘉仓内皆“积江淮之米”[②]，且“淮海漕运，日夕流衍”[③]。考古发掘也证实，含嘉仓城应有粮窖400座以上，已探出粮窖259座。[④]

再次，依托隋唐运河的强大运力和水路运输的优势，以茶和瓷器为代表的大宗货物生意也得以开展，洛阳无疑是这些大宗商品的重要集散地。唐朝时饮茶的习俗比较流行，而茶叶的盛产地在南方巴蜀、江淮、两湖等地，心思活络的南方商人押运茶叶北上，东都洛阳是运河的南北交汇处，茶叶的转运自然要经过此地运往北方各地。运河的开凿也为瓷器贸易的兴起提供了重要条件，南北方运河沿岸的瓷器源源不断地运抵洛阳。唐代公认的名窑有七处，其中越、鼎、婺、岳、寿、洪等州盛产青瓷，邢窑盛产白瓷，这些名窑皆分布于南北运河附近。这些名窑出产的瓷器通过运河汇集于洛阳，并在洛阳城内交易，从而进入人们的生活当中。

最后，围绕运河形成的便利水陆交通网络使洛阳成为当时的国际性大都市，丝绸之路贸易依托洛阳为中心的运河网络也攀至新的高峰。自汉武帝时开通陆上丝绸之路以来，大量丝绸在这条道路上运输、交易，东汉时期洛阳成为西域胡人的目的地和聚集处，北魏孝文帝迁都洛阳后胡风更盛。至隋唐时期，与周边国家的经济交往和发展达到了前所未有的盛况，东都洛阳在交通和经济方面更胜于长安，且南北运河的开通使得大量的南方物资通过水路

---

① 商春芳:《隋开运河对隋唐洛阳城城市功能的影响》，载《三门峡职业技术学院学报》，2014年第3期，第1~7页。

②（北宋）王溥:《唐会要》卷八十七《盐铁》，上海古籍出版社1991年版。

③（清）董诰等:《全唐文》卷二百六十《谏幸西京疏》，上海古籍出版社1990年版。

④ 河南省博物馆、洛阳市博物馆:《洛阳隋唐含嘉仓的发掘》，载《文物》，1972年第3期，第49~62页。

汇集于洛阳，云集洛阳的丝路胡商不仅带来西域特产，也将大量的南方物资以及洛阳本地的特产输送至西域等地。

来华的西域商人受到隋政府的优待，并“专设四方馆以待四方使”①，多次举办盛会款待四方来客。洛阳发现的隋唐墓葬中出土的大量与丝绸之路有关的遗物，如大量出土的丝绸之路上各国的钱币也证实了胡商的出没情况。洛阳出土的波斯萨珊王朝银币，据范振安、霍宏伟考察“洛阳出土丝路银币，以波斯萨珊朝银币数量最多，共333枚”②。东西方因运河得以在洛阳融聚，通过历史的蛛丝马迹，今天的我们可以想见隋唐时洛阳的盛状。

总而言之，隋唐运河的开凿推动洛阳成为当时的全国政治中心、经济中心、文化中心，凭借洛阳运河与丝绸之路交汇的地利洛阳一度成为国际性大都市，隋唐运河对千年古都洛阳的发展影响深远。“安史之乱”之后，洛阳处于藩镇割据势力雄霸的地区之中，洛阳与江淮的漕运线路也一度受到破坏。随着宋朝政治中心的东移，汴河转而成为朝廷输送江淮物资的生命线，以汴州（今开封）为中心的新的漕运系统就此形成。洛阳的地位日渐下降，并且逐渐丧失了向各地转输物资的能力，经济也因此日渐衰落。直至元世祖忽必烈修建京杭运河，从北京直达江南的运河彻底取代隋唐运河的地位，自此成为千年运河历史长河中的“沧海遗珠”。

3.“运河上的帝国”

一般认为古代运河主要发挥漕运作用，但运河是一个系统工程，其对于维系帝国的统治发挥着不可替代的作用。隋唐运河开通后“以转运粮食物资为主要内容的漕运制度发展到一个新阶段”，上文已有涉及不再赘述。而从政治军事视角看，我国历史上多次出现从分裂最终走向统一的局面，自三国魏晋南北朝几次起起落落的纷争直至走向隋朝的大一统，隋炀帝面临的不仅仅是加强国家统一的重任，同时还要抵制各种内外势力的扰乱，巩固东南地区的政治军事稳定。

隋炀帝开凿运河的一个重要政治目的就是沟通南北，加强对东南地区的

---

①（唐）魏征等：《隋书》卷二十八《百官志下》，中华书局2019年版。

② 范振安、霍宏伟：《洛阳泉志》，兰州大学出版社1999年版，第156页。

控制。隋朝将运河修到江南地区，一定程度上是为了征收江淮地区的粮食赋税，但加强地域控制的战略观念应是隋朝统治阶级更深层的目的。隋唐运河开凿的同时，隋炀帝废止了丹阳（今江苏南京）与三吴之间的原有水道，将南京与三吴地区的联系切断，最大限度维持中央集权对该地区的控制。

隋朝运河东南一支的开凿起到了防止分裂、巩固国家统一的重要作用，东北一支的开凿同样为多民族国家的稳定发展做出了贡献。隋朝时期，随着国家疆域的恢复，永济渠的开凿就在一定程度上起到了巩固边疆统治的作用。永济渠除了在隋炀帝兴兵高丽时用以转运军械之外，还使得幽州（今北京）成为重要的军事重镇。辽、金是北方游牧民族建立起来的政权，其政治根基在内蒙古东北部与东北地区，两个朝代的统治者之所以选择北京作为都城，是因为北京"进"可利用永济渠控制华北地区，"退"可顺利返回内蒙古东北部及东北地区。辽、金两代充分发挥了隋唐运河的作用，将北京从地方政治、军事中心推向古代中国政治、军事中心的历史大门。[①]

随后，元、明、清三代均定都北京，并在隋唐运河的基础之上开凿了从北京到杭州的京杭运河，把汉族与北方和东北方及其他各地的少数民族融合在一起，中华民族在这一时期完成了其"全面形成"，奠定了现代中国的疆域版图。在运河修筑成功和此后发挥作用的500余年时间内，运河成为沟通运河沿线政治、经济、文化的重要纽带，在促进南北经济文化交流、带动两岸城镇发展、加强中央政权对地方统治、巩固国家统一上具有重要地位。

二、隋唐运河洛阳段运河治理的案例分析

（一）水害治理

水害与水利是相辅并存的，常言道"水善利万物而不争"，又道"水火无情"，滚滚而去的运河在为流经城市带来巨大机遇的同时，也给当地带来水害

① 刘庆柱：《隋唐和京杭大运河堪称"建国之本"》，http://www.chinanews.com/cul/news/2010/04-14/2225887.shtml，访问时间：2021年7月11日。

的隐患，尤其是当一个城市内河渠众多，而排水设施却不很完备时，水害会更容易发生，妥善处理水与人的关系是每一个运河城市都要面临的考验。

洛阳的核心区被洛河、伊河穿城而过，城内河渠成网、水域复杂，且与整个运河水系相连，而洛阳北方的卫河流域自古就是洪灾多发地，在生产力不发达的古代更是数不胜数。王化昆的《唐代洛阳的水害》[①]一文统计唐朝洛阳的水灾共25次，朱宇强的《略论唐伊洛河水系与洛阳城水灾》[②]统计唐朝洛阳大小水灾也达23次。据田莹统计，隋唐时期洛阳城发生水灾26次，从大业二年（606）新建洛阳城到天祐四年（907）唐朝灭亡，共计302年，平均11.6年左右发生一次水灾。[③]当时洛阳为东都，是全国的经济中心，水灾极大程度地破坏了洛阳城，冲没农田、船只，甚至皇族宫室也一度被水灾所害，横跨洛河的天津桥6次被摧毁，产生的经济损失难以估量。

为了治理水患，统治者一方面开凿运河沟通五大水系，便于疏通水道与泄洪，直至今天隋唐运河仍是洛阳市的重要蓄水、泄洪通道；另一方面，为了应对频发的水灾，古人充分发挥智慧采取高筑堤坝、挖泄洪塘[④]、建造水闸等方式进行河流治理。

21世纪以来，为了完善防洪排涝保障功能、根治水患，政府部门不断加强流域防洪排涝治理力度，运河的大部分河段达到规划确定的防洪排涝标准。比如，秦岭防洪渠治理改造工程，大力开展“引洛济秦”。洛阳需要继续以保障运河及沿线城镇和重点文化遗产点安全为核心，以运河河道整治为重点，统筹协调防洪与输水，通过优化防洪排涝布局、完善防洪排涝工程体系、强化洪水风险管理，对运河及与其有水力联系的河道进行综合整治，全面提升防洪排涝减灾能力，将运河打造成一条安全长河。

---

① 王化昆：《唐代洛阳的水害》，载《河南科技大学学报》，2003年3月第3期，第26~31页。

② 朱宇强：《略论唐伊洛河水系与洛阳城水灾》，暨南大学2006年硕士学位论文。

③ 田莹：《隋唐洛阳水环境与城市发展的互动关系研究》，陕西师范大学2008年硕士学位论文。

④ 泄洪塘，顾名思义就是在运河两侧开挖大量的池塘，当洪水来临时借池塘减少外溢的水量。

（二）生态环境保护

运河生态环境的保护是运河治理的重中之重，加强运河生态环境治理，既是打好污染防治攻坚战的"重要战役"，也是建设运河文化带、促进运河沿线区域高质量发展的客观要求。过往一段时间，"九龙治水"管不好一条河，乱排、乱采、乱堆、乱建现象在当地河湖溪涧随处可见，毁了河流生态，误了河道安全。洛阳市下大力气加强运河生态修复，确保自然生态功能逐步恢复，实现河体水环境质量全面改善。

首先，洛阳市从政府层面强化生态空间防护，严格生态空间准入管理，严格审批运河沿岸的新建项目，严禁高风险、高污染、高能耗和水耗产业及工矿企业，禁止新建、扩建化学制浆造纸、化工、医药、制革、酿造、染料、印染、电镀等项目，清退已有违规企业。近年来，洛阳推进水资源、水生态、水环境、水灾害"四水同治"，抓好大保护，推动大治理，"水清、岸绿、路畅、惠民"的生态河、幸福河成为洛阳治水新图景。

其次，洛阳市在生态环境保护的过程中引入民间力量等参与，充分调动各方力量。2016 年 4 月 25 日，洛阳栾川县水生态文明建设指挥部办公室通过竞争性磋商方式确定河南水利投资集团有限公司、山东黄河工程集团有限公司为资金参与方，协力推进包括伊河河道综合治理工程、洛河河道治理工程、河道截污工程、滨河道路工程、滨河景观节点工程及污水处理厂工程在内的栾川县伊源河上游水污染综合防治工程实施，这就是民间力量参与运河治理的重要尝试。

最后，为保护好运河水生态环境，河南省启动运河沿河生态廊道建设[①]，对境内的通济渠、永济渠运河主河道（除城市建成区外）有水段两岸各 1000 米范围内，进行集中连片植树造林。属于城市远郊区域的，规划建设森林公园、郊野公园等；属于村庄的，强化自然生态修复和改善；自然条件良好、生态功能突出的河湖滨岸重点区域，自然生态空间可不限于1000米，打造"一

---

①《河南启动运河沿河生态廊道建设》，http://www.gov.cn/xinwen/2020-03/10/content_5489525.htm，访问时间：2021 年 7 月 11 日。

年四季景色不同”的景观走廊。以生态廊道建设为切入点，改善运河水生态环境状况，保护和恢复运河河湖基本形态，恢复运河绿色生机，提升运河水生态服务功能，打造“美丽运河”。

（三）运河历史文化遗产保护与开发

1. 运河物质历史文化遗产保护

从运河物质历史文化遗产的开发保护上看，洛阳地区最为典型的运河物质历史文化遗产当属回洛仓和含嘉仓，对两大仓的开发与保护是洛阳运河物质历史文化遗产保护的重中之重。

回洛仓城址位于隋唐洛阳城北 3.5 千米处（今河南省洛阳市小李村、马坡村以西），是隋炀帝于大业二年（606）设置的一座国家粮仓。整个仓城由管理区、仓害区、道路和漕渠组成，城墙宽 3 米；仓城东西长 1000 米，南北宽 355 米，呈长方形；仓窖排列东西成行、南北成列，非常整齐，仓窖数量大约为 710 座。这些仓窖开口现距地表深 1.1 ～ 1.3 米不等，窖口内径 10 米、外径 17 米，深 10 米，规模较大。依据考古发掘所揭示的仓窖情况，可推出其建造顺序，即先在生土上挖一个环形基槽，然后对基槽进行夯打，从而形成一个坚实的仓窖口，再在夯打后的仓窖口内挖一个缸形仓窖。

含嘉仓遗址位于今洛阳老城北，历经隋、唐、北宋 3 个王朝，沿用 500 余年后废弃。仓窖东西宽约 600 米，南北长约 700 米，总面积 42 万平方米。20 世纪 70 年代发现，出土铭砖、大量生活器皿、炭化粮食等文物。含嘉仓储粮主要来自河北、山东、河南、江苏等地农民租税，其每窖贮粮多者可达 10 万石以上，仓城内有仓窖 400 余座，总储量约 25 万公斤。

洛阳市政府早在 2012 年就已经主动颁布《洛阳市大运河遗产保护管理办法》，将运河遗产保护放在政府的行动日程上，对于运河遗产的保护做出详细规定，并制定处罚措施。近年来，在《大运河文化保护传承利用规划纲要》《长城、大运河、长征国家文化公园建设方案》《大运河文化保护传承利用 2021 年工作要点》《河南省大运河文化保护传承利用实施规划》《关于加强大运河河南段遗产保护工作的通知》等一系列政策文件的指导下，隋唐运河洛阳段保护开发一直在稳步推进。申遗阶段，洛阳市进行含嘉仓和回洛仓遗址周边环境整治，拆除遗产点本体及周边不协调的建筑物，以保留粮仓遗址的真实性；开展部分运河故道的环境治理工程；以山陕会馆古建筑群为依托，建设洛阳隋唐运河博物馆和相应服务管理设施；修建包括天堂、明堂、九洲池在内的隋唐洛阳城国家遗址公园。申遗成功后，洛阳市保护并展示回洛仓和含嘉仓遗址，修建洛河漕运文化公园，围绕隋唐运河规划建设一批重大旅游产品，如规划建设由老城区和瀍河区两部分组成，总占地面积50公顷的隋唐洛阳城国家历史文化公园，以展示隋唐运河洛阳段辉煌的成就。洛阳市计划着力打造洛河展示区、含嘉仓遗址展示区、回洛仓遗址展示区、隋唐洛阳城遗址展示区四大片区，建设隋唐城大运河遗址博物馆等一大批重大项目，真正将运河遗址保护开发与城市融为一体，做到开发与保护并举。①

2. **运河非物质历史文化遗产保护**

关于运河非物质历史文化遗产，学术界有"广义论"与"狭义论"两种说法，本文倾向于"广义论"，将运河非物质历史文化遗产分为四类：一是历史上由运河特定环境所孕育产生的传统音乐、传统戏剧、民间舞蹈、传统技艺民俗、民间信仰等；二是历史上以运河事物、运河生产、生活为表现内容的民间文学、传说、古诗词等；三是历史上形成的涉及运河发展建设、水工设施的地名，具有悠久历史并有一定知名度的与运河相关度较高的政区地名；四是由运河商贸、文化交流形成、发展或传播的非物质文化遗产。②

洛阳在隋唐运河治理的过程中，活化运河非物质历史文化遗产、传承发展千年文脉。以2014年大运河申遗成功和2017年习近平总书记重要批示为契机，坚持物质文化遗产与非物质文化遗产两手抓，深入挖掘其文化内涵与精髓，让流淌千年的运河文化"活"起来，实现"飞入寻常百姓家"，尤其是要统筹运河沿岸各个地域推进运河文化带及运河博物馆、展览馆、主题公园、生态廊道建设，以线串点，做好战略性规划，让运河真正成为造福人民的幸福河。洛阳市政府与高校通过举办论坛、座谈会等形式大力宣传洛阳在运河、

① 范会珍：《隋唐运河洛阳段旅游保护与开发研究》，载《旅游纵览》，2020年第11期，第65~69页。

② 李永乐、杜文娟：《申遗视野下运河非物质文化遗产价值及其旅游开发：以大运河江苏段为例》，载《中国名城》，2011年第10期，第42~45页。

隋唐运河中的重要性，城市宣传片也融入了运河元素，洛阳政府还积极推进运河遗产保护与当地固有文化产品相结合。2020 年 5 月 1 日洛阳龙门石窟龙门古街开市仪式在洛阳龙门古街隆重举行，在洛阳市政府的大力推动下，城市与运河的治理完美融合，古老的运河与神都重新焕发活力与生机，着力打造运河文化带、生态带、旅游带。

（四）城市发展规划布局优化

洛阳自作为东都洛阳开建之时就奠定了以洛河为中轴线、沿洛河东西向发展的城市布局。跨入 21 世纪后，生产力进入飞速发展时期，但洛阳城区扩展的东西向明显优于南北向。今天，当我们观察洛阳城区的周边环境，洛阳城区北有陇海铁路之阻，南有伊洛两河之限，无异于两道鸿沟，限制了城区向南北两方向发展。按照洛阳市的城市发展远景规划，一个“以洛河为轴线，南北协调发展”的城市格局已经呈现。

洛阳市政府还着眼于对洛北城区的改造和洛南新区的建设。横亘城区的洛河已形成碧波水面，洛河北岸修建了洛浦公园，加之市内外的森林公园及龙门山色，一个风光绮丽、和谐发展的新洛阳已经呈现在世人面前。洛阳市政府在《洛阳市城市总体规划》中指出，“未来的洛阳将更加注重对生态绿色空间、自然山水、生态廊道以及历史遗产的保护”，最终使洛阳“形成生态和谐、景观优美、环境宜人、设施完善、文化底蕴丰厚、集约高效的现代化城市”。新战略的提出，表明洛阳城市空间形态的发展又进入了新的时期，运河继续对洛阳未来城市空间形态发生作用。

三、隋唐运河洛阳段运河治理的进一步启示

洛阳在对隋唐运河洛阳段治理的过程中，逐步理清了人与运河、城市与运河、人与生态环境的关系，对于隋唐运河遗产的开发与保护实现了动态的统一，实现了历史与现实、经济与人文、人与自然的和谐相处，在走向“善治”的实践中形成了一套自己独有的、行之有效的治理体系与方式。尽管这

套治理体系与方式还存在瑕疵，比如，自我定位不清晰、城市管理方式落后、信息化程度低等，但洛阳的经验无疑值得去学习借鉴，同时对其存在的问题也要引以为戒。

（一）制度治河

洛阳市在隋唐运河的治理过程中高度重视文件、制度的引领和规范作用，积极学习领会《大运河文化保护传承利用规划纲要》《长城、大运河、长征国家文化公园建设方案》《大运河文化保护传承利用 2021 年工作要点》《河南省大运河文化保护传承利用实施规划》《关于加强大运河河南段遗产保护工作的通知》等，并结合本土实际情况进行贯彻落实，坚持实事求是的原则，将运河治理和文化遗产保护的大任务分解为一个个小问题，逐步解决。

同时，洛阳市在 2012 年就以政府令的方式颁布了《洛阳市大运河遗产保护管理办法》，这既体现了当地政府的主动性，也可以看出其预见性。事实证明，提高自身政治站位，积极向党中央看齐，面向未来对自身提高要求，抢先一步在运河遗产保护方面下手，使得洛阳在运河治理和传承上更为从容。

洛阳市运河治理较为明显的缺陷是各地市的相关管理机构的设置多为临时性的，缺乏统一的、编制健全的常设管理机构，但是运河城市治理世界文化遗产的保护、开发和利用应该是一个有多部门参与的巨大综合工程，仅仅依靠文物部门显然力度不够，实际推进效果也不佳。应当由上级政府牵头成立运河治理委员会，并且由政府首脑人物担任领导职务，把运河治理情况列入领导干部政绩考核，力争用 3 ～ 5 年时间，实现运河自然生态功能逐步恢复、生态环境质量持续改善、运河治理有所成效。

（二）重视历史与现实的统一

洛阳 4000 年前就已建城，治河历史更是悠久，素有“因洛开城”之说，可以说运河已经深深地融入洛阳城的血液之中。尽管隋唐运河和神都洛阳辉煌不再，但对于河的记忆历经千年而不衰。近几十年来，古老的中国正发生着前所未有的巨变，随着城市化进程不断加速，钢筋水泥的基建越来越多地挤占了运河生态，为了留住地表水、改善当地生态和景观，建设了不少拦河坝（橡胶坝、溢流坝等）、闸（人字闸、液压翻板闸等）。洛阳市政府善用古人的智慧，在城市设计上明智地继续沿用沿洛河东西向发展的方案，同时尊重现代化的客观要求，对于老城进行改造，实现传统与现代、历史与现实的统一。

（三）运河治理与本地旅游资源统合

作为中华文明的发源地，也作为中国隋唐时期的帝国政治经济文化中心，千年帝都的文化形成了洛阳厚重的历史文化底蕴，数千年的建城史与建都史为洛阳人留下了浩如烟海的文化遗存，这些宝藏或深藏地底，或登堂入室，或吟唱传咏延续千古。

尽管洛阳城因隋唐运河而兴，但运河实际上只是这座城市的一部分，还有冠绝天下的龙门石窟、佛教圣地白马寺、孟津古城、牡丹文化，以及浩如烟海的文学传世之作。《诗经》伊始“瞻彼洛矣，渭水泱泱。君子至止，福禄既同。君子万年，保其家邦”就舒展卷帙描述着洛水之浩渺与天子之威仪；左思因《三都赋》名扬天下，洛阳纸贵更成为亘古佳话；洛阳贾谊开汉赋之先河，堪称才子鼻祖；在诗人如云的唐朝，洛阳亦成了醒目的诗眼，无数诗人都自然地融入这里的山水风光、市井街巷，从这座伟大的诗歌之都获取灵感。洛阳市在治理运河、开发和保护运河文化遗产的过程中，巧妙地将运河与其他的旅游文化资源相统合，发掘运河的非物质文化遗产，真正赋予运河文化遗产以生命力，打造跨域旅游产业。

（四）平衡经济效益与社会效益

运河由于种种原因逐渐淡出人们的视野，加上城市变迁、保护欠缺、人文破坏、环境恶化等一系列因素，运河历史文化、遗址遗迹即将泯灭殆尽，如果再不加以保护，随时面临文化断流的危险。[①] 这就注定对于运河历史文化遗产的继承必须建立在对运河的严格保护之下，这种保护恢复不是一朝一夕

① 范会珍：《隋唐运河洛阳段旅游保护与开发研究》，载《旅游纵览》，2020年第11期，第65~69页。

的事情，必然会在短期内损失部分经济利益，这对于地方主政人员来说是一个困难的抉择。运河历史文化遗产是历朝历代人民群众留下来的活态文化产物，是我国各个民族留下的鲜活文化记忆，体现着我国人民群众的古老智慧传统和精神文化诉求，这种精神财富是无价的，其社会效益不可估量，要提高遗产保护的思想意识，创新遗产保护理念，破解像洛阳这样的古都“有说头、没看头”的问题，以物见史，做到社会效益与经济效益相统一。

（五）重视运河城市治理人才培养

人才，尤其是适应本地要求的人才，是每一座城市最宝贵的财富，一批了解本地情况、掌握专业知识且对运河饱含情感的高素质人才事关洛阳运河治理的成败。洛阳市清楚认识到从事运河文化遗产保护的各类人才严重不足，研究力量薄弱，有利于高层次人才引进、管理发展的体系还不够健全，工作队伍的整体素质远不能满足工作需要。在洛阳市政府的支持下，洛阳师范学院成立了隋唐运河研究机构，着力培养本地运河遗产保护梯队化人才，迈出了人才培养的关键一步。

（六）准确的自我认知和定位

运河城市必须有着对自我的清晰认知与定位，这是所有运河城市进行运河治理的底层逻辑，自我认知与定位清晰行动自然有的放矢。洛阳的运河治理需要正确认识隋唐运河在历史上的地位，厘清其与京杭运河的关联和区别，在二者的比较中推动运河研究不断取得新的进展。隋唐运河与京杭运河存在着诸多不同，其治理特点自然也是千差万别，洛阳在运河治理的过程中要注重隋唐运河的特殊性，依托于隋唐运河本身去治理。

洛阳运河城市治理解决了自己是谁的问题后，还需要解决为什么服务的问题——洛阳的运河治理最终是要服务于洛阳的百姓生活。保护运河文化遗产是促进运河文化复兴的重要途径，隋唐运河的通航曾一度是当时沟通内地连接世界的重要路径，隋唐文化曾作为当时世界的主流文化被推崇着，如何继续保持和更好地合理挖掘运河所遗留下的文化遗产，是保护运河文化独特性、丰富性、多彩性的重要途径。如果运河治理能够真正做到为保护隋唐运河历史文化遗产，以展现文明、优化生态、繁荣经济、造福人民为目标，最终将会实现遗产保护与经济社会效益共赢。

（七）信息技术的应用

加强大数据平台、人工智能、卫星遥感、无人机、无人船监测等高新技术在运河治理监测中的应用，综合运用生态环境、气象、水文水资源、水土保持、生物多样性等数据资料，运河中心城市应当积极主动构建科学规范、富有效率的基础数据库，为科学治理运河提供依据和支撑。建立生态环境部门与公安、人民检察院联合办案机制，严厉打击环境违法行为。严格落实运河沿线排污许可证制度，探索实践项目环评、总量控制等源头预防与网格化监管、双随机抽查、环保信用评价等事中事后监管制度的有效融合，全面提升隋唐运河地区污染治理和生态环境建设水平。

（八）全球视野

运河自诞生之日起就起着连接各地的作用，中国的隋唐运河既沟通了中国国内南北方，同时其影响力沿着古老的丝绸之路传递到整个欧亚大陆。生活在全球化日益深化的今天，城市的运河治理必须具备全球视野。运河并非中国一家独有，而对于运河的治理是大家共同面临的难题。中国近代以来积贫积弱，尽管我们有着悠久的治河经历，但是其他民族和国家的治理方式也有值得我们学习的地方，要多做中外比较，借鉴外国先进的运河文化遗产挖掘、保护、传承与弘扬的经验，如比利时安特卫普运河体系、英国伦敦码头区、日本小樽运河等，以国际视角加强运河的保护与开发利用。

京杭大运河——淮安段

淮安位于江苏省中北部，古淮河与京杭运河于此交汇，南腔与北调至此聚集。特殊的地理位置造就了其水运枢纽、南北要冲的战略地位，向来便有“南船北马、九省通衢”的美誉。淮水的灵气孕育了其“兼收并蓄”“包容开放”的胸怀和品质，也见证了其作为运河之都的昔日繁华。可以认为，淮安因水运而兴、因水利而盛，是一座漂浮于运河上的城市。作为淮河生态经济带首提首推城市，深处长江三角洲腹地的淮安正逐渐焕发出昔日的荣光。淮安正凭借着承载历史记忆的运河文化走向世界。正如雕刻于石碑上的古迹所言：“南船北马，舍舟登陆”，古运河的厚重历史由此展开。围绕着运河治理、运河开发及运河保护，淮安为世界运河城市的治理提供了诸多可借鉴的宝贵经验。

一、历史概况

京杭运河作为世界上最古老、工程量最大的运河，见证了运河周边城镇的兴衰。其中，淮安段是运河全线开发最早、持续时间最长、变迁最为复杂的河段，在运河历史上发挥着举足轻重的作用，承载着数千年来运河发展的历史记忆。淮安市与运河发展相始终，追溯淮安段运河发展的历史，即是回顾淮安这座城市的建城沿革。现今淮安段运河河道全长 46 千米，里运河、里运河故道、古黄河、中运河、张福河等部分共同构成了今日淮安运河的主体，但这数条水路共组淮安的过程绝非一蹴而就。翻阅史籍可见，淮安城镇的建立与古人对于古运河的治理是分不开的，淮安是古人在整治运河过程中凝结的成果。

（一）历史概况与价值

春秋时期，在未开凿邗沟之时，自邗沟以南而来的船只北上，需经由长江顺流东入黄海，进而溯淮而上，在到达淮阴故城后，再经由淮水支流泗水继续北上，穿越至齐鲁大地。至春秋末年，吴王夫差为了军事需要于公元前486年开凿了沟通江、淮的邗沟。据《左传·哀公九年》记载“秋，吴城邗，沟通江淮”[①]，此即为邗沟东道。隋开皇七年（587），隋文帝为兴师灭陈，对邗沟段进行了重整。邗沟的开凿与完善使得原先相互隔绝的长江与淮河水系经由邗沟连通，江、淮、河、济四大水系形成完整的水路运输系统，其沿线的楚州、泗州、淮阴、泗口、洪泽、龟山、盱眙等城镇因此而走向繁荣，而其中最为耀眼的当属淮安。

淮安起初是邗沟入淮的“埝”，因邗沟所处的长江地域河床较高，而淮河河床较为低平，故为防止长江水倒泄入淮，便在邗沟入淮处设置“埝”，由此形成淮安最初的城市形态——末口。而后由于地处沟通江、淮的交通要津，南下北上的船只皆于此地停留，为适应往来人群的需要，在此定居的人也开始逐渐增多，“埝”逐渐发展成为北辰镇。北辰镇连同位于淮河、泗水交汇处的泗口镇和淮阴故城，构建起运河沿岸最为重要的军事要塞，三镇各据冲要，相互策应，钳制长淮。而后无数次改朝换代，淮安始终是区域的重要的中心城市。

中华人民共和国成立以来，淮安多次对纵贯市境的里运河和中运河进行维护整修，目前，该河段均已达到二级航道的标准，且有盐河、苏北灌溉总渠、淮河和淮河入江、入海水道等多条高等级航道横穿市境，水利运输作用甚大。公路、铁路运输方面，淮安也有相当优异的成绩。纵横交错的高等级公路交通网及汇入全国的铁路网有效地拉近了淮安同全国各地的联系，“运河之都”重回大众的视野。

---

① 左丘明著、杜预注，（唐）孔颖达疏、陆德明音义：《春秋左传注疏》卷五十八，台湾商务印书馆发行，景印文渊阁四库全书·经部一三八春秋类。

（二）旅游资源与运河文化

京杭运河淮安段遗留了大量的旅游资源，自然奇景与人文景观资源极为丰富。被誉为“江苏九寨沟”的铁山寺自然保护区、适于农业观光的金湖万亩荷花荡、运河遗产区的清口枢纽、漕运总督遗址等遗址类古迹皆处于淮安的核心位置。其中，尤需提及的是洪泽湖景区。

作为全国第四大淡水湖，洪泽湖拥有丰富的自然旅游资源。而洪泽湖上则有用于阻拦淮河入海的洪泽湖大堤。大堤堤长67.26千米，临湖面全部为石工，大堤高3～9米，底宽50～150米，顶宽10～30米，共108弯，共使用千斤条石60000多块，是苏北淮安、扬州和里下河地区防御淮河洪水的主要屏障，被时人誉为治理淮河的“水上长城”。洪泽湖景区这种自然与人文并具的景观，恰恰反映出淮安对于运河治理的重视。

除却丰富的旅游资源外，淮安运河段还蕴含着深厚的运河文化。淮安被誉为“运河之都”的重要原因之一，便在于其城市所孕育的得天独厚的运河文化，这是其他城市所难以比拟的，而这也恰是淮安对运河治理的“软实力”。具体而言，淮安独特的运河文化主要由两部分构成：以水利交通汇集而成的商业文化及依漕运中心而兴的传统政治文化。

基于对运河河道的重视，淮安成为南北商业流通的必经之地，甚至大食（古指阿拉伯帝国）、日本、新罗（古指朝鲜半岛）等国的商人都远涉重洋到此贸易，正是“南船北马，舍舟登陆”。对于淮安古代商业繁荣的描述，我们可从唐人李邕的笔下得知：“淮阴县者，江海通津，淮楚巨防，弥越走蜀，会闽驿。《七发》枚乘之丘，‘三杰’楚王之窟。胜引飞辔，商旅接舻。每至同云冒山，终风振壑，臣子惕息，槁工疚怀。鱼贯迤其万艘，雾集坌于曾渚，莫不膜拜围绕，焚香护持。复悔多尤，回祈景福。于是风水相借，物色同和。挂帆启航，方舳骏迈。”[①] 商业贸易的兴盛，也促使淮安成为文人墨客竞相驻足之地，白居易在《赠楚州郭使君》一诗中称楚州为“淮水东南第一州”，其间虽有对郭使君的恭维，然对楚州城的定位却也并非虚言。温庭筠所作《赠

① 李邕：《娑罗树碑》，收入《全唐文》，中华书局1983年版。

少年》则对楚州城夜市的发展有“酒酣夜别淮阴市，月照高楼一曲歌”的赞誉。延至明清，漕运的兴起为淮安带来了数量更为巨大的南北货物，漕运经济日趋繁荣后，淮安成为南北财货首屈一指的汇聚地，各地商人纷至沓来，逐步形成了浓厚的商业文化氛围。这种重商主义与淮安传统的儒家文化结合，形成了务实、兼容、开放的运河文化。这种特点在饮食文化上表现得尤为彻底。据《清稗类钞》所载：“同、光间，淮安多名庖，治鳝尤有名，胜于扬州之厨人，且能以全席之肴，皆以鳝为之，多者可至数十品。盘也，碗也，碟也，所盛皆鳝也，而味各不同，谓之全鳝席。号称一百有八品者，则有纯以牛羊豕鸡鸭所为者合计之也。”[①] 闻名天下的淮扬菜在饮食文化及特色上表现出强大的包容性，而这正是淮安运河文化的精髓所在。

依漕运中心而兴的传统政治文化则为淮安运河文化注入更为独特的活力。如前所述，伴随着漕运的兴起，淮安成为除却京城外最为重要的物流中心。明政府于淮安设置的衙门叠加起来竟达 20 余个，至清王朝建立以后，除继续在淮安设漕运总督府外，康熙十六年（1677）又将河道总督府从山东济宁移到淮安清河县。总督府衙的并立彰显出淮安区位的重要性，也造就了淮安别具一格的官僚文化，淮安城的布局、淮安士人的行为举止都深受其影响[②]，这便使得淮安成为今人重新审视古代政治文化的绝佳场所。

总体而言，淮安运河孕育了淮安独特的运河文化，而运河文化又进一步反哺了淮安。可以看到，淮安运河无论是旅游、生态抑或经济发展等方面都具有极高的价值。在新时代“里运河文化长廊”的构建下，淮安的运河文化必然会放射出耀眼的光芒。

二、京杭运河淮安段城市运河治理案例分析

全长约 1794 千米的京杭大运河贯通了海河、黄河、淮河、长江、钱塘江

---

① 徐珂：《清稗类钞》第 13 册《饮食类》，中华书局 2001 年版，第 6267~6268 页。

② 吴士勇：《明清时期淮安漕运文化特征述论》，载《运河学研究》，2020 年第 5 辑。

五大水系，不仅对中国南北之间经济、文化的发展与交流起到了重要的作用，而且对沿线地区也产生了重要的影响。通过前文对淮安发展历程的回溯，我们不难发现交通运输中枢的区位因素之于淮安城市发展的重要性。以古鉴今，淮安市政府及人民群众比任何人都明了运河的历史意义。在全面建成小康社会的道路上，淮安政府及人民掀起了淮安城市及运河治理的热潮。为统筹推进运河文化保护传承利用、建设运河国家文化公园，国家发展改革委联合文物局、水利部、生态环境部、文化和旅游部，分别编制了文化遗产保护传承、河道水系治理管护、生态环境保护修复、文化和旅游融合发展 4 个专项规划，指导沿线省（市）编制了 8 个地方实施规划，在大运河文化保护传承利用"四梁八柱"规划体系和各级领导机关的指导下，淮安城市运河治理呈现崭新局面。

（一）灵魂——文化遗产保护传承

被誉为"中国运河之都"的江苏省淮安市是一座典型的运河城市，淮安的兴盛与衰落与京杭运河有着密切的关系，京杭运河也为淮安留下了丰富的文化遗产。淮安市拥有世界文化遗产区 2 处、遗产河道 1 段、遗产点 5 处，而淮安市一直坚持着对运河文化遗产的保护、传承和利用的原则，坚持着以保护为先、开发为次的发展之路。21 世纪以来，淮安市一直在积极借鉴各地建设运河的经验，并且也在探索符合自身的运河建设特色。

早在 2013 年淮安市就做出了规划建设里运河文化长廊的战略决策，更是在习近平总书记的领导下积极贯彻中央关于运河文化带建设的指示，以文化遗产保护传承为灵魂，加大文物监督和监管力度、改善文物的保护状况以及完善非物质文化遗产保护传承能力，等等。淮安一方面落实保护优先、合理利用，暂停了运河沿岸一大批待开发的房地产项目，挖掘传承运河文化，弘扬淮安本地特色文化，建设与之相适应的旅游开发和产业布局；另一方面淮安在文物遗址修复上齐头并进，坚持保护为主，恢复历史文化遗存原貌，并对陈潘二公祠、吴公祠、斗姥宫、清江浦楼等遗存进行进一步的完善保护。

以淮安板闸遗址为例，板闸是明清时期建设的一种重要的水利设施，而明清时期所修建并比较完整地保存至今的板闸遗址却少之又少，板闸是明代早期修建在运河淮安段的“四闸”之一。板闸遗址位于淮安市生态文旅区枚皋路、翔宇大道与里运河合围区域。遗址本体主要由古河道、水闸、堤坝、码头和建筑基址五个主要部分组成，其范围内还分布着三元宫、淮安钞关遗址等文物遗迹。2015 年以来，经国家文物局批准，南京博物院和淮安市博物馆联合对板闸遗址进行了两次考古发掘，挖掘总面积约 2000 平方米，出土了大量陶瓷器、铁质工具、铜钱和石建筑构件等 3000 多件文物，对研究中国明清水利史、运河史都具有巨大的意义和价值。

国家文物局专家认为板闸遗址是后申遗时代沿线城市中最重要的一处新发现。淮安市委市政府迅速决定进行规划和保护性开发，把板闸与古河道、古堤坝、古建筑遗址等系统发掘保护起来。板闸遗址规划设计方案早已获国家和省市文物部门批准，预计将投资 3 亿元建设集板闸遗址本体保护与展示、中国船闸博物馆、板闸遗址展示馆等工程为一体的板闸遗址公园。在修复保护和项目建设中，淮安做到了和谐统一，不仅保留住运河的文脉乡愁，也焕发出新时代的雄浑姿态，形成了古韵新味的淮安名片。

（二）关键——文化与旅游融合的发展模式

淮安正深入挖掘放大运河文化独特的资源禀赋，充分释放运河之美，打造运河文化带标志城市，努力在全国运河文化带建设中展示淮安特色。淮安正在高效推进运河国家文化公园标志形象识别系统导入工作，成功打造全省运河国家文化公园标志形象识别系统导入工作的样板段、示范段。加快推进的中国漕运城、河下古镇历史街区、清江浦 1415 街区、蒋坝河工风情特色小镇、京杭运河绿色现代航运示范区等项目都展现出淮安的运河治理动态。伴随着京杭运河的成功“申遗”以及“南水北调”东线工程建设，淮安建设里运河文化长廊、重现漕运城风采有着重要的历史意义和时代价值。里运河文化长廊既包含淮安历史文化风情，又包揽世界运河万象，这种开放与包容、传承与崛起，正是新淮安精神的现实投影。淮安市按照“政府主导、各方联动、市场运作”原则，对运河建设的运作模式进行了大胆创新，实施成熟一段、开发一段，滚动发展战略。通过市场化运作，鼓励社会力量参与运河文化长廊建设，多渠道筹措保护开发资金。2017 年 10 月，里运河文化长廊——中国漕运城、板闸遗址公园 PPP 项目资格预审公告经过江苏政府采购网正式发布，已于 2017 年年底完成招标、PPP 合同签订等前期工作，正式进入开工阶段。

建设中的里运河文化长廊总体区段分为“起、承、转、合”四大篇章序列，分别重点打造清江浦景区、漕运城景区、山阳湖景区和河下古镇景区。[①] 清江浦景区是具有运河文化特征和地方文化气息的博物馆群。“南船北马，舍舟登陆”石碑昭示着昔日的繁荣，清江大闸、陈潘二公祠、吴公祠、斗姥宫、御码头、国师塔等运河文化遗存给运河之都平添了几分庄重和传奇色彩，清江浦记忆馆、戏曲馆、名人馆、清江浦楼彰显了全国历史文化名城的无穷魅力。漕运城景区突出传承漕运文化，以最运河、最淮安、最市井为构建原则，以明清建筑为样板。山阳湖景区重点打造山阳湖运河文化国际交流中心，规划建设板闸遗址公园、榷关遗址公园、淮关文创园、水文化主题科技馆等。河下古镇景区主要结合河下古镇、萧湖、吴承恩故居等遗存，通过对城河街、文博城、萧湖、盐文化养生主题园的打造，凸显运河古镇的浓郁风情。

通过近几年的倾力打造，里运河文化长廊初现盛世之姿。目前，里运河文化长廊清江浦景区已基本建成开放，是国家级水利风景区、4A 级景区，跻身 2016 江苏省十大新景区、2017 最美中国景区之一。中国漕运城景区、山阳湖景区建设全面启动，中国漕运城项目入选全国优秀旅游项目、江苏省 PPP 示范项目。河下古镇景区已初见成效，成为 5A 级景区的核心板块。历史遗存的保护、传承与利用，使得优秀传统文化在这里得到演绎，作为国家优秀旅游城市的淮安，随着一批运河文旅项目的建成开放，淮安旅游业更加兴旺。中国漕运城、板闸遗址公园 PPP 项目建成后，将成为淮安文化展示、综合开发的示范项目，成为运河文化带上一颗耀眼的明珠。

（三）保障——绿色生态理念的贯彻与生态环境的治理

文化是运河的灵魂，生态则延续着运河的生命。近年来，淮安以京杭运河淮安段绿色现代航运项目建设为抓手，坚持“生态优先、绿色发展”理念，

---

① 范娟、沈忱：《淮安里运河文化长廊：运河文化带上的样板》，http://yunhe.china.com.cn/2019-10/10/content_40915992.htm，访问时间：2021 年 3 月 16 日。

着力推动淮安内河水运转型发展，让绿色成为这条“黄金水道”最美的底色。

淮安立足运河文化带建设的高度，进行统筹谋划，将全线 61.8 千米与示范段同步实施、同标准提升改造。沿线各区结合自身特色，优化细化本地方案，共同打造绿色现代航运“淮安样板”，积极响应运河文化带保护、江淮生态大走廊的建设要求，始终注重绿色与生态理念，将里运河文化长廊建设成为融休闲观光、改善水质、生态调节、展示城市文脉于一体的绿色文化长廊。

淮安不仅建成了大型生态公园、滨水绿地、古典园林等，为市民打造绿色的休闲空间，同时也形成了沿岸大规模生态景观带，还重点改造位于河下古镇的萧河生态景区，通过近年来的生态再造、环境修复和遗址重建，萧湖景区今非昔比成了一道亮丽的风景线。与生态景区一同打造的还有城市慢行系统，为淮安市民与游客提供了漫步或骑行的舒适环境。经过提升改造，淮安的清江浦景区已经成为江苏省十大新景区、最美中国目的地景区之一，成为广大市民和游客休闲健身的好地方。老百姓出行的舒适、便利与安全得以保障，慢行系统不仅沟通了南北岸风光带，还解决了交通拥堵的状况。目前文庙片区步行街提升及绿化亮化景观提升工作全面竣工，花街人文景观改造和业态提升也在有序实施中。这条区域绿地面积约占 23.28% 的里运河生态文化带，充分利用了运河自然资源，并叠加上现代城市功能，使滨水空间上的历史繁华得以复现，也构成了东部绿色生态带的最美华章。

但我们必须承认，淮安地域内水质状况仍需要不断改善。淮安因运河而兴，故而水是淮安的根和魂，对于运河水质的重视程度也应得到相应的提高。根据 2019 年公示的《淮安市 2019 年环境状况公报》来看，淮安地区水质优良的断面有 37 个，占 74.0%；轻度污染的断面有 10 个，占 20.0%；中度污染的断面有 1 个，占 2.0%；重度污染的断面有 2 个（清安河淮安农校、清安河口断面），占 4.0%。清安河水质状况属于重度污染，未达到水质功能区划Ⅴ类要求。所监测的 2 个断面水质均为劣Ⅴ类，主要污染物均为氨、氮。淮安农村和清安河的氨氮年均值分别超过Ⅴ类标准的 0.37 倍和 0.62 倍；维桥河口断面水质为Ⅳ类，属于轻度污染，达到功能区划Ⅳ类标准。[①]

①《淮安市 2019 年环境状况公报》：http://sthjj.huaian.gov.cn/hjzl/hjgb/content/202006/1591339944750eSAVGy5M.html，访问时间：2021 年 5 月 16 日。

习近平总书记曾指出：“大运河是祖先留给我们的宝贵遗产，是流动的文化，要统筹保护好、传承好、利用好。”而与运河相生相伴的淮安，正在主动接轨国家战略，统筹做好保护、传承、利用三篇文章，努力在全国全省运河文化带建设中体现淮安担当、打造淮安样板，令昔日的“运河之都”焕发出新时代的风采。

2020年3月3日，经江苏省第十三届人民代表大会常务委员会第十五次会议批准，《淮安市运河文化遗产保护条例》（以下简称《条例》）于6月1日正式施行。这是全国运河沿线城市第四部、江苏省第一部专门就运河文化遗产保护制定的地方性法规，为运河文化遗产保护提供法治保障。《条例》的保护对象除运河世界文化遗产外，还包括近代以来新建的具有文化代表性和突出价值的运河水工设施，以及与运河有关的可移动文物与非物质文化遗产等。《条例》还规定要建立运河文化遗产综合保护协调机制，统一领导和协调运河文化遗产保护工作，建立责任清单，落实政府有关部门的主体责任和工作职责，形成通力合作保护运河文化遗产的协调管理制度。淮安市运河文化带规划建设管理办公室（以下简称“市运河办”）应运而生，成为市级管理协调机构，统筹规划、督导推动全市运河文化带和国家文化公园建设。进入新时代，淮安坚持以项目为抓手，统筹推进遗产保护、生态修复、配套建设、资源利用等各项工作，运河文化带建设一直走在前列。淮安将持续深挖运河沿线文化资源，紧扣“中国漕运文化核心展示区、江淮生态文旅经典体验区、运河保护开发综合示范区”的战略目标，持续精心规划设计好淮安运河文化带建设蓝图，努力在全国全省推进运河文化带建设中继续提供淮安经验、打造淮安样板。①

（四）支撑——运河航道的综合治理

淮安因运河而兴，故而对于运河的治理属于淮安政府城市治理的重点项目。中华人民共和国成立以来，淮安市政府便多次对运河淮安段进行了修整。

① 范娟、沈忱：《淮安里运河文化长廊：运河文化带上的样板》，http://yunhe.china.com.cn/2019-10/10/content_40915992.htm，访问时间：2021年3月16日。

早在1958年江苏省人民委员会就决定开启京杭运河扩建工程，对运河淮阴、淮安段进行截弯取直工程，西从淮阴县（今淮阴区）杨庄公社起，南至淮安县盐河公社杨庙止，另辟出一条运河。运河两淮段经过截弯取直建成后，形成里运河与其新辟运河并存，分东（里运河）、西（新辟运河）两支运河奔流而下。东支里运河从淮阴县杨庄公社穿过清江市区进入淮安县境内板闸，经运河农场、淮城至盐河公社杨庙汇入西支运河。运河两淮段截弯取直，缩短了两淮之间的水上航运行程，河面加宽，视野开阔，确保了航运安全，减轻了里运河航运负荷，为城市规划建设和长远发展保驾护航。

随着江水北调工程付诸实施，里运河又肩负起调引江水的重任。为彻底整治里运河河身，提高里运河运输和行洪能力，江苏省交通厅分两期对里运河苏北灌溉总渠以南河段进行了治理。第一期工程于1960年9月开工，当年年底竣工，主要是在运河老河槽西侧另开辟新河槽，削低老河槽西堤，使其成为新老运河河堤之间中埂，但不妨碍航道船只通行；第二期工程，主要是对第一期整治工程形成的里运河中埂实施切除，拓宽航道，保证航运安全。继1982年对京杭运河中埂进行切除工程后，1987年12月到1988年4月底，江苏省交通厅又组织对苏北运河两淮段的航道实施了水下疏浚工程，使苏北运河全部达到了三级航道标准。2003年9月至2006年8月，江苏省交通厅又对苏北运河两淮段实施了“三改二”工程。这项工程从淮阴区杨庄镇至淮安船闸止。经这次整治，苏北运河两淮段航宽达90米以上，最小水深4米。

在满足运河航运功能的基础上，整治工程还开展了生态护坡的建设，在运河沿线因地制宜进行绿化，改善了沿线人居环境。淮安市政府始终把最广大人民根本利益放在心上，坚定不移增进民生福祉。2007年，南水北调截污导流工程开工建设。工程总投资6亿元，铺设20千米截污干管、清除24.3千米运河污染底泥，拆除里运河两岸10万平方米房屋，解决城区运河水污染问题。整治22.04千米清安河，移建清安河穿运洞，解决市区污水处理后的尾水排放问题。2016年，再次启动控源截污工程，拟在里运河沿线老城区内河两岸构建截流系统，建设截污池及污水提升泵站，进行全面截污整治。同时，探索清淤疏浚长效机制，制定实施“城市河道轮浚制度”，投入2亿元，对主城区34条主要河道开展3年一周期的生态清淤，确保城区水环境改善的可持续性。与此同时，市政府还配合里运河文化长廊项目整体建设，实施里运河景观提升系列工程，坚持防洪保安与显水透绿并重，采用生态草坡、木质板桩等相结合措施，实现降堤、绿化、造景目的。

淮安运河治理成绩喜人，但不可否认的是，淮安在对运河河道的治理过程中还存在一些问题，部分经年通行的运河古航道处于难以修复的困境，城市运河治理永远在路上。目前，淮安市仍在使用的水利设施如淮安水利枢纽、淮阴水利枢纽等保存基本完好，现有的航道基本上保持了历史航道的走向。淮安政府一方面在有意识地保护运河沿岸的文化遗存，另一方面因经济发展及建设的需要在不自觉的状态中或无情地破坏运河沿岸的文化遗存，位于洪泽湖上的高家堰施工墙遗存便是一例。高家堰北起淮安淮阴区码头镇，南至盱眙县堆头村，全长 70 余千米。因长期破坏和缺少必要的保护，地面上的石工墙基本遭受破坏，底部石工墙的完好率仅有 22.6%。部分石工墙的底部虽保存较好，但因石工墙的上部已遭破坏并成为公路，故很难得到修复。

三、京杭运河淮安段城市运河治理的进一步启示

淮安"运河之都"的城市治理模式，大致依托于古运河的历史遗迹，深度开发运河文化，寻求文化旅游发展模式的可持续之路。与此同时，淮安还加大对现代航运事业的建设力度，不断从古代历史中吸取经验，以古鉴今、以今映古，不断实现淮安城市治理的全面升级，打造淮安独特的发展模式。在打造"运河之都"名片的过程中，淮安逐渐实现了遗产、景观开发以及经济发展与生态环境保持平衡的目标。

（一）充分发挥现有运道的航运功能

运河是特殊的历史文化遗产，航运与运河的生命息息相关，缺失了航运功能的运河只能成为历史记忆，难以同现今飞速发展的城市相联系。因此，有必要让城市的历史文化遗迹"活起来"。淮安的发展充分证明了此思路的可行性。时至今日，京杭运河依然在我国综合运输体系中发挥着重要的作用，

是我国内河水运网络“一纵、两横、两网”中唯一的纵向通道，也是北煤南运和长三角地区外向型经济的大通道。随着南水北调东线工程的实施，运河又被赋予新的功能，运河的文明在流淌中得到新的延伸和发展。

（二）依托区位积极发展相关的文化产业

太多的城市历史文化资源的经济开发价值长期被低估，丰富的资源效应未能完全释放。淮安的具体举措则为世界城市治理提供了较好的指导作用。淮安运河作为中国运河的重要组成部分，运河文化遗存极其丰富，加之因运河开凿而传承衍生的戏曲文艺、传统习俗等非物质文化遗产，积攒了丰富的运河家底。依靠国家、省级层面有关运河文化带建设的政策支持，淮安开展的板闸遗址、泗州城遗址、清口水利枢纽遗址的保护建设工作取得了可喜的成绩。一大批历史遗迹公园近年向社会开放。此外，市政府还充分挖掘和发挥马头、蒋坝等乡镇的优质运河文化资源，把发展休闲健康旅游作为特色方向，打造出一批运河文化特色小镇。整合运河沿线地区的旅游资源，根据不同客源市场游客的消费需求，开发形式多样的运河旅游产品，重点推出特色村镇游、运河水上枢纽游、运河区域名人故里游等一批精品运河旅游线路。这些措施无疑为世界各运河城市的运河治理提供了参考。

（三）倡导绿色发展理念

淮安对生态环境的治理措施正是在践行绿色发展理念中提炼出来的。淮安市政府以环境质量改善为核心，坚决打赢污染防治攻坚战，加快推进生态环境治理体系和治理能力现代化。至2020年年末，已建成生态红线区域监管平台，划定自然保护区、饮用水水源保护区、重要湿地等11类56个生态空间管控区域，面积达2139.62平方千米，占全市总面积的21.34%。① 党的十八大以来，我国坚持“保护生态环境就是保护自然价值和增值自然资本，就是保护经济社会发展潜力和后劲”的理念，守牢生态保护的“红线”，贯穿产业

①《我市加快推进生态环境治理体系和治理能力现代化》，http://www.huaian.gov.cn/col/16657_173466/art/202011/1606110358736jbigseom.html，访问时间：2021年5月16日。

转型的“主线”，做强创新变革的“基线”，向绿色转型要出路、向生态产业要动力，让绿水青山持续发挥生态效益和经济社会效益，实现生态环境保护和经济发展“双丰收”，走出一条生态美、产业绿、百姓富的高质量发展之路。正如习近平总书记反复强调的，“绿水青山就是金山银山”，这是关系到人民福祉的大事。保护生态环境，关系到最广大人民的根本利益，事关子孙后代的长远利益。现代城市的持续性发展，必须让良好生态环境成为人民幸福生活的增长点、成为经济社会持续健康发展的支撑点。

（四）寻求开发与保护的平衡点

首先，需要平衡文物保护与旅游开发的关系。文物具有独特性、稀缺性和不可再生性，而旅游开发则是实现文物保护性开发的最佳途径之一，它能够深入挖掘文物资源的内在价值，展现文物的文化内涵，促使文化遗产得到传承和发展。在旅游开发中，只有坚持“保护为主、抢救第一、合理利用、加强管理”的方针，在保护好文物的前提下开发旅游，在发展旅游的过程中更好地保护文物，才能更好地体现文物的价值，发挥文物的作用。但在开发中若不注重保护文物则会对文物造成不同程度的破坏。为了处理好文物保护与旅游开发的关系，我们对原有文物古迹的维修，严格按照文物保护规划进行，坚持修旧如旧，以还原文物古迹的本来面貌。对古建筑已完全消失的古文化遗址，尽量按照历史资料的记载和比较可靠的民间说法加以复建；对服务性的旅游设施则尽量体现地域文化的特色，以展现丰厚独特的城市地域文化。

其次，需平衡建设景点与挖掘文化内涵的关系。旅游的核心竞争力是文化，搞旅游开发必须深刻挖掘景点景区的文化内涵，突出文化特色，打造文化品牌，以此来吸引游客，获得经济效益和社会效益双赢。淮安为其余城市的治理做出了榜样。政府在开发过程中要勘察遗迹、遗存，走访文化名人、民间老人，收集实地实物、传说逸文，根据历史资料、遗迹遗存、民间传闻进行综合分析论证，为修复文物古迹、开发旅游景点提供翔实珍贵资料。

再次，需平衡景区开发与当地群众利益的关系。文化旅游行业属于第三产业，而缺乏开发旅游资源的地域，民众生活多以第一、二产业为主，如何将旅游业同当地一、二产业互相渗透合作，促进区域经济结构的调整，是城市治理必须解决的问题。与此同时，开发旅游必然会涉及征地、拆迁等一系列的问题，影响到当地群众的眼前利益，这就要求我们必须处理好景区开发与当地群众利益的关系，尽量照顾当地群众的利益，在征、占土地时尽量做出合理的经济补偿。

最后，需要平衡政府主导与多元融资的关系。旅游开发并非城市政府头脑发热的决策，其间涉及政府、民众、企业等数股力量的参与。项目开发往往伴随有资金需求量大与到位资金严重不足的矛盾。要解决这个矛盾，需要转变金融理念，创新融资机制，多渠道筹集开发资金，坚持“政府主导、公司运作、多元融资”的原则，实行市场化运作、多元化融资。

（五）坚持居民自治，充分调动人民群众的建设积极性

城市治理最终仍需回归至“人治”。良性的城市环境不是政府单方面建成的，民众参与实际上发挥着举足轻重的作用。淮安市在此点上同样具有模范作用。淮安市民政部门通过在城市社区与农村社区精细化探索，逐步形成“美好生活，让民做主”的“微自治”模式，开辟了城乡社区治理新格局。“微自治”即将自治范围进一步缩小，以楼栋为基本单位，让更多的居民能够参与其中，从而逐步提升居民参与社区治理的热情和能力。在不断探讨新型民众自治模式的过程中，清江浦区人民路社区石塔湖小区实现了小区环境从“脏乱差”到“干净美”、小区治安从“偷盗多”到“零案件”、居民评价从“高差评率”到“高点赞率”的治理结果。通过民众互助合作与共同决策，实现城市治理水平的提升，是现代城市治理具有可行性的路径选择。调动民众建设城市的积极性，可以预见的结果是，城市整体环境将朝着美好、繁荣的目标前进；于运河治理而言，也将更好地实现人与自然环境和谐共生的局面。

习近平总书记在党的十九大报告中明确指出：“文化是一个国家、一个民族的灵魂。”淮安因运河而兴，运河所蕴含的运河文化是淮安这座城市的魂。保护、传承运河文化资源，推进运河文化带建设，既是历史托付给淮安的重大责任，更是时代赋予淮安的绝佳机遇。面对新形势下的“‘一带一路’运河

城市治理”契机，淮安以运河文化资源为依托，以高质量跨越发展为导向，倾力打造运河版图上的中国漕运文化核心展示区、中国水利河工文化经典集成区、运河生态文旅江淮经典体验区、运河保护利用综合示范区，让“运河之都”成为淮安特有的名片，奋力为运河城市发展摸索可复制、可借鉴的淮安经验。

参考文献

一、中文文献

[1] 范德 . 越南城市化进程中的政策实践：以胡志明市拆迁补偿安置政策为例[M]. 上海：上海大学出版社，2013.

[2] 李宝惠 . 曲江水工程 [M]. 扬州：江苏广陵书社，2010 ：152—153.

[3] 潘镛 . 隋唐时期的运河和漕运 [M]. 西安：三秦出版社，1987 ：49—50.

[4] 史念海 . 中国的运河 [M]. 西安：陕西人民出版社，1988 ：170.

[5] 范振安，霍宏伟 . 洛阳泉志 [M]. 兰州：兰州大学出版社，1999 ：156.

[6] 宋濂 . 元史：第 164 卷 [M]. 北京：中华书局，1976.

[7] 魏征 . 隋书：第 2、3、24、28 卷 [M]. 北京：中华书局，1973.

[8] 李吉甫 . 元和郡县图志：第五卷 [M]. 北京：中华书局，1983.

[9] 司马光 . 资治通鉴：第 18 卷 [M]. 北京：中华书局，1956.

[10] 皮日休 . 皮子文薮：第 4 卷 [M]. 上海：上海古籍出版社，1981.

[11] 王溥 . 唐会要：第 7 卷（补）、第 87 卷 [M]. 上海：上海古籍出版社，1991.

[12] 董诰 . 全唐文：第 260 卷 [M]. 上海：上海古籍出版社，1990.

[13] 徐珂 . 清稗类钞：第 13 册 [M]. 北京：中华书局，2001 ：6267—6268.

[14] 陈丹阳，程宗宇 . 巴拿马运河历史与现状分析 [M]// 吴欣 . 中国大运河发展报告（2019）. 北京：社会科学文献出版社，2019.

[15] 罗志 . 考古者眼中的隋唐大运河 湮没的辉煌 [J]. 大众考古，2015（3）：79—85.

[16] 郑民德 . 中国大运河的历史变迁、功能及价值 [J]. 西部学刊，2014（9）：

23—26.
[17] 陈久恒 . 隋唐东都城址的勘查和发掘 [J]. 考古，1978（06）：361—379.
[18] 朱德本 . 历史文化名城圣 · 彼得堡城市特色浅析 [J]. 东南大学学报，1995, 4（04）：123—128.
[19] 万秋山 . 奥地利的环境保护 [J]. 中国环境管理干部学院学报，2005, 4（02）：20—22.
[20] 赵力军 . 迷人的涅瓦河 [J]. 走向世界，2016, 4（12）：88—93.
[21] 曹慧霆 . 圣彼得堡的历史传承与城市活力 [J]. 党政论坛（干部文摘），2015, 4（06）：58—60.
[22] 贺成全 . 圣彼得堡的城市特色 [J]. 城市，1995, 4（03）：57—59.
[23] 髯夫 . 我所看到的俄罗斯 [J]. 中国民族，2001, 4（02）：82—83.
[24] 邬洪 . 话说科林斯运河 [J]. 中国水运，1995, 4（05）：43.
[25] 徐松岩，王三义 . 近现代希腊政治制度的嬗变及其特征 [J]. 清华大学学报（哲学社会科学版），2020, 35（01）：102—114.
[26] 马芳艳 . 将自然作为河流生态治理的基础——基于巴拿马运河的分析 [J]. 西南科技大学学报（哲学社会科学版），2019, 36（02）：1—5.
[27] 季晓堂，苏静波，何良德，徐伟杰，等 . 巴拿马运河船闸省水技术综述 [J]. 水运工程，2021, 4（01）：111—116.
[28] 夏锦文，钱宁峰 . 论大运河立法体系的构建 [J]. 江苏社会科学，2020, 4（04）：89—98.
[29] 姜师立 . 论大运河文化带建设的意义、构想与路径 [J]. 中国名城，2017（10）：92—96.
[30] 王克胜 . 弘扬扬州运河文化 打造扬州"运河之旅"[J]. 旅游学研究，2007, 2（00）：187—190.
[31] 王化昆 . 唐代洛阳的水害 [J]. 河南科技大学学报（社会科学版），2003, 4（03）：26—31.
[32] 范会珍 . 隋唐大运河洛阳段旅游保护与开发研究 [J]. 旅游纵览，2020, 4（11）：65—69.
[33] 李永乐，杜文娟 . 申遗视野下运河非物质文化遗产价值及其旅游开发——

以大运河江苏段为例 [J]. 中国名城，2011, 4（10）：42—45.
[34] 吴士勇 . 明清时期淮安漕运文化特征述论 [J]. 运河学研究，2020, 4（01）：44—58.
[35] 邓忠义 . 奥地利下奥地利州印象一二 [J]. 城乡建设，1994，4（08）：39.
[36] 张松，李文墨 . 俄罗斯历史城市的保护制度与保护方法初探——以圣彼得堡为例 [A]. 中国城市规划学会 . 城市时代，协同规划——2013 中国城市规划年会论文集（11- 文化遗产保护与城市更新）[C]. 中国城市规划学会：中国城市规划学会，2013 ：9.
[37] 朱宇强 . 略论唐伊洛河水系与洛阳城水灾 [D]. 暨南大学 2006 年硕士学位论文。
[38] 田莹 . 隋唐洛阳水环境与城市发展的互动关系研究 [D]. 陕西师范大学 2008 年硕士学位论文。
[39] 卡琦 . 圣彼得堡旅游业开发研究 [D]. 华中师范大学 2013 年硕士论文。
[40] 姜师立，文啸 . 大运河扬州段遗产展示利用的实践与思考 [N]. 中国文物报，2015-09-18（008）.
[41] 姜师立 . 弘扬运河文化 建设美丽扬州 [N]. 扬州日报，2020-09-04（003）.
[42] 商春芳 . 隋开大运河对隋唐洛阳城城市功能的影响 [J]. 三门峡职业技术学院学报，2014, 13（03）：1—7.
[43] 习近平 . 推动我国生态文明建设迈上新台阶 [J]. 奋斗，2019, 4（03）：1—16.
[44] 朱偰 . 中国运河史料选辑 [M]. 北京：中华书局，1962 ：3—5.
[45] Ж. A . 亚历山德罗娃，赵秋云 . 俄罗斯莫斯科州水利设施生态问题 [J]. 水利水电快报，2007, 4（07）：8—19.
[46] 埃及环境部 . 苏伊士运河扩建 [A/OL]. (2020-05-15) [2021-07-11]. https://chm.cbd.int/api/v2013/documents/4A27922D-31BC-EEFF-7940-DB40D6DB706B/attachments/May%202015%20Invasive.pdf.
[47] 奥尔帆观 . 俄罗斯莫斯科河生态城主体规划方案 [EB/OL]. (2019-02-15) [2021-07-11].http://ofjg.cn/index.php?m=content&c=index&a=show&catid=163&id=101.

[48] 重庆旅游天气网. 俄罗斯圣彼得堡行政区划图 [EB/OL]. (2012-09-08)[2021-04-13].http://www.cqqntour.com/shijieditu/52988/.

[49] 德国联邦水路与航运管理局网站. 基尔运河 [EB/OL]. (2019-02-15)[2021-07-11].https://www.wsa-nord-ostsee-kanal.wsv.de/Webs/WSA/WSA-Nord-Ostsee-Kanal/DE/1_Wasserstrasse/1_Nord-Ostsee-Kanal/f_Wirtschaftliche-Bedeutung/Wirtschaftliche-Bedeutung_node.html#doc2067938bodyText2.

[50] 范娟，沈忱. 淮安里运河文化长廊：运河文化带上的样板 [EB/OL]. (2019-10-10)[2021-03-16].http://yunhe.china.com.cn/2019-10/10/content_40915992.htm.

[51] 凤凰网. 米兰大运河两岸是怎么复兴的 [EB/OL]. (2020-03-29)[2021-04-13].http://culture.ifeng.com/c/7vFC32ckrvj.

[52] 李达，周昭成. 大运河文化保护传承利用迎来历史最好时期 [EB/OL]. (2019-08-12) [2021-07-11].http://www.qstheory.cn/laigao/ycjx/2019-08/12/c_1124867057.htm.

[53] 海关总署.2020 年我国对“一带一路”沿线国家进出口 9.37 万亿元 [EB/OL]. (2021-01-14)[2021-06-15].https://www.yidaiyilu.gov.cn/xwzx/gnxw/161548.htm.

[54] 淮安市生态环境局. 淮安市 2019 年环境状况公报 [R/OL]. (2020-09-15)[2021-05-16].http://sthjj.huaian.gov.cn/hjzl/hjgb/content/202006/1591339944750eSAVGy5M.html.

[55] 淮安政府网. 我市加快推进生态环境治理体系和治理能力现代化 [EB/OL]. (2020-11-23)[2021-05-16].http://www.huaian.gov.cn/col/16657_173466/art/202011/1606110358736jbigseom.html.

[56] 海外网. 威尼斯遭 50 年一遇洪灾侵袭——“水城”进入紧急状态 [EB/OL]. (2019-11-15)[2021-04-13].http://news.haiwainet.cn/n/2019/1115/c3541083-31664751.html.

[57] 江苏省文化和旅游厅.2020 年世界运河城市论坛新闻发布会 [EB/OL]. (2020-09-15)[2021-03-12]. http://wlt.jiangsu.gov.cn/art/2020/9/15/art_817_9506898.html.

[58] 李旋风 . 智利降十个城镇电取暖费以减少木柴取暖 [EB/OL]. (2020-08-11)[2021-07-11].http://www.br-cn.com/news/nm_news/20200811/153007.html.

[59] 刘庆柱 . 隋唐和京杭大运河堪称"建国之本"[EB/OL]. (2010-04-14)[2021-07-11].http://www.chinanews.com/cul/news/2010/04-14/2225887.shtml.

[60] 美世公司中国官网 . 美世 2019 全球城市生活质量排名 [EB/OL]. (2019-11-15)[2021-04-13].https://www.mercer.com.cn/our-thinking/career/2019-qol.html.

[61] 每日经济新闻 . 新苏伊士运河将开通 计划建成走廊经济带 [EB/OL]. (2015-06-15)[2021-07-11].https://m.nbd.com.cn/articles/2015-06-15/923164.html.

[62] 宁波人民政府外事办 . 奥地利维也纳新城 [EB/OL]. (2009-09-02)[2021-04-13].http://fao.ningbo.gov.cn/art/2009/9/21/art_1229149485_49744688.html.

[63] 海运网 . 4 月 1 日起马士基开始征收巴拿马运河拥堵附加费 [EB/OL]. (2020-03-04)[2021-05-11].http://www.sofreight.com/news_42568.html.

[64] 苏津 . 巴拿马运河面临缺水挑战，将暂停加通湖水电站发电 [EB/OL]. (2020-01-27)[2021-05-11].http://news.bjx.com.cn/html/20200107/1034590.shtml.

[65] 圣彼得堡官网 . 利戈夫斯基 [EB/OL]. (2012-09-08)[2021-03-11]. http://opeterburge.ru/prospekty-sankt-peterburga/ligovskij-prospekt.html.

[66] 搜狐体育 . 俄罗斯首都莫斯科：市名来源河流 历史悠久 [EB/OL]. (2010-05-17)[2021-03-11].https://sports.sohu.com/20100517/n272169746.shtml.

[67] 碳交易网 . 巴拿马向国际海事组织 (IMO) 提交航运减排新提案 [EB/OL]. (2020-08-22) [2021-05-11].http://www.tanpaifang.com/zjienenjianpai/2020/0822/73470.html.

[68] 新华报业网 .2020 世界运河城市论坛促进跨国界交流顺流而动构建运河城市命运共同体 [EB/OL]. (2020-09-29)[2021-03-12]. http://news.xhby.net/index/202009/t20200929_6819364.shtml.

[69] 新华网 . "水城"威尼斯为何"因水而忧"[EB/OL]. (2019-11-21)

[2021-04-13].http://www.xinhuanet.com/world/2019-11/21/c_1210362998.htm.

[70] 新华社 . 河南启动运河沿河生态廊道建设 [EB/OL]. (2010-03-10)[2021-07-11].http://www.gov.cn/xinwen/2020-03/10/content_5489525.htm.

[71] 越通社 . 第十次届东盟环境部长会议：胡志明市努力解决城市环境污染问题 [EB/OL]. (2015-10-30)[2021-04-13]. https://zh.vietnamplus.vn.

[72] 中国一带一路网 . 已同中国签订共建“一带一路”合作文件的国家 [EB/OL]. (2021-03-12)[2021-03-15].https://www.yidaiyilu.gov.cn/gbjg/gbgk/77073.htm.

[73] 中国一带一路网 . 中欧班列加速中国西部内陆开放脚步 [EB/OL]. (2021-04-11)[2021-06-15].https://www.yidaiyilu.gov.cn/xwzx/gnxw/169868.htm.

[74] 中国一带一路网 . 中国—中东欧国家贸易额首次破千亿美元 [EB/OL]. (2021-02-09)[2021-06-15].https://www.yidaiyilu.gov.cn/wtfz/myct/164424.htm.

[75] 中国一带一路网 . 去年我国对“一带一路”沿线国家投资增长 18.3%[EB/OL]. (2021-01-30)[2021-06-15].https://www.yidaiyilu.gov.cn/xwzx/gnxw/163244.htm.

[76] 中华人民共和国商务部 . 巴拿马运河概况 [EB/OL]. (2014-10-25)[2021-05-11].http://panama.mofcom.gov.cn/article/huiyuan/201410/20141000772913.shtml.

[77] 中国质量新闻网 . 巴拿马城每日 480 吨废物入海 [EB/OL]. (2014-10-25)[2021-07-11].http://m.cqn.com.cn/cj/content/2019-04/17/content_7018109.htm.

[78] 中华人民共和国交通部 . 第二次全国行道普查主要数据公报 [R/OL]. (2020-06-30)[2021-05-16].https://xxgk.mot.gov.cn/2020/jigou/zhghs/202006/t20200630_3320368.html.

[79] 朱晓颖，崔佳明 . 世界“运河新语”：沟通包容共享构建人类命运共同体 [EB/OL]. (2020-09-28)[2021-03-12]. http://www.chinanews.com/sh/2020/09-28/9302457.shtml.

二、外文文献

[1] Ferraro, J. M. *Venice: History of the floating city*[M]. New York: Cambridge University Press, 2012.

[2] Elhakeem M, El Amrousi M. Modeling Dubai City Artificial Channel[C]// MATEC Web of Conferences. EDP Sciences, 2016, 68: 13003.

[3] Alex Latta P. Citizenship and the politics of nature: the case of Chile's Alto Bio Bio[J]. Citizenship Studies, 2007, 11(3): 229-246.

[4] Bauer C J. Dams and markets: Rivers and electric power in Chile[J]. Natural Resources Journal, 2009: 583-651.

[5] Bauer C J. Siren song: Chilean water law as a model for international reform[M]. Routledge, 2010.

[6] Boriani M, Bortolotto S, Giambruno M, et al. The Naviglio Grande in Milan: a study to provide guidelines for conservation[J]. WIT Transactions on The Built Environment, 2005, 83.

[7] Comite V, Fermo P. The effects of air pollution on cultural heritage: The case study of Santa Maria delle Grazie al Naviglio Grande (Milan) [J]. The European Physical Journal Plus, 2018, 133(12): 1-10.

[8] Ferrando S. The Navigli Project: A Digital Uncovering of Milan's Aquatic Geographies[J]. Italian Culture, 2019, 37(2): 150-158.

[9] Ferrando S. Water in Milan: A Cultural History of the Naviglio[J]. Interdisciplinary Studies in Literature and Environment, 2014, 21(2): 374-393.

[10] Furgala-Selezniow G, Turkowski K, Nowak A, et al. 8. The Ostroda–Elblag Canal in Poland: The Past and Future for Water Tourism[M]//Lake Tourism. Channel View Publications, 2006: 131-148.

[11] Goodwin P, Jorde K, Meier C, et al. Minimizing environmental impacts of hydropower development: transferring lessons from past projects to a

proposed strategy for Chile[J]. Journal of hydroinformatics, 2006, 8(4): 253-270.

[12] Grantham T E, Figueroa R, Prat N. Water management in mediterranean river basins: a comparison of management frameworks, physical impacts, and ecological responses[J]. Hydrobiologia, 2013, 719(1): 451-482.

[13] Hauer F, Hohensinner S, Spitzbart-Glasl C. How water and its use shaped the spatial development of Vienna[J]. Water History, 2016, 8(3): 301-328.

[14] Hearnea R R, Donosob G. Water institutional reforms in Chile[J]. Water Policy, 2005, 7(1): 53-69.

[15] Hloupis G, Pagounis V, Tsakiri M, et al. Low-cost warning system for the monitoring of the Corinth Canal[J]. Applied Geomatics, 2017, 9(4): 263-277.

[16] Kosukhin S S, Kalyuzhnaya A V, Nasonov D. Problem solving environment for development and maintenance of St. Petersburg‘s flood warning system[J]. Procedia Computer Science, 2014, 29: 1667-1676.

[17] Krasnopolskii A F. Union of land and water[C]//IOP Conference Series: Materials Science and Engineering. IOP Publishing, 2019, 687(5): 055046.

[18] Lavrov L, Molotkova E. Marine Facade, Western High-Speed Diameter and Vasilyevsky Island As A Part Of The Saint Petersburg Historical Center[J]. Architecture and Engineering, 2019, 4(2): 40-52.

[19] Lavrov L, Perov F, Gambassi R. Future of the Obvodny Canal—the main line of the Saint Petersburg Grey Belt[J]. Architecture and Engineering, 2017, 2(4).

[20] Mariella B, Prusicki M S. Milan rural metropolis. A project for the enhancement of waters towards the neo-ruralisation of territorial system in Milan[J]. 2014.

[21] Mariella B, Prusicki M S. Milan rural metropolis. A project for the enhancement of waters towards the neo-ruralisation of territorial system in Milan[J]. 2014.

[22] Nardini A, Blanco H, Senior C. Why didn’t EIA work in the Chilean project canal laja-diguillín?[J]. Environmental Impact Assessment Review, 1997, 17(1): 53-63.

[23] Paraskevopoulou A, Georgi N T J, Oikonomou A, et al. Examining the opportunities

for nature-based solutions at the Municipality of Piraeus[C]//IOP Conference Series: Earth and Environmental Science. IOP Publishing, 2019, 296(1): 012003.

[24] Sambracos E. The role of the Corinth canal in the development of the SE European Short Sea Shipping[J]. 2001.

[25] Sauberer N. Der Wiener Neustädter Kanal: Ein Refugium selten gewordener Pflan-zenarten am Beispiel der Gemeinde Traiskirchen[J].

[26] Tsvirin'ko O S. Water-management significance of the Moscow Canal[J]. Hydrotechnical Construction, 1987, 21(6): 315-322.

[27] Verdelli L, Humbert N. The Darsena di Milano (Italy):'Restoration'of an Urban Artificial Aquatic Environment Between Citizens' Hopes and Municipal Projects[M]//Reclaiming and Rewilding River Cities for Outdoor Recreation. Springer, Cham, 2021: 61-74.

[28] Werner W. The largest ship trackway in ancient times: the Diolkos of the Isthmus of Corinth, Greece, and early attempts to build a canal[J]. International Journal of Nautical Archaeology, 1997, 26(2): 98-119.

[29] Zazzara L, D'Amico F, Vrotsou M. Changing port–city interface at Corinth (Greece): transformations and opportunities[J]. Procedia-Social and Behavioral Sciences, 2012, 48: 3134-3142.

[30] 박경철 , 이수진 . 경인 아라뱃길 리모델링 구상 [J]. 이슈 & 진단 , 2015 (197): 1-26.

[31] Asian Divers. Cruise on the Thonburi Canals [EB/OL].(2016-11) [2021-04-13]. https://www.redfishtours.com/cruise-on-the-thonburi canal/.

[32] A.S. Cocks.How Italy stopped Venice being put on UNESCO's Heritage in Danger [EB/OL]. (2016-12-13)[2021-03-21].

[33] Andreas Gager.Radweg wiener neustädter Kanal [EB/OL].(2019-03-20)[2021-03-11].http://reiseerinnerung.bplaced.net/index.php/radtouren-verstecktes-menu/105-radtouren-niederoesterreich/234-radweg-wiener-neustaedter-kanal-eurovelo9.

[34] Andry Rajoelina au Salon ITM,"Pangalanes Canal project reactivated",[N/

OL].(2019-06-22)[2021-02-21].https://lexpress.mg/22/06/2019/navigation-le-projet-pangalanes-reactive/.

[35] Corinthian Matters.Deserted Mediterranean Villages[EB/OL].

[36] CruiseMapper.Kiel Canal(Germany)[EB/OL].

[37] Culture Trip.A Brief History Of The Corinth Canal[EB/OL].

[38] DWIR. Framework Resettlement Action Plan for Twente Canal Project[R/OL].(2019-07)[2021-05-16].https://data.opendevelopmentmekong.net/dataset/f3864841-a453-4d98-8911-3573a09120e2/resource/5e8721ba-c332-4bf2-963a-dfec968c942d/download/rap-report_twente.pdf.

[39] Earth observatory.Corinth Canal[EB/OL].(2017-05-13)[2021-03-11]. https://earthobservatory.nasa.gov/images/90261/corinth-canal.

[40] FIVAS.The Destiny of the Bio-Bío River: Hydro Development at Any Cost[EB/OL].[2021-07-11].

[41] Giselda Vagnoni.Why is Venice flooding so often [EB/OL].(2019-11-15)[2021-07-11].https://www.indiatoday.in/world/story/state-of-emergency-after-flood-why-is-venice-flooding-so-often-1619148-2019-11-15.

[42] Glblag.Elblag[EB/OL].[2021-07-11].https://turystyka.elblag.eu/s/20/elblag-canal?lang=en.

[43] Golf Today. Dubai Water Canal gets new marine line[N/OL].

[44] HCAP. Strategic Plan[R/OL].(2021-03-10)[2021-03-11].

[45] Inland waterways international.World Canals Conference [EB/OL].[2021-03-12].https://inlandwaterwaysinternational.org/world-canals-conference/.

[46] International Quality and Productivity Centre.The infinite possibilities of the Suez Canal[R/OL].[2021-06-12].

[47] Lawrence Schäffler.Building Greece's Corinth Canal [R/OL].(2016-01-19)[2021-03-11].https://www.stuff.co.nz/sport/boating/76027401/building-greeces-corinth-canal.

[48] LOC. Italy: New Code of Cultural Heritage and Landscape [EB/OL].(2016-05-20)[2021-03-11].https://www.loc.gov/law/foreign-news/article/italy-new-

code-of-cultural-heritage-and-landscape/.
[49] Maritime Professional.Kiel Canal Shuts: Major European Disruption Expected[EB/OL].(2013-03-11)[2021-05-21].https://www.maritimeprofessional.com/news/kiel-canal-shuts-major-european-232309.
[50] Nima Rooz.Afghanistan still the largest producer of opiumt [N/OL].(2017-06-27)[2021-05-11].https://tolonews.com/nima-rooz/nima-rooz-afghanistan-still-world%E2%80%99s-largest-opium-producer.
[51] Noeregional.Wiener Neustädter Kanal -Gemeinschaftsprojekt von Gemeinden[EB/OL].(2018-05-22)[2021-03-11].https://www.noeregional.at/aktuelles/news/news-details/artikel/wiener-neustaedter-kanal-gemeinschaftsprojek/.
[52] OECD. Supporting the development of the Suez Canal Economic Zone[R/OL].(2017-01)[2021-07-11].https://www.oecd.org/mena/competitiveness/suez-canal-economic-zone.htm.
[53] Real Poland.What's So Special About The Elbląg Canal [EB/OL].(2018-05-22)[2021-03-11].https://realpolandtours.com/whats-so-special-about-the-elblag-canal/.
[54] RTA. The Dubai Water Canal：Case study and lessons learnt[R/OL].[2021-07-11].https://www.rta.ae/wps/wcm/connect/rta/3349d22c-4dfa-473a-99bf-aee0af21b4a4/RTA-Water-Canal-Case-Study.
[55] Shamseer Mambra.The Corinth Canal: A Narrow Man-Made Shipping Canal[EB/OL].(2021-03-10)[2021-03-11].
[56] Six Construct.Dubai Water Canal Navigation landmark in Dubaï city[EB/OL].(2016-11)[2021-07-11].https://www.sixconstruct.com/en/projects/dubai-water-canal.
[57] Swim the Canal .The Ancient Diolkos[EB/OL].[2021-03-11].
[58] The Kiel Canal.A major waterway of international importance[R/OL].[2021-05-21].https://www.gdws.wsv.bund.de/SharedDocs/Downloads/DE/Publikationen/_GDWS/Wasserstrassen/NOK_englisch.pdf?__

blob=publicationFile&v=6.

[59] UAE. Tolerance Bridge opens at Dubai Water Canal[N/OL].(2017-11-16)[2021-07-11].https://gulfnews.com/uae/government/tolerance-bridge-opens-at-dubai-water-canal-1.2125788.

[60] Wien Geschichte.Wiener Neustädter Kanal [EB/OL].[2021-03-11].https://www.geschichtewiki.wien.gv.at/Wiener_Neust%C3%A4dter_Kanal.

[61] Wiener-neustadt.WIR KÜMMERN UNS UM IHREN MÜLL[EB/OL].[2021-03-11].https://www.wiener-neustadt.at/de/abfall.

[62] Wikipedia.Vodootvodny Canal [EB/OL].[2021-03-11]. https://en.wikipedia.org/w/index.php?title=Vodootvodny_Canal&oldid=894856766.

[63] WSV.Startsignal! Ausbau der Oststrecke des NordOstsee-Kanals beauftragt[EB/OL].(2019-12-17)[2021-03-11].https://www.gdws.wsv.bund.de/SharedDocs/Pressemitteilungen/DE/20191217_Ausbau_NOK_PM.pdf?__blob=publicationFile&v=2.

[64] WSV.Der Nord-Ostsee-Kanal: international und leistungsstark [EB/OL].[2021-07-11].https://www.gdws.wsv.bund.de/SharedDocs/Downloads/DE/Publikationen/_GDWS/Wasserstrassen/NOK.pdf?__blob=publicationFile&v=9.

[65] WSV.The Kiel Canal: A major waterway of international importance[EB/OL].[2021-07-11].https://www.gdws.wsv.bund.de/SharedDocs/Downloads/DE/Publikationen/_GDWS/Wasserstrassen/NOK_englisch.pdf?__blob=publicationFile&v=6.

[66] ذوي الاحتياجات الخاصة.. أبطال «العزيمة» على أولويات محافظة الإسماعيلية

[67] 정재중 . 협력적 거버넌스를 이용한 갈등관리 : 경인아라뱃길 민관공동수질조사단 운영을 중심으로 [D]. 국내석사학위논문 서울대학교 대학원 , 2017. 서울 .